职业教育国家在线精品课程配套教材

高等职业教育土木建筑类专业群
“建业筑新 匠心育才”系列教材

建筑装饰材料与实务

主　编　范国辉　党　征
副主编　张志伟　王玉卓
　　　　刁　静　王　焱

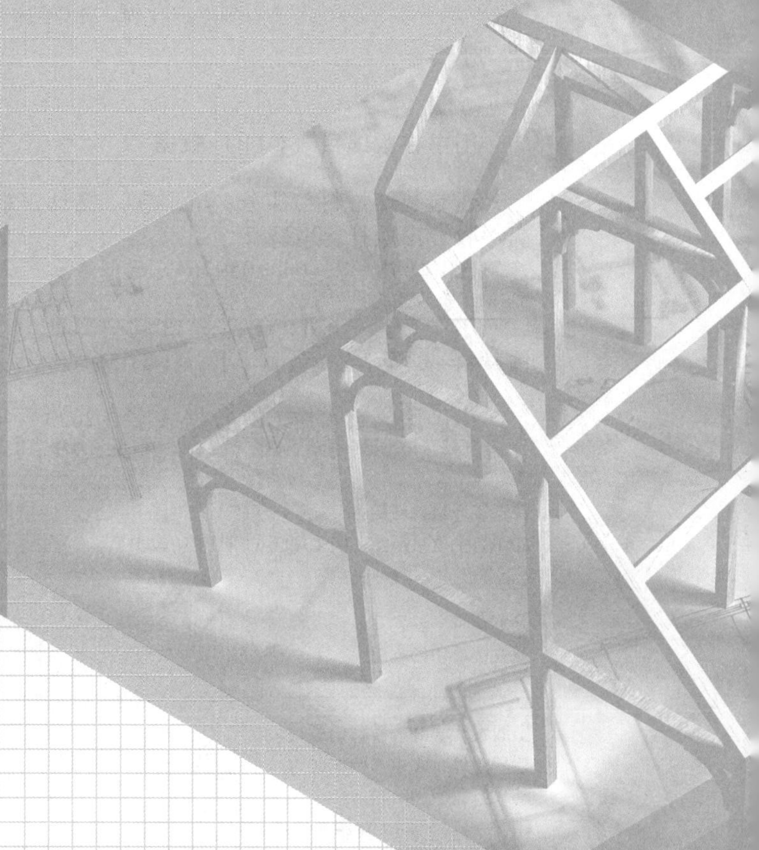

中国教育出版传媒集团
高等教育出版社·北京

内容提要

本书是高等职业教育土木建筑类专业群“建业筑新 匠心育人”系列教材之一。本书将新材料、新技术、新工艺纳入教材内容，以材料的性能、特点及应用为主，以材料理论知识为辅，具体包括胶凝材料、装饰石材、装饰陶瓷、建筑玻璃、装饰塑料、建筑涂料、装饰木材、金属装饰材料、其他装饰材料、建筑装饰材料管理实务 10 个模块。本书着重培养和提高学生对于建筑装饰材料的识别和应用能力，图文对照、新颖直观、通俗易懂、流程清晰，便于学习。

本书与“中国大学 MOOC”平台的“建筑装饰材料与实务”在线开放课程同步配套，配有丰富的微课、动画、课件、应用案例、虚拟仿真、习题、试题等数字资源，能够满足高等职业院校相关专业学生、企业员工和社会学习者的线上线下学习需求，使学习不受时间和空间限制，更加灵活。

本书可作为高等职业院校建筑装饰工程技术、建筑室内设计、建筑设计、建筑工程技术、环境艺术设计、建筑装饰材料技术等专业的教材，也可作为建筑装饰行业从业人员的继续教育、岗位培训的教材和参考用书。

授课教师如需要本书配套的教学课件资源，可发送邮件至邮箱 gztj@pub. hep. cn 获取。

图书在版编目（CIP）数据

建筑装饰材料与实务 / 范国辉，党征主编．-- 北京：高等教育出版社，2023.7

ISBN 978－7－04－059764－6

Ⅰ．①建…　Ⅱ．①范…②党…　Ⅲ．①建筑材料－装饰材料－高等学校－教材　Ⅳ．①TU56

中国国家版本馆 CIP 数据核字（2023）第 008494 号

建筑装饰材料与实务
JIANZHU ZHUANGSHI CAILIAO YU SHIWU

策划编辑	温鹏飞	责任编辑	温鹏飞	特约编辑	郭克学	封面设计	王　洋
版式设计	杨　树	责任绘图	马天驰	责任校对	王　雨	责任印制	赵　振

出版发行	高等教育出版社	网　　址	http://www.hep.edu.cn
社　　址	北京市西城区德外大街 4 号		http://www.hep.com.cn
邮政编码	100120	网上订购	http://www.hepmall.com.cn
印　　刷	北京利丰雅高长城印刷有限公司		http://www.hepmall.com
开　　本	787 mm×1092 mm　1/16		http://www.hepmall.cn
印　　张	20.25		
字　　数	450 千字	版　　次	2023 年 7 月第 1 版
购书热线	010－58581118	印　　次	2023 年 7 月第 1 次印刷
咨询电话	400－810－0598	定　　价	48.80 元

物 料 号　59764－00

前言

本书深入贯彻党的二十大精神，落实立德树人根本任务，培养学生养成良好的职业道德素养，注重运用新时代改革创新的案例、素材优化教材内容，改进教学模式。本书还结合青年学生的关注点，优化教材内容结构，不断提高教材的思想性、理论性、针对性，引导青年学生做爱国、励志、求真、力行的时代新人。

本书是依据高等职业教育相关专业教学标准，总结编者多年来从事建筑装饰工程技术、建筑室内设计等相关专业的教学经验，结合建筑装饰材料应用方面的工程实践，理论联系实际编写而成的一本活页式教材。书中将每一种建筑装饰材料作为一个灵活的单元，形成各种“食材”，各种不同的“食材”作为活页模块独立成册，放在一个活页夹中，多种“食材”可以自由组合形成不同方向的“菜单”。这种“菜单式”新型活页式教材，方便教师和学生自由选择教学和学习内容，使教学过程更加灵活便捷。

本书由河南工业职业技术学院、江苏建筑职业技术学院、北新建材集团有限公司、河南天工建设集团有限公司校企“双元”联合编写。河南工业职业技术学院范国辉、党征担任主编，负责全书统稿，河南工业职业技术学院张志伟、王玉卓、刁静、王焱担任副主编，河南工业职业技术学院曹双梅、韩岚岚、任华楠、刘莎、秦鹏、姚源渊，江苏建筑职业技术学院孙亚峰，北新建材集团有限公司党连军，河南天工建设集团有限公司姚建林参加了编写。河南天工建设集团有限公司为本书提供了工程案例和资源。

由于编者水平有限，书中难免存在错漏之处，敬请广大读者批评指正，以期进一步完善。

编者

2023 年 2 月

目 录

活页式教材使用说明

本书为新型活页式教材，将每一种建筑装饰材料作为一个灵活的单元，形成各种“食材”，各种不同的“食材”作为活页模块独立成册，放在一个活页夹中，多种“食材”可以自由组合形成不同方向的“菜单”，详见表0-1、表0-2。这种“菜单式”新型活页式教材，方便教师和学生自由选择教学和学习内容，使教学过程更加灵活便捷。学生可按照“课前预习—课中讨论—课后测验”的课堂组织顺序来学习教材中每一个模块的内容。

课前预习，包括材料相关微课、视频和课件，通过预习充分了解建筑装饰材料的特点、应用与鉴别等知识点。

课中讨论，主要以案例分析为主，包括学一学、认一认和说一说，采用丰富多样的形式对不同案例进行了分析、判断和比较。学一学：列举3～4个材料应用的实例，包括设计思路、材料的应用效果；认一认：根据设计效果图片判断运用的是具体哪种装饰材料，并说出依据；说一说：根据前面所学内容总结材料的区别和判断的理由，以及其他材料相关的问题。

课后测验，包括判断题、单项选择题和多项选择题等题型，每个知识点学习结束后，进行针对性练习，帮助学生巩固知识点；练习后进行过关检测，检测学生实际掌握效果，发现问题及时补救。所有测试题答案均可通过扫描二维码查看。

在教材使用过程中，充分发挥活页式教材灵活机动的特点，真正达到“活学活用”的良好效果。

学生可以精准、便捷地选择自己喜欢、感兴趣的内容，便于个性化教学。在学习过程中，学生也可以将自己的课程笔记、实训作业、体会反思等添加到活页式教材中，从而形成完整的过程性学习资料，既可以满足学生的个性化学习要求，也可以满足教师对每个学生学习过程的把握。

教师教学可灵活组合教材内容（比如材料类别组合、构造形式组合、工程项目组合等），教材内容可以根据课程标准、教学要求的不同进行增减、变更、重组，从而满足不同学校、不同专业的教学需要。

教师可以根据行业发展需求对相应内容进行二次开发，新材料（高科技材料、新型环保材料、新型节能材料等）、新规范（材料验收规范、设计规范、施工规范等）、新工艺（材料制作工艺、施工工艺等）可添加到教材当中，从而达到与时俱进、学以致用的教学效果。

表 0-1　品类组合式活页菜单

菜单品类	材料名称	备注
A 胶凝材料	A1 普通水泥	
	A2 装饰混凝土	
	A3 石膏及制品	
	A4 胶黏剂	
	A5 更新补充活页材料……	
B 装饰石材	B1 天然大理石	
	B2 天然花岗石	
	B3 人造饰面石材	
	B4 更新补充活页材料……	
C 装饰陶瓷	C1 陶瓷墙地砖	
	C2 釉面内墙砖	
	C3 其他陶瓷装饰材料	
	C4 更新补充活页材料……	
D 建筑玻璃	D1 平板玻璃	
	D2 安全玻璃	
	D3 装饰玻璃	
	D4 更新补充活页材料……	
E 装饰塑料	E1 塑料板材	扫码可查看具体材料介绍 文本 品类组合式活页菜单检索
	E2 塑料管材	
	E3 塑料卷材	
	E4 更新补充活页材料……	
F 建筑涂料	F1 外墙涂料	
	F2 内墙涂料	
	F3 地面涂料	
	F4 特种涂料	
	F5 更新补充活页材料……	
G 装饰木材	G1 人造板材	
	G2 木制装饰品	
	G3 更新补充活页材料……	
H 金属装饰材料	H1 铝合金	
	H2 铜合金	
	H3 不锈钢	
	H4 更新补充活页材料……	
I 其他装饰材料	I1 绝热材料	
	I2 吸声与隔声材料	
	I3 装饰织物	
	I4 灯饰与灯具	
	I5 更新补充活页材料……	

表 0–2　构造组合式活页菜单

菜单品类	材料名称	备注
A 楼地面工程	A1 楼地面基层材料	
	A2 整体面层楼地面材料	
	A3 板块式面层楼地面材料	
	A4 木、竹面层楼地面材料	
	A5 更新补充活页材料……	
B 墙柱面工程	B1 抹灰类墙柱面材料	
	B2 贴面类墙柱面材料	
	B3 涂刷类墙柱面材料	
	B4 裱糊类墙柱面材料	
	B5 软包类墙柱面材料	
	B6 更新补充活页材料……	
C 吊顶工程	C1 直接式顶棚材料	
	C2 悬吊式吊顶材料	
	C3 更新补充活页材料……	扫码可查看具体材料介绍 文本 构造组合式活页菜单检索
D 门窗工程	D1 木门窗材料	
	D2 铝合金门窗材料	
	D3 更新补充活页材料……	
E 木制品工程	E1 橱柜材料	
	E2 木隔断材料	
	E3 木门（窗）套材料	
	E4 更新补充活页材料……	
F 玻璃工程	F1 点支式玻璃幕墙材料	
	F2 玻璃隔墙材料	
	F3 空心玻璃砖材料	
	F4 玻璃栏板材料	
	F5 更新补充活页材料……	
G 装饰织物工程	G1 窗帘与帷幕材料	
	G2 地毯材料	
	G3 更新补充活页材料……	

模块 1

胶凝材料

1.1 普通水泥

■ 学习目标

（1）了解水泥的特点。
（2）熟悉水泥的应用。
（3）掌握水泥质量的鉴别方法。

■ 学习要求

（1）课前完成“课前预习”的内容。
（2）课中积极参加“课中讨论”。
（3）课后按时完成“课后测验”的测试题。

■ 学习方法

（1）比较学习法。在学习中善于运用对比的学习方法，针对材料特点展开横向对比与纵向对比，强化对关键知识点的梳理。

（2）理论联系实际。利用一切条件注意观察周围已建或在建工程，了解其装饰构造及施工工艺，掌握材料的使用方法。

■ 课前预习

微课
水泥

扫一扫二维码“水泥”进行学习。

水泥作为建筑装饰装修中必须要用到的辅材，是至关重要的材料。在建筑装饰装修中，地砖、墙砖粘贴以及砌筑找平等都要用到水泥砂浆，如图 1-1 所示，它不仅可以增强面材与基层的吸附能力，还能保护内部结构，同时可以作为建筑毛面的找平层。所以，在装修工程中，水泥砂浆是必不可少的材料。

水泥（图 1-2）作为粉状水硬性无机胶凝材料，加水搅拌后成为浆体，能在空气中硬化或在水中更好地硬化，并能把砂、石等材料牢固地胶结在一起。

水泥按其用途及性能可分为通用硅酸盐水泥、专用水泥和特性水泥三类。目前，我国建筑工程中常用的是通用硅酸盐水泥。

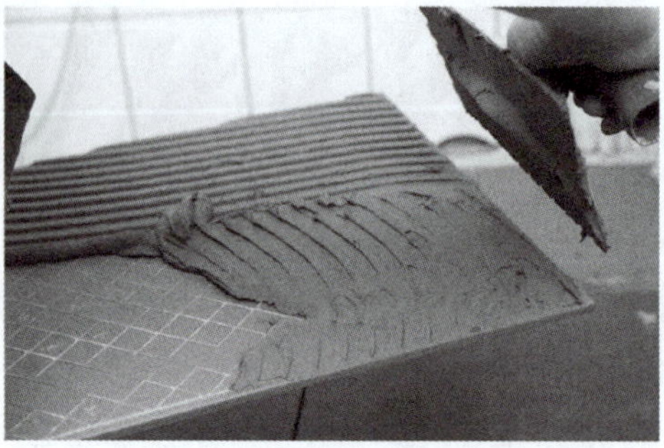

图1-1 水泥应用于地砖、墙砖粘贴

图1-2 水泥

1. 通用硅酸盐水泥

通用硅酸盐水泥是以硅酸盐水泥熟料和适量的石膏以及规定的混合材料制成的水硬性胶凝材料。在《通用硅酸盐水泥》（GB 175—2007）中包含了六种通用硅酸盐水泥，即硅酸盐水泥、普通硅酸盐水泥、矿渣硅酸盐水泥、火山灰硅酸盐水泥、粉煤灰硅酸盐水泥和复合硅酸盐水泥。

标准规定：由硅酸盐水泥熟料、5% ~20% 的混合材料及适量石膏磨细制成的水硬性胶凝材料，称为普通硅酸盐水泥，简称普通水泥，此类水泥在装饰装修工程中最为常用。

2. 专用水泥

专用水泥是指具有专门用途的水泥，如G级油井水泥和道路硅酸盐水泥。

3. 特性水泥

特性水泥是指某种性能比较突出的水泥，如快硬硅酸盐水泥、低热矿渣硅酸盐水泥、膨胀硫铝酸盐水泥、磷铝酸盐水泥和磷酸盐水泥。

1.1.1 水泥的特点

1. 强度高

普通硅酸盐水泥水化反应速度快，早期和后期强度高，可用于现浇混凝土楼板、梁、柱和预制混凝土构件，也可用于预应力混凝土结构、高强混凝土工程。

2. 水化热大、抗冻性好

由于普通硅酸盐水泥水化反应速度快，硅酸三钙和硅酸二钙的含量高，因此水化热较大，有利于冬期施工。但由于水化热较大，在修建大体积混凝土工程（一般指长、宽、高均在1 m以上）时，容易在混凝土构件内部聚集较大的热量，产生内外温度应力差，造成混凝土的破坏。因此，普通硅酸盐水泥不宜用于大体积的混凝土工程。普通硅酸盐水泥结构密实、抗冻性好，适用于严寒地区遭受反复冻融的工程及抗冻性要求较高的工程，如我国北方地区大坝的溢流面、混凝土路面工程。

3. 干缩小、耐磨性较好

普通硅酸盐水泥硬化时干缩小，不易产生干缩裂缝，可用于干燥环境中的工程。由于其干缩小，表面不易起粉，因此耐磨性较好，可用于道路工程。

4. 抗碳化性较好

普通硅酸盐水泥在水化后，水泥石中含有较多的氢氧化钙，碳化时水泥的碱度下降少，对钢筋的保护作用强，可用于空气中二氧化碳浓度较高的环境，如热处理车间等。

5. 耐腐蚀性差

普通硅酸盐水泥水化后含有大量的氢氧化钙和水化铝酸钙，因此，其耐软水和耐化学腐蚀性差，不能用于海港工程、抗硫酸盐工程。

6. 不耐高温

当水泥石温度在 250 ~ 300℃时，水泥石中的水化硅酸钙开始脱水，氢氧化钙在 600℃以上时会分解成氧化钙和二氧化碳。高温后的水泥石受潮时，生成的氧化钙与水作用，体积膨胀，造成水泥石的破坏。因此，普通硅酸盐水泥不适用于温度高于 250℃的混凝土工程，如工业窑炉和高温炉基础。

1.1.2 水泥的应用

水泥适用于制造混凝土、预制混凝土、清水混凝土（图 1-3）、GRC 产品、黏合剂等特别场合，普遍用于彩色路面砖、透水砖、文化石、雕塑工艺品、水磨石、耐磨地坪（图 1-4）、腻子等，具有高光线反射性能，使制造的路边石、路标、路中央分隔线拥有更高的交通安全性能。

图 1-3 清水混凝土装饰

图 1-4 水泥地坪

1.1.3 水泥的鉴别

了解了水泥的特点和应用之后，我们在选购水泥时，要如何识别水泥的质量呢？下面一起来了解一下水泥的鉴别方法。

1. “望”泥知优劣

首先，从外观上看包装质量。看其是否采用了防潮性能好、不易破损的覆膜编织袋，看标识是否清楚、齐全。通常，正规厂家出产的水泥应标有以下内容：注册商标、产地、生产许可证编号、执行标准、包装日期、袋装净重、出厂编号、水泥品种等，而劣质水泥则往往对此语焉不详。其次，仔细观察水泥的颜色。一般来讲，水泥的正常颜色应呈灰白色，若颜色过深或有变化，有可能是其他杂质过多。

2. “闻”泥析品质

这里的“闻”不是闻气味，毕竟闻水泥对消费者是不安全的，这里的“闻”是“听”，听商家介绍关于水泥的配料，从而推断水泥的品质。国内一些小水泥厂为了进行低价销售，违反水泥标准规定，过多地使用水泥混合材料，没有严格按照国家标准进行原料配比，其产品性能可想而知。而正规厂家在水泥的原料选择上十分严谨，生产出的水泥具有凝结时间适中、黏结强度高、耐久性好的特点。

3. “问”泥的来源

主要是询问水泥的生产厂家和生产工艺，看其“出身”是否正规，生产工艺是否先进。当前，非法建材装修市场上的水泥产品以小立窑工艺生产的居多，不但产品质量十分不稳定，而且是环保的大敌；而一些专业大厂采用新型干法旋窑生产，采用先进的计算机技术控制管理，能够确保水泥产品质量稳定。

4. “切”泥知寿命

这一步主要用手指来给水泥“号脉”，辨别其出厂时间的长短。水泥也有保质期，一般而言，超过出厂日期30天的水泥强度将有所下降。储存三个月后的水泥，其强度下降10%～20%；一年后下降25%～40%。能正常使用的水泥应无受潮结块现象，优质水泥用手指捻水泥粉末，会有细腻的颗粒感。包装劣质的水泥，开口检查会有受潮和结块现象；劣质水泥用手指捻水泥粉末，有粗糙感，说明该水泥细度较粗、不正常，使用时强度低，黏性很差。

■ 课中讨论

1.1.4 案例分析

学一学

1. 水泥应用案例1：艺术水泥

巴西建筑工作室 MNMA Studio 为时尚品牌 Haight 设计了一个零售商店，整个空间设计都是有机野兽主义的典型示范。MNMA 将水泥设计在这栋建筑里发挥到了极致。这个 $80m^2$ 的空间位于里约热内卢海滨郊区 Leblon 的一栋 25 层住宅楼的底部。

他们用灰色大理石覆盖了柱子，使它成为一个引人注目的中心特征，然后利用水泥创造了一个夹层更衣室，通过一组清水混凝土水泥的楼梯可以到达。

该设计展现了海特的极简主义美学，将粗糙水泥效果与软化的有机形状和线条相结合，在没有明显颜色或图案的情况下，提供了材质本身的纹理感。自然石材和未经打磨的水泥雕塑质感，给商店带来一种仿佛是手工制作的视觉效果，如图 1-5 所示。

图 1-5 清水混凝土楼梯

MNMA 利用水泥和涂料，旨在模仿如沙子等自然元素的设计。两个细长的黄铜衣架点缀空间，在单调的水泥色调中增加一种金属的触感。

墙面粗糙的混凝土水泥效果与精致的店面商品形成鲜明对比，提高店面设计感的同时，又展现了商品的独特魅力。

2. 水泥应用案例 2：某潮流运动旗舰店

水泥的灰色是一种沉稳、百搭的底色，与其他不同色彩组合表现毫无压力。不需要过多裁切、修饰，而是充分利用水泥材质本身特有的属性，与实木、玻璃、金属等其他材质进行衬托、搭配、对比，如图 1-6 所示。

图 1-6 水泥自流平地坪

3. 水泥应用案例3：水泥磨石地坪

室内装修是北欧简约风，地面采用的是阿普勒的水泥磨石地坪——一种新型装修材料及工艺。整体简约、大方、耐看，贴合了民宿的设计风格，如图1-7所示。

图1-7 水泥磨石地坪

文本

水泥学认说

阿普勒原色水泥磨石搭配原木色的家具摆设，复古、生态、自然，给人一个小隐于世，放松、自在之所。

认一认

说出下列图例中包含的水泥并分析其类型。

图例1：

图例 2：

图例 3：

图例 4：

说一说

（1）说一说图例 3 与图例 4 中两种地坪的区别。

（2）进场水泥从哪些方面进行质量把关？

■ **课后测验**

1.1.5 测试题

1. 判断题

(1) 普通硅酸盐水泥广泛用于各种混凝土和钢筋混凝土工程。( )

(2) 市场上通用水泥每袋质量为100kg。( )

(3) 因为水泥是水硬性胶凝材料，所以运输和储存时不怕受潮。( )

(4) 由于硅酸盐水泥的水化热大、抗冻性好，因此特别适用于冬期施工。( )

2. 单项选择题

(1) 以下关于水泥特性的说法正确的是（ ）。

A. 水化热大、抗冻性好　　B. 干缩大、耐磨性较好

C. 强度低　　D. 抗碳化性较差

(2) 水泥适用于高速公路、道路和地面工程，是因为其（ ）特性。

A. 不耐高温　　B. 干缩小、耐磨性较好

C. 耐腐蚀性差　　D. 抗碳化性较好

(3)（ ）属于水硬性胶凝材料。

A. 石灰　　B. 水泥

C. 石膏　　D. 沥青

(4) 硅酸盐水泥包装袋两侧的字体颜色为（ ）。

A. 红色　　B. 绿色

C. 黑色　　D. 蓝色

3. 多项选择题

(1) 以下属于通用水泥的是（ ）。

A. 硅酸盐水泥

B. 普通硅酸盐水泥

C. 矿渣硅酸盐水泥

D. 复合硅酸盐水泥

(2) 以下关于水泥特性的说法正确的是（ ）。

A. 强度高

B. 水化热大、抗冻性好

C. 干缩小、耐磨性较好

D. 抗碳化性较差

答案

测试题答案

1.2 装饰水泥与混凝土

■ 学习目标

(1) 了解装饰水泥与混凝土的特点。
(2) 熟悉装饰水泥与混凝土的应用。
(3) 掌握装饰水泥与混凝土质量的鉴别方法。

■ 学习要求

(1) 课前完成“课前预习”的内容。
(2) 课中积极参加“课中讨论”。
(3) 课后按时完成“课后测验”的测试题。

■ 学习方法

(1) 比较学习法。在学习中善于运用对比的学习方法，针对材料特点展开横向对比与纵向对比，强化对关键知识点的梳理。

(2) 理论联系实际。利用一切条件注意观察周围已建或在建工程，了解其装饰构造及施工工艺，掌握材料的使用方法。

■ 课前预习

扫一扫二维码“装饰水泥与混凝土”进行学习。

微课 装饰水泥与混凝土

装饰水泥是指用在装饰装修工程中的水泥，属于硅酸盐水泥，它是由水泥熟料、6%～15%混合材料、适量石膏磨细制成的水硬性胶凝材料，简称普通水泥。这类水泥一般用于建筑物的表层装饰，其施工简单、造型方便、容易维修、价格低廉。

装饰混凝土（混凝土压花）是一种近年来流行于美国、加拿大、澳大利亚、欧洲并在世界主要发达国家迅速推广的绿色环保墙地面材料，如图 1-8 和图 1-9 所示。它能在原本普通的新旧混凝土表层，通过色彩、色调、质感、款式、纹理、机理和不规则线条的创意设计，图案与颜色的有机组合，创造出各种天然大理石、花岗石、砖、瓦、木地板等天然石材铺设效果，具有图形美观自然、色彩真实持久、质地坚固耐用等特点。

1.2.1 装饰水泥与混凝土的特点

装饰水泥进一步细分的扩展品种有白色硅酸盐水泥和彩色硅酸盐水泥两种。

(1) 白色硅酸盐水泥：以硅酸钙为主要成分，加少量铁质熟料及适量石膏磨细而成。

(2) 彩色硅酸盐水泥：以白色硅酸盐水泥熟料和优质白色石膏为主要成分，掺入颜料、外加剂共同磨细而成。常用的彩色掺加颜料有氧化铁（红、黄、褐、黑）、二氧化锰（褐、黑）、氧化铬（绿）、钴蓝（蓝）、群青蓝（靛蓝）、孔雀蓝（海蓝）、炭黑（黑）等，如图1-10所示。

图1-8 混凝土压花墙面

图1-9 混凝土压花地面

图1-10 彩色水泥

装饰混凝土是通过使用特种水泥和颜料或选择颜色骨料，在一定的工艺条件下制得的混凝土。因此，它可以在混凝土拌合物中掺入适量颜料或采用彩色水泥，使整个混凝土结构或构件具有色彩，或者只将混凝土的表面部分做成设计的色彩。这两种方法各具特点，前者质量较好，但成本较高；后者价格较低，但耐久性较差。

1.2.2 装饰水泥与混凝土的应用

在装修中，地砖、墙砖粘贴以及砌筑找平等都要用到水泥与砂的调和物，水泥砂浆的黏结强度关乎墙地砖铺贴和砌筑找平工程的质量。

要提高水泥砂浆的黏结强度，就要求其具备适当的比例，以粘贴瓷砖为例，如果水泥强度等级过大，当水泥砂浆凝结时，水泥大量吸收水分，容易造成拉裂，缩短使用寿命。水泥砂浆一般应按水泥∶砂＝1∶2（体积比）的比例来搅拌。水泥砂浆在使用中要注意以下几点：

（1）忌受潮结硬。

（2）忌暴晒速干。

（3）忌负温受冻。

（4）忌高温酷热。

（5）忌基层脏软。

（6）忌骨料不纯。

（7）忌水多灰稠。

（8）忌受酸腐蚀。

装饰混凝土可广泛应用于住宅、社区、商业、市政及文娱等各种场合所需的人行道、公园、广场、游乐场、高档小区道路、停车场、庭院、地铁站台、游泳池等处的景观创造，具有较高的安全性和耐用性，如图 1-11 所示。

图 1-11　彩色混凝土广场地面

同时，装饰混凝土施工方便、无需压实机械，色彩也较为鲜艳，并可形成各种图案。更重要的是，它不受地形限制，可任意制作。装饰性、灵活性和表现力，正是装饰混凝土的独特性格体现。

1.2.3　装饰混凝土的质量鉴别

装饰混凝土的装饰效果如何，主要取决于色彩，色彩效果的好与差取决于混凝土的着色。这与颜料的性质、掺量和掺加方法有关。装饰混凝土的着色方法有很多，在实际工程中常用的有以下四种。

1. 彩色外加剂

它不仅能使混凝土着色，还能提高混凝土各龄期的强度，改善混凝土拌合物的和易性，对颜料和水泥具有扩散作用，使混凝土获得均匀的颜色。彩色外加剂与彩色水泥配合使用，效果更佳。

2. 无机氧化物颜料

在混凝土中直接加入无机氧化物颜料，也可以使混凝土着色。

3. 化学着色剂

化学着色剂中含有稀释的酸，对混凝土有轻微的腐蚀作用，这种作用不仅对混凝土强度影响不大，反而使着色剂能渗透较深，色调更加均匀。

4. 干撒着色硬化剂

干撒着色硬化剂是一种比较简单的表面着色方法，可用于混凝土楼板、人行道、庭院小径及其他水平表面，但不能用于竖直结构的表面着色。

■ 课中讨论

1.2.4 案例分析

学一学

1. 装饰混凝土应用案例：某高端酒店

某高端酒店如图 1–12 所示。

图 1–12 某高端酒店

2. 装饰水泥应用案例：纳米装饰水泥

本项目是典型的别墅翻新项目，业主的景区豪宅建筑面积达到 2 000 m^2 以上，地上三层，地下两层。

由于地下室通风不佳，容易潮湿和滋生霉菌，在进行二次装饰装修时，使用无机纳米水泥装饰墙面和顶面，其设计理念是低调的奢华，返璞归真，还原建筑的本质，如图 1–13 所示。

纳米水泥无机环保、防霉防潮，适合应用在地下室、卫生间等高湿度区域，可以有效保护墙面，同时具有良好的装饰效果和自然过渡的纹理。

文本

装饰水泥与混凝土学认说

图 1–13 纳米装饰水泥

认一认

说出下列图例中包含的装饰水泥或混凝土类型。

图例 1：

图例 2：

图例 3：

说一说

（1）说一说图例 2 与图例 3 中两种材料的区别。

（2）装饰混凝土的着色方法有哪些？

■ 课后测验

1.2.5 测试题

1. 判断题

（1）装饰混凝土的装饰效果如何，主要取决于色彩。(　　)

（2）装饰水泥进一步细分的扩展品种有白色硅酸盐水泥、黑色硅酸盐水泥和彩色硅酸盐水泥三种。(　　)

2. 单项选择题

（1）以下关于装饰水泥特性的说法错误的是（　　）。

A. 施工简单　　B. 造型方便

C. 不易维修　　D. 价格低廉

（2）装饰水泥的种类有白色硅酸盐水泥和（　　）。

A. 矿渣硅酸盐水泥

B. 彩色硅酸盐水泥

C. 粉煤灰硅酸盐水泥

D. 复合硅酸盐水泥

3. 多项选择题

装饰混凝土的着色方法有（　　）。

A. 彩色外加剂

B. 无机氧化物颜料

C. 化学着色剂

D. 干撒着色硬化剂

答案

测试题答案

1.3 水磨石

■ 学习目标

（1）了解水磨石的特点。
（2）熟悉水磨石的应用。
（3）掌握水磨石质量的鉴别方法。

■ 学习要求

（1）课前完成“课前预习”的内容。
（2）课中积极参加“课中讨论”。
（3）课后按时完成“课后测验”的测试题。

■ 学习方法

（1）比较学习法。在学习中善于运用对比的学习方法，针对材料特点展开横向对比与纵向对比，强化对关键知识点的梳理。

（2）理论联系实际。利用一切条件注意观察周围已建或在建工程，了解其装饰构造及施工工艺，掌握材料的使用方法。

■ 课前预习

微课
水磨石

扫一扫二维码“水磨石”进行学习。

水磨石是一种人造石，用水泥做胶结材料，掺入不同色彩、不同粒径的大理石或花岗石碎石，经过搅拌、成型、养护、研磨等工序，制成一种具有一定装饰效果的人造石材，如图1-14所示。

图1-14　水磨石样块

水磨石可以切割成块，应用于卫生间隔断、窗台等部位。水磨石主要用于工厂车间、医院、商场、办公室、过道或卫生间地面等对清洁度要求较高或潮湿的场所；又因其具有耐磨、花色多等优点而被广泛应用于火车站、饭店、宾馆等空间。

1.3.1　水磨石的特点

水磨石（又称磨石）是将碎石、玻璃、石英石等骨料拌入水泥黏结料制成混凝制品后，再经表面研磨、抛光的制品。用水泥黏结料制成的水磨石称为无机磨石，用环氧黏结料制成的水磨石称为环氧磨石或有机磨石。水磨石按施工制作工艺又分为现场浇筑水磨石和预制板材水磨石。

现场浇筑水磨石是在施工现场进行施工制作，其优点是没有接缝，整体平整，美观大方；缺点是施工周期长，噪声大，现场湿作业易形成污染。

预制板材水磨石是提前制作好的水磨石板材，使用时直接铺设即可。其在生产时通常会经过布料、振动、高压、养护、切割等工序，可控性相对较高，成品是单片的板材，运输非常方便，施工也相对简单容易，整体上的施工方式和瓷砖、大理石无异，适用于各种环境和各种场合。

1.3.2 水磨石的应用

工业水磨石（原色水磨石）应用在工厂的车间、仓库或停车场，它的原材料为花岗石石粒与普通硅酸盐水泥，表面不美观，但造价便宜且耐用。

民用水磨石应用在别墅、医院、广场、地铁站等地面上，它比工业水磨石更具观赏性与档次，普遍使用绿色、红色的大理石石粒，高强度等级的白水泥或有色水泥，造价与普通抛光砖相当。

商业水磨石是高档水磨石，应用在商场、购物中心、写字楼等商业领域的地面上，美观高档、无尘耐磨、易清洁，与大理石效果相同，但造价却不超过大理石的三分之一，如图 1-15 和图 1-16 所示。

图 1-15 水磨石在商业空间中的应用

1.3.3 水磨石的鉴别

水磨石的性能可以从以下四个方面来识别：

（1）观，即肉眼观察水磨石砖的表面结构。

一般来说，均匀的细料结构水磨石砖具有细腻的质感，为水磨石砖中的佳品；粗粒及不等粒结构的水磨石砖外观效果较差，机械力学性能也不均匀，质量稍差。另外，天然水磨石砖由于地质作用的影响，常在其中产生一些细脉、微裂隙，水磨石砖最易沿这些部位产生破裂，应注意剔除。至于缺棱少角更是影响美观，选择时尤应注意。

（2）量，即量水磨石砖的尺寸规格，以免影响拼接，或造成拼接后的图案、

图 1-16 水磨石在餐饮空间中的应用

花纹、线条变形，影响装饰效果。

（3）听，即听水磨石砖的敲击声音。

一般而言，质量好的、内部致密均匀且无显微裂隙的水磨石砖，其敲击声清脆悦耳；相反，若水磨石砖内部存在显微裂隙或细脉，或因风化导致颗粒间接触变松，则敲击声粗哑。

（4）试，即用简单的试验方法检查水磨石砖的好坏。

一般在板材的背部滴一滴墨水，若很快扩散，表明板材质量不好，内部有明显的缝隙或内部颗粒疏松；若墨水没有变化，说明水磨石板材质地紧密，质量上乘。

■ 课中讨论

1.3.4 案例分析

学一学

1. 水磨石案例 1：水磨石卫浴墙面、台面、水槽

如今的水磨石早已不是人们印象中的灰扑扑的形象了，先进的工艺为水磨石注入了多样的色彩，其常被应用在卫浴间的墙面、台面和水槽，有着极高的时尚感和装饰性，如图 1–17 所示。

图 1–17 水磨石卫浴墙面、台面、水槽

2. 水磨石案例 2：商业展示空间设计

某小区楼盘售楼处如图 1–18 所示。

图 1–18 某小区楼盘售楼处

认一认

说出下列图例中包含的水磨石并分析其类型。

图例 1：

文本

水磨石学认说

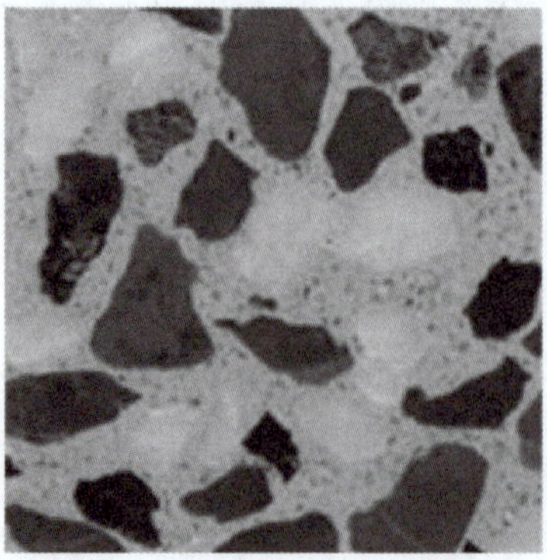

图例 2：

图例 3：

说一说

（1）说一说图例 2 与图例 3 中两种水磨石的区别。

（2）水磨石的性能可以从哪些方面来识别？

■ **课后测验**

1.3.5 测试题

1. 判断题

（1）均匀的细料结构水磨石砖具有细腻的质感，为水磨石砖中的佳品。（ ）

（2）预制水磨石的缺点是施工周期长、噪声大。（ ）

2. 单项选择题

（1）水磨石按施工制作工艺分为（ ）和预制板材水磨石。

A. 工业水磨石 B. 现场浇筑水磨石

C. 商业水磨石　　　　　　D. 民用水磨石

(2)（　　）是高档水磨石，应用在商场、购物中心、写字楼等商业领域的地面上。

A. 工业水磨石　　　　　　B. 民用水磨石

C. 特制水磨石　　　　　　D. 商业水磨石

3. 多项选择题

(1) 水磨石的特点有（　　）。

A. 原材料来源丰富　　　　B. 价格较高

C. 装饰效果好　　　　　　D. 施工工艺简单

(2) 水磨石的性能可以从以下（　　）方面来识别。

A. 观，即肉眼观察水磨石砖的表面结构

B. 量，即量水磨石砖的尺寸规格

C. 听，即听水磨石砖的敲击声音

D. 试，即用简单的试验方法检查水磨石砖的好坏

答案

测试题答案

1.4 石膏板

■ 学习目标

（1）了解石膏板的特点。

（2）熟悉石膏板的应用。

（3）掌握石膏板质量的鉴别方法。

■ 学习要求

（1）课前完成“课前预习”的内容。

（2）课中积极参加“课中讨论”。

（3）课后按时完成“课后测验”的测试题。

■ 学习方法

（1）比较学习法。在学习中善于运用对比的学习方法，针对材料特点展开横向对比与纵向对比，强化对关键知识点的梳理。

（2）理论联系实际。利用一切条件注意观察周围已建或在建工程，了解其装饰构造及施工工艺，掌握材料的使用方法。

■ 课前预习

微课

石膏板

扫一扫二维码“石膏板”进行学习。

石膏板是目前装修中使用最为广泛的板材之一，是以建筑石膏为主要原料制成的一种材料。它是一种重量轻、强度较高、厚度较薄、加工方便以及隔声绝热和防火等性能较好的建筑材料，是当前着重发展的新型轻质板材之一。

石膏板已广泛用于住宅、办公楼、商店、旅馆和工业厂房等各种建筑物的内隔墙、墙体覆面板、吊顶（图 1-19）、吸声板和各种装饰板。用于室内的石膏板不宜安装在浴室或厨房。

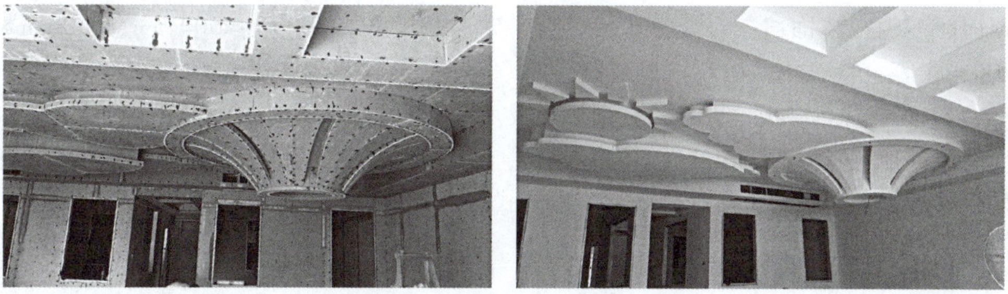

图 1-19 石膏板造型吊顶

1.4.1 石膏板的特点

(1) 隔声。用薄板组成的双层分离式隔声墙和用空心条板组成的双层隔声墙，其隔声效果约相当于 24 cm 厚的砖墙，隔声指数可达 40 ~ 50 dB。

(2) 轻质隔热。用纸面石膏板做隔墙，重量仅为砖墙的 1/4 ~ 1/3。同时，由于石膏板的多孔结构，其导热系数为 0.30，与砖（导热系数为 0.43）和混凝土（导热系数为 1.63）相比，隔热性能优良。

(3) 防火。石膏板属于非燃材料，由于石膏受热时要释放化合水，其耐火极限可达 2h 以上，具有一定的防火性能，有的可用作钢结构的防火保护层。

(4) 湿度调节。当空气中的湿度比它本身的含水量大时，石膏板能吸收空气中的水分；反之，石膏板可以放出板中的水分，起到调节室内空气湿度的作用。

(5) 装饰功能好。石膏板表面平整，板与板之间通过胶结料可牢固地黏结在一起，形成无缝结构，建筑装饰效果好。

(6) 可施工性好。石膏板可钉、可锯、可粘，施工非常方便，用它做装饰，可以摆脱传统的湿法作业，极大地提高施工效率。

1.4.2 石膏板的应用

石膏板主要有两种分类方法，一种是按照产品的等级分类，另一种是按照使用功能分类。

(1) 按照住房和城乡建设部关于建筑石膏等级的规定，建筑石膏可以分为三个等级，分别是优等品、一等品和合格品。

(2) 按照使用功能，石膏板可以分为纸面石膏板、吸声穿孔石膏板和嵌装式石膏板。

① 纸面石膏板。纸面石膏板可以进一步分为普通纸面石膏板、纸面石膏吸声板和耐火纸面石膏板。这类石膏板的重量非常轻，大部分都具有良好的隔声、防火及隔热性能。纸面石膏板的规格主要有 1 200 mm×3 000 mm 和 1 200 mm×2 400 mm 两种尺寸，常见的厚度有 9 mm、12 mm、15 mm 和 18 mm。耐火的要更厚一些，厚度能够达到 21 mm 和 25 mm。

② 吸声穿孔石膏板（图 1-20）。这种类型的石膏板比纸面石膏板更加美观，隔声效果更好，质量也非常轻。由于其具有良好的装饰性，这种类型的石膏板用在顶面时多用在装饰层。石膏板形状多为正方形，规格有 500 mm×500 mm、800 mm×800 mm 等，特殊规格的还可以定制。

③ 嵌装式石膏板。嵌装式石膏板和吸声穿孔石膏板一样具有良好的吸声及装饰性能，这种石膏板与吸声穿孔石膏板相比，其强度更高、更不容易变形、保温效果更好，属于石膏板中质量最好的产品。嵌装式石膏板多为正方形，厚度在 25 mm 以上。

1.4.3 石膏板的鉴别

(1) 根据使用场所选择石膏板。选购石膏板时，要先确定石膏板的使用场所，如果用在卫生间及厨房，就要选择防潮性能好的石膏板；如果用在客厅、餐厅等场

图 1-20 吸声穿孔石膏板

所，则选择普通的石膏板即可。影音室最好选择吸声穿孔石膏板。

（2）根据外观质量选择石膏板。购买时，应观察石膏板的表面有没有污痕、划痕及波纹，特别是用在吊顶表面的石膏板。

（3）根据保护纸质量选择石膏板。纸面石膏板的强度有 70% 都是依靠纸面，纸面的质量会直接影响纸面石膏板的质量。鉴别时可以用裁纸刀在石膏板表面画一个叉，劣质的石膏板纸张能够被很容易地揭开，而优质的石膏板则相反。

（4）根据芯材纯度选择石膏板。优质石膏板的芯材纯度比较高，而劣质石膏板的芯材纯度比较低。芯材的质量可以从颜色来判断，如果纯度比较高，芯材的颜色是比较白的；如果纯度非常低，则芯材是泛黑的。

（5）根据重量选择石膏板。相同规格、相同厚度的石膏板，质量比较好的稍微重一些，质量比较差的稍微轻一些，如果两者的重量相同，则代表质量没有太大的差异。

■ **课中讨论**

1.4.4 案例分析

学一学

1. 石膏板应用案例 1：某研发中心办公室

该办公室是一个被光影分割的空间，明亮而富有创意，木纹的搭配又带有一丝稳重，如图 1-21 和图 1-22 所示。

2. 石膏板应用案例 2：某公司办公室装修案例

大体量石膏板吊顶结合硬包墙面和地毯，显得干净利落，简单的线条贯穿空间，通透的大落地玻璃窗使整个空间的光源更加柔和，增添了明亮视觉感受，如图 1-23 和图 1-24 所示。

图 1-21 某研发中心办公室（一）

图 1-22 某研发中心办公室（二）

图 1-23 小会议室石膏板吊顶

图 1-24　总经理办公室石膏板吊顶

认一认

说出下列图例中包含的石膏板并分析其类型。

图例 1：

图例 2：

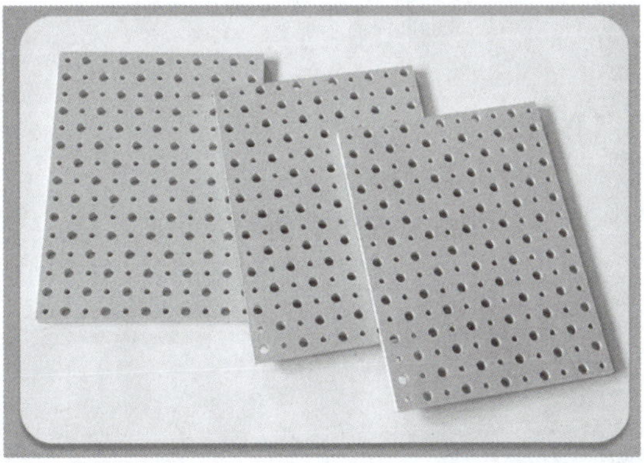

图例3：

说一说

（1）说一说图例1与图例2中两种石膏板的区别。
（2）石膏板的鉴别方法有哪些？

课后测验

1.4.5 测试题

1. 判断题

（1）相同规格、相同厚度的石膏板，质量比较好的稍微轻一些。（　　）
（2）优质石膏板的芯材纯度比较高。（　　）

2. 单项选择题

（1）石膏板用于室内时，不宜安装在（　　）。

A. 内隔墙　　B. 吊顶
C. 浴室或厨房　　D. 墙体覆面板

（2）石膏板属于非燃材料，由于石膏板受热时要释放化合水，所以其具有一定的（　　）性能。

A. 隔声　　B. 防火
C. 湿度调节　　D. 装饰

3. 多项选择题

纸面石膏板的特点有（　　）。

A. 重量轻　　B. 隔声隔热
C. 加工性能强　　D. 施工方法简便

答案
测试题答案

模块 2

装饰石材

2.1 天然大理石

■ 学习目标

（1）了解天然大理石的特点。

（2）熟悉天然大理石的应用。

（3）掌握天然大理石质量的鉴别方法。

■ 学习要求

（1）课前完成“课前预习”的内容。

（2）课中积极参加“课中讨论”。

（3）课后按时完成“课后测验”的测试题。

■ 学习方法

（1）比较学习法。在学习中善于运用对比的学习方法，针对材料特点展开横向对比与纵向对比，强化对关键知识点的梳理。

（2）理论联系实际。利用一切条件注意观察周围已建或在建工程，了解其装饰构造及施工工艺，掌握材料的使用方法。

■ 课前预习

微课

天然大理石

扫一扫二维码“天然大理石”进行学习。

图 2-1　大理石石料

天然大理石是地壳中原有的岩石经过地壳内高温高压作用形成的变质岩，属于中硬石材，主要由方解石、石灰石、蛇纹石和白云石组成，其主要成分以碳酸钙为主，占50%以上，其他还有碳酸镁、氧化钙、氧化锰及二氧化硅等。由于天然大理石一般都含有杂质，而且碳酸钙在大气中受二氧化碳、碳化物、水气的作用，容易风化和溶蚀，表面会很快失去光泽。大理石因其盛产于中国云南大理而得名，如图 2-1 和图 2-2 所示。

图 2-2 大理石装饰效果

2.1.1 大理石的特点

大理石由沉积岩和沉积岩的变质岩形成，主要成分是碳酸钙，其含量为 50% ~ 75%，呈弱碱性，颗粒细腻（指碳酸钙），表面分布一般较不规则，硬度较低。大理石经过加工处理后，主要用于地面和墙面装饰，因其具有耐磨、耐热等优点，深受市场欢迎，如图 2-3 和图 2-4 所示。大理石的特点如下。

图 2-3 贝斯米黄大理石

图 2-4 啡网大理石

1. 优点

（1）结构致密，抗压强度高，加工性能好，不变形。天然大理石质地致密而硬度不大，其莫氏硬度在 2.5 ~ 5，故大理石较易进行锯解、磨光等加工。

（2）装饰性好。纯大理石为雪白色，当含有氧化铁、石墨、锰等杂质时，可呈米黄、玫瑰红、浅绿、灰、黑等色调，磨光后，光泽柔润，绚丽多彩。浅色大理石板的装饰效果为庄重而清雅，深色大理石板的装饰效果为华丽而高贵，如图 2-5 ~ 图 2-7 所示。

图 2-5 故宫太和殿汉白玉栏杆

图 2-6 泰姬陵白色大理石建筑

图 2-7 大理石墙面装饰效果

(3) 吸水率小、耐腐蚀、耐久性好。

2. 缺点

(1) 硬度较低，如在地面上使用，磨光面易损坏，其耐用年限一般在 30 ~ 80 年。

(2) 抗风化能力差，除个别品种大理石，如汉白玉、艾叶青等可用于室外，其他都不宜用于建筑物外墙面和其他露天部位的装饰。因为城市工业中所产生的二氧化硫与空气中的水分接触产生亚硫酸、硫酸等所谓的酸雨，与大理石中的碳酸钙反应，生成二水石膏，发生局部体积膨胀，从而造成大理石表面强度降低，变色掉粉，很快失去表面光泽，甚至出现斑点等现象而影响其装饰性能。大理石应用于室外时，需经过特殊的防水防腐保护处理；用于室内地面时，需经常抛光保养以保护光洁度。

2.1.2 大理石的应用

因为大理石板材价格高，属于高档装饰材料，所以一般常用于宾馆、展览馆、影剧院、商场、机场、车站等公共建筑的室内墙面、柱面、栏杆、窗台板、服务台面等部位，如图 2-8 所示。由于大理石的耐磨性相对较差，故在人流较大的场所不宜作为地面装饰材料。

图 2-8 宾馆大理石墙面装饰效果

大理石还常用于加工碑、塔、雕像等纪念性建筑物，如图 2-9 所示。

另外，大理石可制成各种石雕工艺品（如壁画），也可作为家具镶嵌的珍贵材料，如图 2-10 所示。

此外，由于大理石耐高温性极好，可作为厨柜的台面，如图 2-11 所示；但因大理石遇水打滑，故不能用在厨房和卫生间的地面。大理石在开采、加工过程中产生的碎石、边角余料也常用于人造石、水磨石、石米、石粉的生产，可用于涂料、塑料、橡胶等行业的填料。

图 2-9 比萨斜塔大理石效果

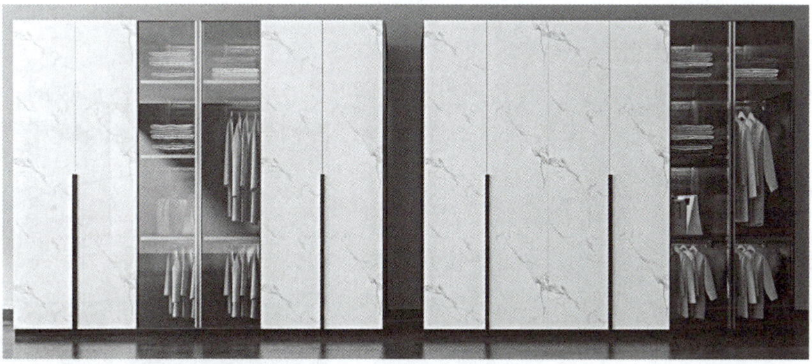

图 2-10 大理石衣柜门

图 2-11 大理石在厨房中的应用

2.1.3 大理石的鉴别

（1）选好等级。

根据规格尺寸允许的偏差、平面度和角度允许的公差，以及外观质量、表面光洁度等指标，大理石板材分为优等品、一等品和合格品三个等级。可根据需要选择不同等级的大理石，如图 2-12 所示。

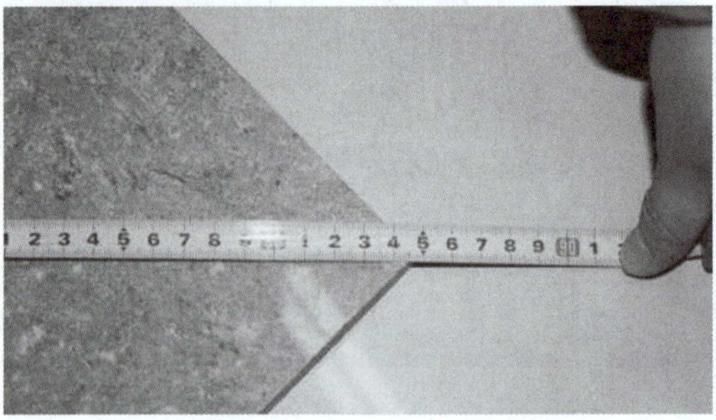

图 2-12　大理石尺寸检测

（2）检查外观质量。

不同等级的大理石板材，其外观有所不同。因为大理石是天然形成的，所以缺陷在所难免。同时，加工设备和量具的优劣也是造成板材缺陷的原因。有的板材板体不丰满（翘曲或凹陷），板体有缺陷（裂纹、砂眼、色斑等），板体规格不一（如缺棱角、板体不正）等，如图 2-13 所示。鉴别大理石外观质量具体可从下面几项入手。

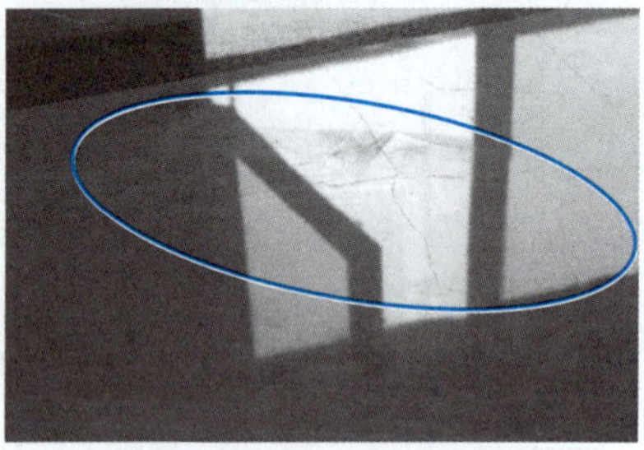

图 2-13　存在裂纹的大理石

① 判定花纹色调。色调基本一致、色差较小、花纹美观是优良品种的具体表现，否则会严重影响装饰效果。在光线充足的条件下，将已选好的板材和同一批其他要选购的大理石板材同时放在地上，站在距离它们 1.5 m 处仔细目测。要求同一批大理石板材的花纹色调应基本调和。

② 检查表面缺陷。在光线充足的条件下，将板材平放在地面上，站在距离大理石板材 1 m 处观察，看不见缺陷的认为没有缺陷；站在距板材 1 m 处可见，但不明显的缺陷为无明显缺陷；站在距板材 1 m 处明显可见的缺陷认为有缺陷。具体观察的缺陷有板材翘曲；板材表面上有无裂纹、砂眼、异色斑点、污点及凹陷现象存在。若判定没有以上几种缺陷，则板材为优等品，同时板材正面不许有缺棱掉角缺陷；如果以上几项缺陷不明显，同时也没有明显的缺棱掉角，那么可以认定这块板材为一级品；如果有以上几项缺陷但又不影响使用，并且板材正面只有一处长不大于 8 mm、宽不大于 3 mm 缺棱或长、宽都不大于 3 mm 掉角，则可判断该板材为合格品。板材在运输、装卸过程中碰坏的，可以进行黏结（针对破裂板材）或修补（针对棱角缺陷、表面坑洼或麻点）。但是黏结、修补后正面不允许有明显痕迹，

颜色要与正面花色接近。

③ 查看标记。大理石板材在出厂时应注明生产厂名、商标和标记。所以通过查看标记，可以对板材的总体外观质量有所了解。

④ 检测表面光泽度。优质大理石板材的抛光面应具有镜面一样的光泽，能清晰地映出景物。但不同品质的大理石由于化学成分不同，即使是同等级的产品，其光泽度的差异也会很大。当然，同一材质不同等级之间的板材表面光泽也会有一定差异。此外，大理石板材的强度、吸水率也是评价大理石质量的重要指标。

(3) 检查石材的尺寸规格。

尺寸规格应保持一致，以免影响拼接，或造成拼接后的图案、花纹、线条变形，影响装饰效果。

(4) 听石材的敲击声音。

一般而言，质量好的石材敲击声清脆悦耳；相反，若石材内部存在轻微裂隙或因风化导致颗粒间接触变松，则敲击声粗哑。

(5) 用简单的试验方法来检验石材的质量好坏。

通常在石材的背面滴上一小滴墨水，如果墨水很快四处分散浸出，即表明石材内部颗粒松动或存在缝隙，石材质量不好；反之，如果墨水滴在原地不动，则说明石材质地好。

(6) 向商家索取放射性和有害气体指标检测报告或请专业检验机构进行检验。

(7) 购买时要签订合同、开具发票。

(8) 其他注意事项。

① 耐污性。因为天然石材表面有细孔，所以在耐污方面比较弱。一般在加工厂都会在其表面进行处理。现在市面上销售的天然石材，部分色泽是经过人工处理的，这些石材一般使用半年到一年左右就会显露出其真实表面。

② 背面网格。出现这种情况有以下两种原因：

a. 石材本身较脆，必须加网格，如西班牙米黄。

b. 偷工减料。这些石材被削薄了，强度不够，所以加了网格，一般颜色较深的石材如果有网格，多数是这个原因。

③ 价格。消费者在选购自己喜欢的大理石时，一般要问清楚价格。大理石的价格由以下几项组成：石材本身的价格、加工费（磨边费、挖孔费）、送货费、搬运费、安装费和售后服务。这六项加在一起就是大理石每平方米的价格（如果是洗手台面，还需要加上封边石和三脚铁支架的费用）。

国家对大理石板材的要求有很多，如尺寸、厚度、平整度、角度等，下面仅介绍大理石外观质量要求，如表 2-1 所示。

表 2-1 大理石面板外观质量要求

序号	项目	范围	外观质量要求	
			优等品	一级品
1	磨光面上的缺陷	整个磨光面	不允许有直径超过 1mm 的明显砂眼和划痕	

续表

序号	项目	范围	外观质量要求	
			优等品	一级品
2	贯穿厚度的裂纹长度	磨光产品表面	允许有不贯穿裂纹	
3	贯穿厚度的裂纹长度	贴面产品贯穿厚度的裂纹长度	不得超过其顺延长度的 20%，且距板边 60mm 范围内，不得有平行板边的贯穿裂纹	不得超过其顺延长度的 40%
4	棱角缺陷	在一块产品中：	不允许的缺陷范围：	不允许的缺陷范围：
		正面棱 正面角 底面棱角 棱角深度	长×宽>2 mm×6 mm 之积 长×宽>2 mm×2 mm 之积 长×宽>40 mm×10 mm 之积 深度>板材厚度的 1/4	长×宽>3 mm×8 mm 之积 长×宽>3 mm×3 mm 之积 长×宽>40 mm×15 mm 之积 深度>板材厚度的 1/2
		产品安装后被遮盖部位的棱角缺陷	不得超过被遮盖部位的 1/2	
		两个磨光板面相临的棱角	不允许有缺陷	
5	黏结与修补	整体范围内	允许有，但处理后正面不得有明显痕迹，花色要相近	
6	色调与花纹	定型产品	以 50～100 m^2 为一批，色调花纹应基本调和，不得与标准样板的颜色、特征有明显差异	
		非定性配套产品	每一部位色调深浅应逐渐过渡，花纹特征基本调和，不得有突然变化	

文本

大理石学认说

■ 课中讨论

2.1.4 案例分析

学一学

大理石应用案例如图 2–14 所示。

图 2-14 大理石应用案例

认一认

说出下列图例中包含的大理石。

图例 1：

图例 2：

说一说

（1）大理石具有哪些特点？

（2）说一说大理石与花岗石的区别。

■ 课后测验

2.1.5 测试题

1. 判断题

（1）大理石宜用于室外装饰。（　　）

（2）使用强碱性清洁剂清洗大理石后，会破坏大理石光泽。（　　）

（3）大理石的主要成分是碳酸钙。（　　）

（4）建筑装饰材料中使用最广泛的两种天然石材是大理石和花岗石。（　　）

（5）一般而言，质量好的石材敲击声清脆悦耳；相反，若石材内部存在轻微裂隙或因风化导致颗粒间接触变松，则敲击声粗哑。（　　）

2. 多项选择题

（1）在实际装修中，大理石一般很少用于家装，大多数用在宾馆、商场、展览馆、影剧院、机场等环境，而且大理石不能用在室外，这是因为大理石（　　）。

A. 造价太高　　B. 花纹不美观

C. 容易风化　　D. 表面失去光泽或出现斑点

（2）天然大理石不属于（　　）石材。

A. 酸性硬　　B. 酸性中硬

C. 碱性硬　　D. 碱性中硬

（3）大理石不属于（　　）。

A. 岩浆岩　　B. 变质岩

C. 火成岩　　D. 沉积岩

（4）下列关于大理石面层和花岗石面层的说法中，正确的是（　　）。

A. 大理石、花岗石面层采用天然大理石、花岗石板材，应在结合层上铺设

B. 板材有裂缝、掉角、翘曲和表面有缺陷时应予以剔除

C. 在铺设前，应根据石材的颜色、花纹、图案、纹理等设计要求，试拼编号

D. 铺设大理石、花岗石面层前，板材不用浸湿、晾干，结合处与板材应分段同时铺设

（5）通常大理石质量检查的方法有（　　）。

A. 检查表面光洁度

B. 看外观质量

C. 量规格尺寸

D. 敲击听声音

答案

测试题答案

2.2 花岗石

▪ 学习目标

（1）了解花岗石的特点。
（2）熟悉花岗石的应用。
（3）掌握花岗石质量的鉴别方法。

▪ 学习要求

（1）课前完成“课前预习”的内容。
（2）课中积极参加“课中讨论”。
（3）课后按时完成“课后测验”的测试题。

▪ 学习方法

（1）比较学习法。在学习中善于运用对比的学习方法，针对材料特点展开横向对比与纵向对比，强化对关键知识点的梳理。

（2）理论联系实际。利用一切条件注意观察周围已建或在建工程，了解其装饰构造及施工工艺，掌握材料的使用方法。

▪ 课前预习

微课
花岗石

扫一扫二维码“花岗石”进行学习。

花岗石是花岗岩的俗称，它属于深成岩，是岩浆中分布最广的岩石，其主要矿物组成为长石、石英和少量云母及暗色矿物，其中长石含量为40%～60%，石英含量为20%～40%。商业上所说的花岗石是以花岗岩为代表的一类装饰石材，包括各种岩浆岩和花岗岩的变质岩，如辉长岩、闪长岩、辉绿岩、玄武岩、安山岩、正长岩等，一般质地较硬，如图2-15和图2-16所示。

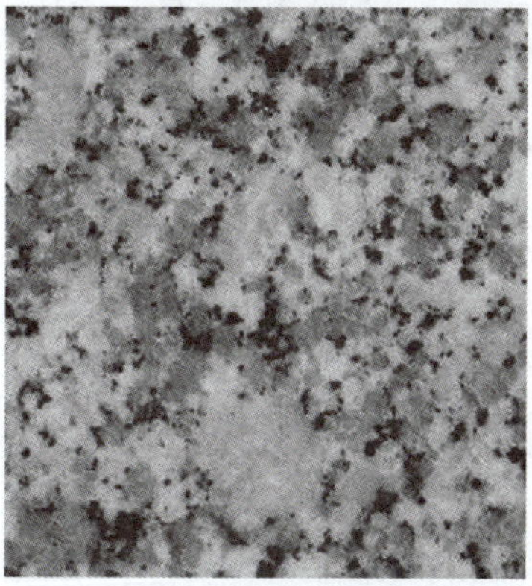

图2-15　花岗石—大白花（一）

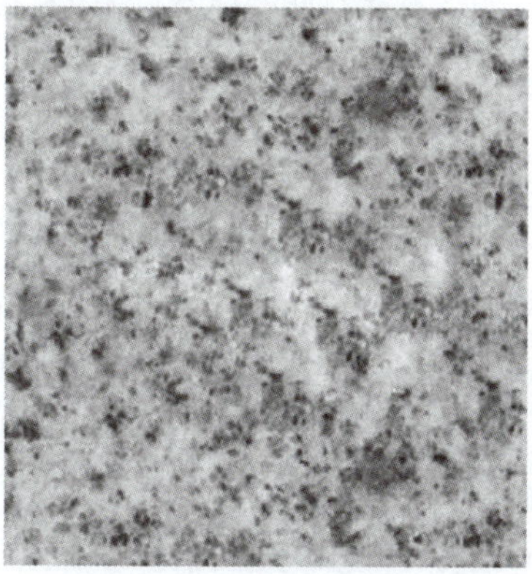

图2-16　花岗石—锈石

2.2.1 花岗石的特点

1. 优点

（1）结构致密，抗压强度高。

（2）材质坚硬，耐磨性很强，莫氏硬度为6～7具有优异的耐磨性。

（3）孔隙率小，吸水率极低，耐冻性强。抗冻性指标为F100～F200。

（4）装饰性好。经磨光处理的花岗石板，质感坚实，晶格花纹细致，色彩斑斓，有华丽高贵的装饰效果，如图2-17和图2-18所示。

图2-17 花岗石—大白花（二）

图2-18 花岗石—大白花（三）

（5）化学稳定性好，抗风化能力强。

（6）耐腐蚀性和耐久性很强。粗粒花岗石使用年限可达100～200年，优质细粒花岗石使用年限可达500～1000年以上，有“石烂千年”之称。

2. 缺点

（1）自重大，用于房屋建筑与装饰会增加建筑物的重量。

（2）硬度大，给开采和加工造成困难。

（3）质脆，耐火性差，当温度达到 800 ℃以上时，由于花岗石中所含石英发生晶型转变，造成体积膨胀，导致石材爆裂，失去强度。

（4）某些花岗石含有微量放射性元素，应根据花岗石石材的放射性强度水平确定其应用范围。

2.2.2 花岗石的品种及用途

我国花岗石资源极为丰富，储量大，分布地域广阔，花色品种达 150 种以上。我国花岗石主要有北京的白虎涧、济南的济南青、青岛的黑色花岗石、四川石棉的石棉红、湖北的将军红、山西灵邱的贵妃红等品种。国内外花岗石如图 2-19～图 2-24 所示。

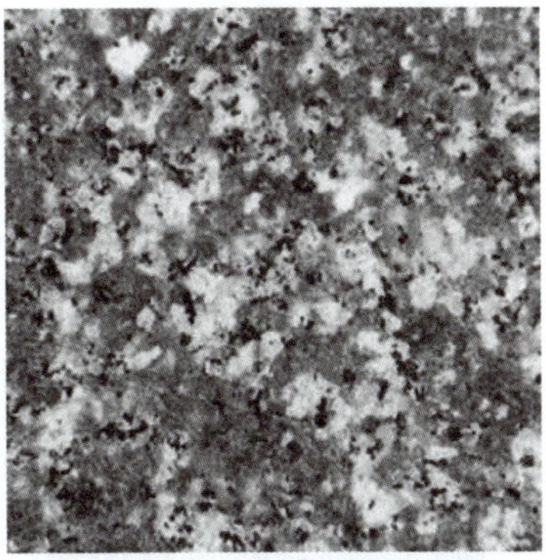

图 2-19 国产花岗石枫叶红

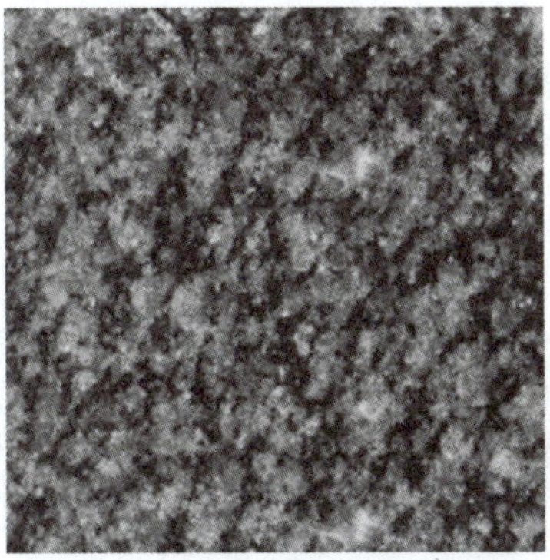

图 2-20 国产花岗石桃花红

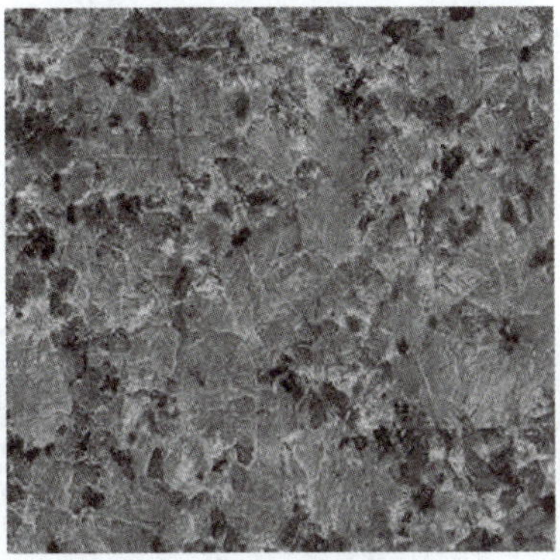

图 2-21 国产花岗石将军红

图 2-22 进口花岗石印度红

天然花岗石属于高级建筑装饰材料，主要应用于大型公共建筑或装饰等级要求较高的室内外装饰工程。花岗石的加工和大理石一样，板材表面可加工成剁斧板、机刨板、粗磨板和磨光板。

（1）剁斧板：表面粗糙、有规律的条纹状，给人一种粗犷、朴实、自然、浑厚、庄重的感觉，主要用于室外地面、台阶和基座，如图 2-25 所示。

（2）机刨板：表面平整、条纹平行，用于室外地面、台阶、基座、踏步等，如图 2-26 和图 2-27 所示。

（3）粗磨板：表面光滑无光泽，常用于墙面、柱面、纪念碑、台阶、基座等。

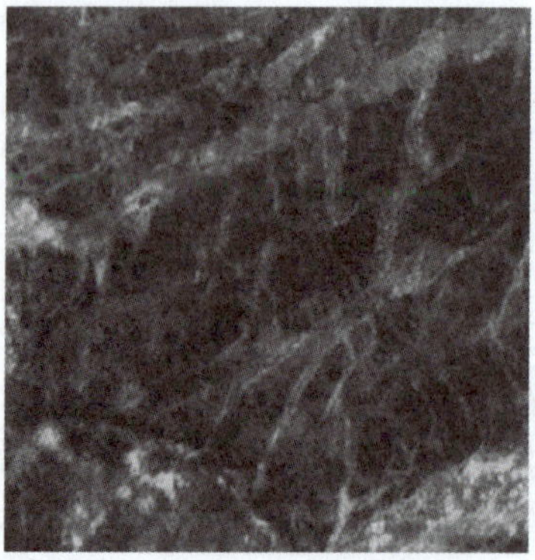

图 2-23 进口花岗石印度绿

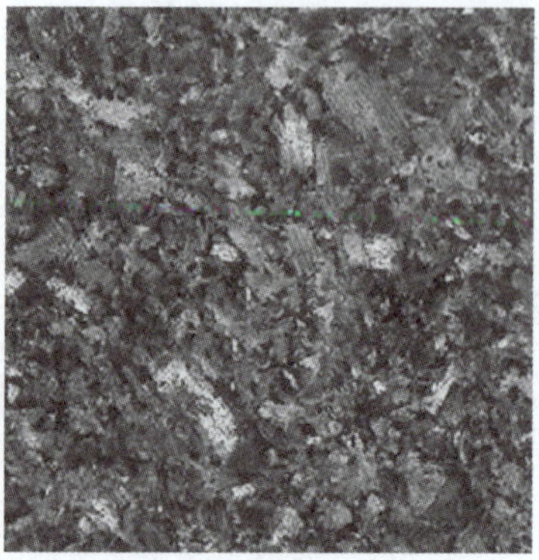

图 2-24 进口花岗石蓝珍珠

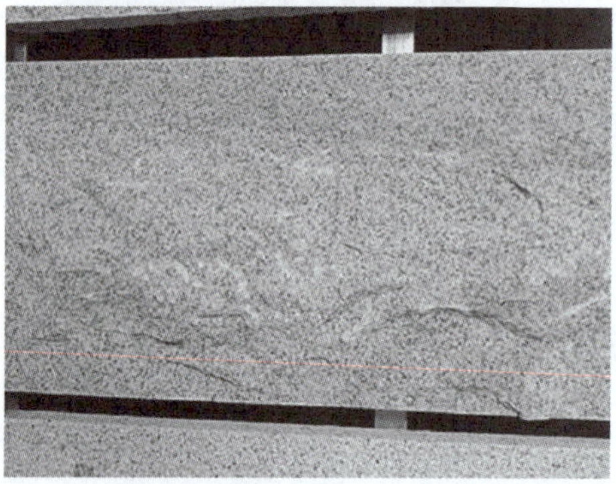

图 2-25 花岗石—剁斧板

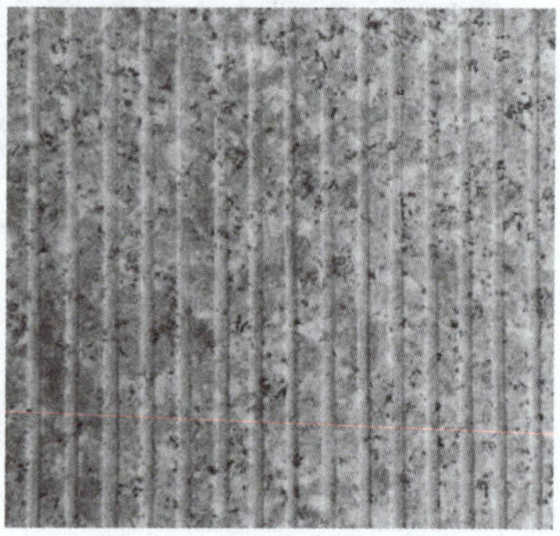

图 2-26 花岗石—机刨板

（4）磨光板：表面光亮、质感细腻、晶体裸露，用于室内外地面、柱面、墙面、广场地面等，如图 2-28 所示。

图 2-27 花岗石台阶

图 2-28 花岗石—磨光板

2.2.3 花岗石的鉴别

天然石板材的检测是通过以下几个方面来做出质量评价的：

（1）色差、外观缺陷。花岗石板材的外观缺陷有：缺棱、缺角、裂纹、色斑、色线、坑窝；大理石板材的外观缺陷有翘曲、凹陷、污点、色斑等。

（2）镜面光泽度：对于镜面板材是一个非常重要的指标。光泽度是指饰面板材表面对可见光的反射程度，又称镜面光泽度。天然花岗石板材标准规定：镜面板材的正面应具有镜面光泽，能清晰地反映出景物。新修订的天然花岗石板材国家标准中，已将光泽度最低值提高到了 80 光泽单位。标准规定的光泽度最低值是一个基本值，大部分花岗石板材的光泽度值在 80 ~ 90 光泽单位时，才具有良好的镜面光泽。

（3）加工质量：直接影响石材饰面的装饰效果，也是石材等级划分的主要依据。技术指标分别为规格尺寸偏差（长度偏差、宽度偏差、厚度偏差）、平面度公差和角度公差。施工时为保证装饰面平整、接缝整齐，国家标准规定了板材的长度、宽度、厚度的偏差以及板材表面平整度、正面与侧面角度的极限公差。注意每批产品中，如果是优等品，则不允许有超过 5% 的一等品存在；如果是一等品，则不允许有超过 10% 的合格品存在；如果是合格品，则不允许有超过 10% 的不合格品存在。

（4）物理性能指标：评价石材质量时除考虑装饰性能外，还应考虑其他质量指标，如抗压强度、抗折强度、耐久性、抗冻性、耐磨性、硬度等，它是反映天然石材材质本身的重要指标，检测试验一般只能在专业的质检中心进行。这些理化性能指标优良的石材，在使用过程中才能很好地抵抗各种外界因素的影响，保证石材装饰面的装饰效果和使用寿命。

（5）放射性：天然石材的放射性是天然形成的，而非后天加工所致，其放射性水平相差很大。经检验表明，绝大多数天然石材中所含放射物质的剂量很小，一般不会危及人体健康。但有部分花岗石产品的放射性物质含量超标，在长期使用过程中会对环境造成污染，因此有必要加以控制。家居装饰时应选用 A 类产品，而不能选用 B 类和 C 类产品。此外，在购买石材时，不要忘记索要产品放射性检测合格证，只有认真对待这个问题，装修所使用的石材才不会成为美丽的杀手，如图 2-29 所示。

图 2-29　花岗石放射性检测

■ 课中讨论

文本

花岗石学认说

2.2.4 案例分析

学一学

（1）花岗石案例 1 如图 2-30 所示。

图 2-30 花岗石案例 1

（2）花岗石案例 2 如图 2-31 所示。

图 2-31 花岗石案例 2

认一认

说出下列图例中包含的花岗石并分析其类型。

图例 1：

图例 2：

说一说

花岗石的性能特点有哪些？

■ **课后测验**

2.2.5 测试题

1. 判断题

（1）花岗石具有独特的装饰效果，外观常呈整体均匀粒状结构，具有色泽和深浅不同的斑点状花纹。（　　）

（2）花岗岩属于变质岩。（　　）

（3）天然花岗石板材用作建筑物室内外高级饰面材料。（　　）

（4）花岗石的硬度大于大理石。（　　）

（5）天然花岗石具有天然环保、无毒、无辐射、无污染的特性。（　　）

2. 多项选择题

（1）以下有关天然花岗石的说法正确的有（　　）。

A. 深色品种名贵　　B. 硬度大于大理石

C. 天然环保、无毒无害　　D. 耐久性可以到上百年

（2）天然花岗石是由（　　）等矿物质组成的天然石材。

A. 白云岩　　B. 长石

C. 石英石　　D. 云母

答案

测试题答案

2.3 石英石

■ 学习目标

（1）了解石英石的特点。

（2）熟悉石英石的应用。

（3）掌握石英石质量的鉴别方法。

■ 学习要求

（1）课前完成“课前预习”的内容。

（2）课中积极参加“课中讨论”。

（3）课后按时完成“课后测验”的测试题。

■ 学习方法

（1）比较学习法。在学习中善于运用对比的学习方法，针对材料特点展开横向对比与纵向对比，强化对关键知识点的梳理。

（2）理论联系实际。利用一切条件注意观察周围已建或在建工程，了解其装饰构造及施工工艺，掌握材料的使用方法。

■ 课前预习

微课

石英石

扫一扫二维码“石英石”进行学习。

石英石是由92%石英砂粉和8%树脂、颜料和其他辅助材料在真空状态下高压压制成形、高温状态下定形的新型石材，是一种无毒无辐射、健康环保的装饰材料，如图2-32和图2-33所示。

图2-32 多种颜色石英石

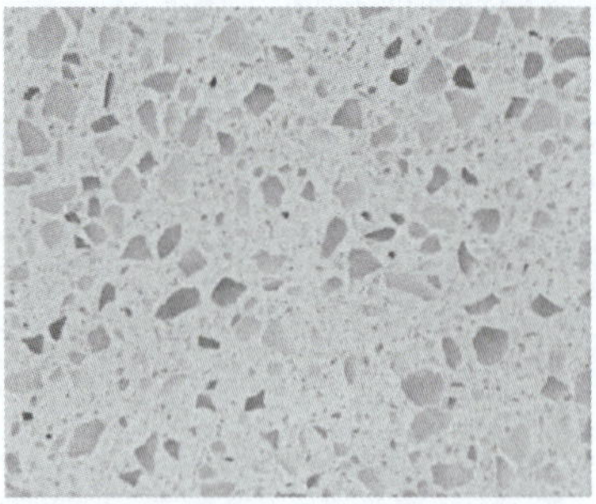

图2-33 石英石

（1）树脂。树脂是石英石的基体材料，具有黏结和提供韧性的作用。

（2）填充料。石英石填充料的主要成分为二氧化硅，其他成分还有石英石砂、石英石粉、铸造砂、碎玻璃、贝壳、海砂。

（3）颜料。颜料在石英石中的作用是调配花色品种，使其颜色丰富多彩。

（4）固化剂。固化剂是石英石生产所必不可少的助剂，好的石英石均采用高温固化成型。

（5）其他助剂。树脂属于高分子聚合材料，适当添加一些助剂可以改善其工艺，提高生产效率，增强石英石性能，延长寿命。

2.3.1 石英石的特点

1. 刮不花

石英石的石英含量高达 94%，石英晶体是自然界中硬度仅次于金刚石的天然矿产，其表面硬度可高达莫氏硬度 7.5，远大于厨房中所使用的刀铲等利器，不会被其刮伤，如图 2-34 所示。

2. 不污染

石英石是真空条件下制造的表里如一、致密无孔的复合材料，其石英表面对厨房的酸碱等有很好的抗腐蚀能力，日常使用的液体物质不会渗透其内部，长时间置于表面的液体只需用抹布沾清水或清洁剂擦除即可，必要时可用刀片刮去表面的滞留物。

3. 用不旧

石英石光泽亮丽的表面是经过 30 多道复杂的抛光处理工艺制成的，不会被刀铲刮伤，不会被液体物质渗透，不会产生发黄和变色等问题，日常的清洁只需用清水冲洗即可，简单易行。即使经过长时间的使用，其表面也同新装台面一样亮丽，无须维护和保养。

4. 燃不着

天然的石英结晶是典型的耐火材料，其熔点高达 1 300 ℃以上，94% 天然石英制成的石英石完全阻燃，不会因接触高温而导致燃烧，也具备人造石等台面无法比拟的耐高温特性，如图 2-35 所示。

图 2-34 刮石英石

图 2-35 火烧石英石

5. 无毒无辐射

石英石的表面光滑平整，无划痕滞留，致密无孔的材料结构使得细菌无处藏身，可与食物直接接触，安全无毒。

2.3.2 石英石的应用

石英石的主要材料是石英，色彩丰富的组合使其具有天然石材的质感和美丽的表面光泽。石英石台面色彩多样，戈壁系列、水晶系列、麻石系列、闪星系列各具特色，可以广泛应用于公共建筑（酒店、餐厅、银行、医院、展览馆、实验室等）和家庭装修（厨房台面、洗脸台、厨卫墙面、餐桌、茶几、窗台、门套等）领域，如图 2-36 所示，是一种无放射性污染、可重复利用的环保、绿色新型建筑室内装饰材料。需要指出的是，石英石的质量好坏与树脂的含量多少有直接的关系。石英石中石英的含量越高，树脂量越低，质量就越好，越接近于天然，越不易变形。专家指出，当石英石中树脂的含量大于 10% 时，其相应技术指标就会随之下降，这时的石英石已不能称为真正的石英石了。

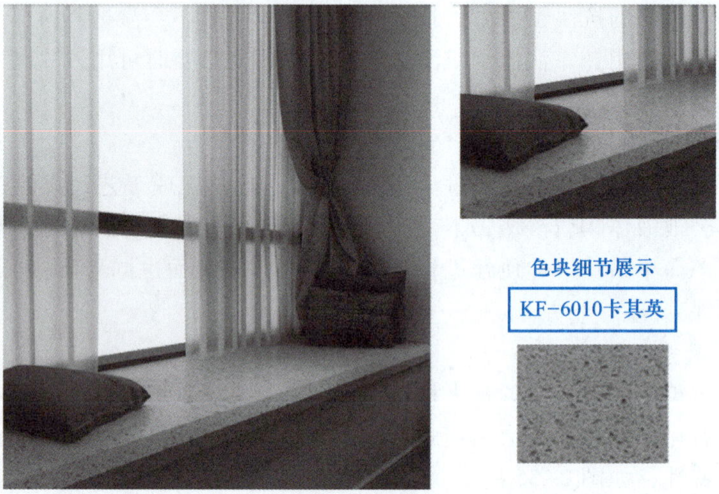

图 2-36 石英石飘窗台

2.3.3 石英石的鉴别

1. 真假鉴别

（1）树脂含量（包括所有液体辅料）为 7% ~12% 。

低于 7% 韧性不足，易断裂；高于 12% 易变形。有的石英石树脂含量在 15% 左右，所以是假石英石。

（2）必须在真空状态下高压压制成形。

无论是低压成形还是浇筑成形，石英石板材的密实度都不足，具有易渗色、不耐污的缺点，所以是假石英石。

（3）石英石板材的硬度必须由石英砂提供。

玻璃不是石英，玻璃颗粒在石英石板材中所占的比例（质量百分比）必须在 20% 以下。

（4）高温状态下固化定形。

有的石英石以冷固化或者 100 ℃以下的低温固化定形为主，所以是假石英石。

2. 优劣鉴别

（1）正规的石英石背面都会有石材公司的喷码。

（2）正规的石英石背面有纹路。石英石的硬度很大，所以切割有纹路。

（3）劣质的石英石用强酸浸泡后，周围会出现泡泡。

（4）优质的石英石用强酸浸泡不会起泡泡。

（5）劣质的石英石用刀刮后，会有粉末出现。

（6）优质的石英石硬度大，用刀刮后不会有粉末，会有刀的金属颜色留在石英石上。

（7）用火烧，加点洗洁精与水后再进行擦洗，优质的石英石基本能够擦干净。

具体鉴别方法如图 2-37 所示。

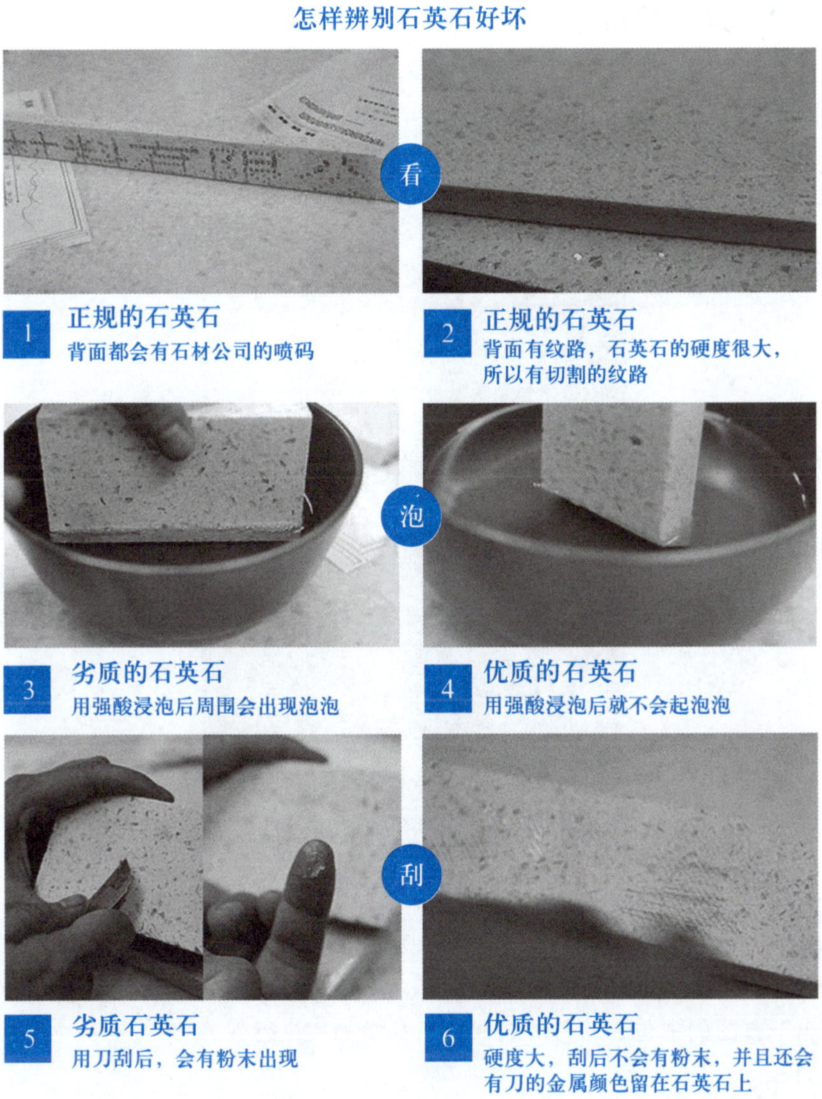

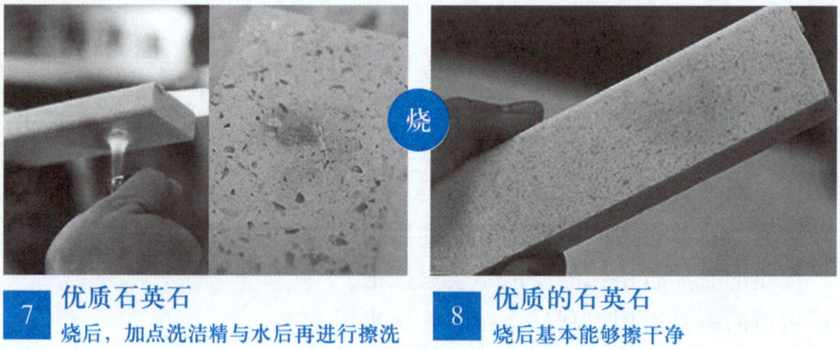

图 2-37 石英石鉴别

■ **课中讨论**

2.3.4 案例分析

学一学

文本

石英石学认说

石英石案例如图 2-38 所示。

图 2-38 石英石案例

认一认

说出下方图例中包含的石英石并分析日常如何进行保养。

图例：

说一说

石英石的品种有哪些？如何鉴别？

■ 课后测验

2.3.5 测试题

1. 判断题

(1) 石英石的质量好坏与树脂的含量多少无关。(　　)

(2) 石英石中石英的含量越高，树脂量越低，质量就越好，越接近于天然，越不易变形。(　　)

(3) 当石英石中树脂的含量大于10%时，其相应技术指标就会随之下降，这时的石英石已不能称为真正的石英石了。(　　)

(4) 石英石板材的硬度必须由石英石提供。(　　)

(5) 天然的石英结晶是典型的耐火材料，具有人造石等台面无法比拟的耐高温特性。(　　)

2. 多项选择题

(1) 石英石可以广泛应用于家庭装修中的(　　)。

A. 厨房台面　　B. 洗脸台

C. 茶几台面　　D. 飘窗台

(2) 以下石英石树脂含量不合格的数值有(　　)。

A. 4%～13%　　B. 5%～14%

C. 7%～12%　　D. 8%～11%

答案

测试题答案

2.4 人造石

■ 学习目标

（1）了解人造石的特点。

（2）熟悉人造石的应用。

（3）掌握人造石质量的鉴别方法。

■ 学习要求

（1）课前完成“课前预习”的内容。

（2）课中积极参加“课中讨论”。

（3）课后按时完成“课后测验”的测试题。

■ 学习方法

（1）比较学习法。在学习中善于运用对比的学习方法，针对材料特点展开横向对比与纵向对比，强化对关键知识点的梳理。

（2）理论联系实际。利用一切条件注意观察周围已建或在建工程，了解其装饰构造及施工工艺，掌握材料的使用方法。

■ 课前预习

微课

人造石

扫一扫二维码“人造石”进行学习。

人造石是以水泥或不饱和聚酯树脂为胶黏剂，配以天然大理石或方解石、白云石、硅砂、玻璃粉等无机物粉粒，以及适量的阻燃剂、稳定剂、颜料等，经加工而成的一种人造石材。

2.4.1 人造石的特点

人造石材根据生产所用原料可以分为以下四类：

（1）水泥型人造石材：以各种水泥为胶结材料，以砂子、天然碎石粒为粗细骨料，经配置、搅拌、加压蒸养、磨光和抛光后制成的材料。若在配置过程中加入颜料，便可制成彩色水泥石材。水泥型人造石材的取材方便、价格低廉，但装饰性较差。水磨石和各类花阶砖均属于此类，如图 2-39 和图 2-40 所示。

（2）树脂型人造石材：以不饱和聚酯树脂为胶黏剂，将天然大理石、花岗石、方解石石粉及其他无机填料按一定的比例配合，再加入催化剂、固化剂、颜料等，经混合搅拌、固化成型、脱模烘干、表面抛光等工序加工而成的材料。树脂型人造石材光泽好、颜色鲜艳丰富、可加工性强、装饰效果好，是目前使用最广泛的一种人造石材，如图 2-41 和图 2-42 所示。

（3）复合型人造石材：石材制造过程中所采用的胶黏剂中，既有无机胶凝材

图 2-39 彩色水泥型人造石

图 2-40 水泥型人造石应用

图 2-41 树脂型人造石样品

料（如水泥），又有有机高分子材料（树脂）。它是先用无机胶凝材料将碎石、石粉等基料胶结成型并硬化后，再将硬化体浸渍在有机单体中，使其在一定条件下聚

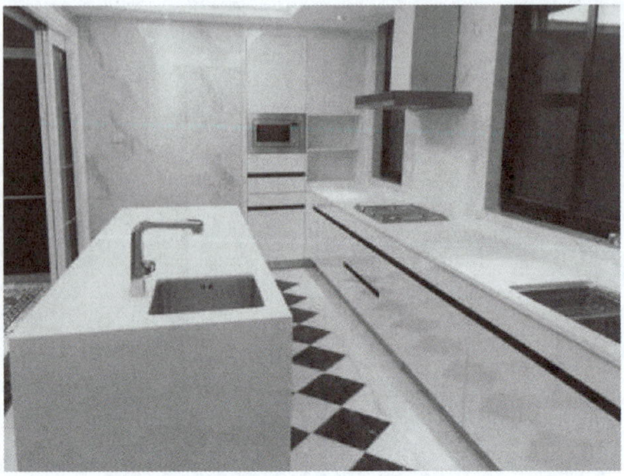

图 2-42 树脂型人造石橱柜台面

合而成。对于板材，底层可采用价格低廉且性能稳定的无机材料制成，面层采用聚酯和大理石粉制作。复合型人造石材的造价较低，但受温差影响后聚酯面容易产生剥落和开裂，如图 2-43 和图 2-44 所示。

图 2-43 透水砖

图 2-44 复合型人造石材

（4）烧结型人造石材：以长石、石英石、辉石、方解石粉和赤铁粉及部分高岭土混合，经组坯、成型后，在 1 000 ℃左右的窑炉中高温焙烧而成的材料。烧结型人造石材装饰性好、性能稳定，但因经过高温焙烧，能耗大，因而造价高，如图 2-45 和图 2-46 所示。

人造石材是以天然石材为原料加工而成的，因此，它继承了天然石材的一些优点，同时却没有天然石材的某些缺点。人造石材的具体特点如下：

（1）人造石材的品种繁多，不但具有天然石材的纹理和质感，而且没有色差和纹路差异，用户在选购时不用担心因为存在色差而影响整体装饰效果。

（2）人造石材表面没有孔隙，油污、水渍不易渗入，因此抗污力强，容易清洁。

（3）人造石材厚度较天然石材薄，一般为天然石材的 40%，本身重量比天然石材小，搬运方便，若用于铺设地面，可减轻楼体承重。

（4）人造石材的背面经过波纹处理，因此，施工时与基体易于黏结，施工工艺简单，铺设后的墙、地面质量更可靠。

图 2-45 烧结型人造石

图 2-46 文化石背景墙

（5）人造石材的成本远低于天然石材，且无放射性，是目前较为理想的绿色环保材料。

（6）人造石材的主要原料是天然石粉，属于废物利用。

人造石材除了具有以上优点外，与天然石材相比，由于同类型板材的色泽与纹理完全一样，缺少了自然天成的纹理和质感，因此，视觉上略有生硬的感觉。随着生产技术和工艺的提高，有一些人造石材从外观上已经可以和天然石材相媲美，如图 2-47 和图 2-48 所示。

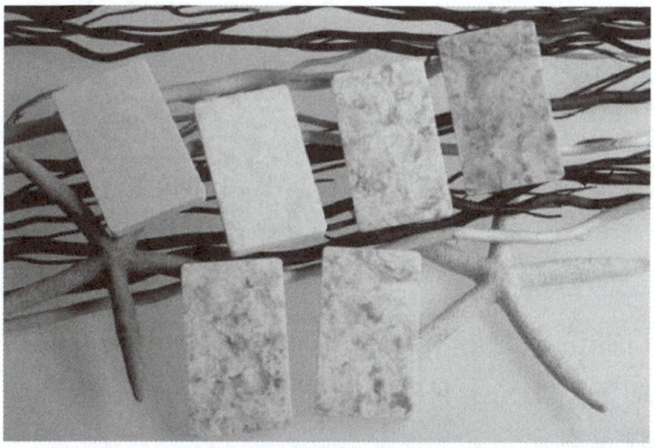

图 2-47 人造石花纹板

图 2-48 品种多样的人造石

2.4.2 人造石的应用

人造石耐酸碱性优异，易清洁打理，无缝隙，细菌无处藏身，被广泛应用于台面、地面和异形空间；不易碎、易保养，使用一段时间后可以抛光处理，保持亮丽如新。在各类商业与娱乐场所，若选用人造石，将使设计效果变化无穷。

需要注意的是，人造石用作地面和台面对其内在成分要求不一样。

人造石作为地面使用时，应注意防污处理及表面防护，选择产品或施工不当会造成开裂、起拱，使地面被污染。

人造石英石适合做台面，因其材质变形概率大，尽可能选用真空压制荒料加工工艺，比相对大板压制的板材控制性更好。弧形设计时，尽量采用树脂含量高的人造石，如图 2-49 所示。

图 2-49　人造石应用

2.4.3 人造石的鉴别

1. 外观

判断人造石的外观时，要在充足阳光下以 45° 角观察，质量好的外观分布均匀，无毛细孔。

2. 色泽

质量好的人造石晶莹、纯正、细腻，如果掺有碳酸钙或使用劣质的重金属，会导致颜色灰暗，不细腻，光亮不自然，使用时会对人体有危害。鉴定色泽也需要在充足的光线下用肉眼观察。

3. 硬度

硬度大于硬质塑料，可用尖锐的硬质塑料摩擦表面，看是否有痕迹。

4. 尺寸稳定性

常温下不自然变形或收缩；台面经过一段时间使用后可鉴别。

5. 抗沸水能力性

人造石与沸水接触不褪色。判定方法是将沸水泼在人造石表面，数分钟后观察，看其是否褪色。

6. 耐腐蚀性

好的人造石不受日用化学品、食醋等侵蚀；判定方法是将食醋滴在表面，24 h 后观察。

7. 耐脏性

常见污迹容易去除，查看台面能否吸取口红、番茄酱、酱油的污迹。

综上所述，人造石材的选购技巧可概括为以下几点：

一看：目视颜色清纯，表面无类似塑料胶质感，板材正面无气孔。

二闻：鼻闻无刺鼻化学气味。

三触：用手摸样板有丝绸感，无涩感，无明显高低不平感。

四划：用指甲划板材表面，无明显划痕。

五碰：用相同两块样板相互敲击，不易破碎。

六摔：看它的硬度和强度。取一小块，用力往水泥地上摔，质量差的人造石会摔成粉碎状的很多小块，质量好的人造石摔成两三块，而且如果力度不够，会从地上弹起来。

七烧：放在火上烧，质量差的人造石很容易烧着，而且燃烧很旺，质量好的人造石不容易烧着，即使烧着了，也很容易熄灭，自熄性强。

八查：检查人造石有无质量体系认证书、检测报告、防伪标志等。

■ **课中讨论**

2.4.4 案例分析

学一学

人造石案例如图 2-50 所示。

文本

人造石学认说

图 2-50 人造石案例

认一认

说出下列图例中包含的人造石并分析其类型。

图例1：

图例2：

说一说

说一说人造石常见的问题。

■ 课后测验

2.4.5 测试题

1. 判断题

（1）人造石材根据生产所用原料可以分为水泥型人造石、树脂型人造石、烧结型人造石、复合型人造石。（　　）

（2）人造石英石适合做台面，因其材质变形概率大，尽可能选用真空压制荒料加工工艺，比相对大板压制的板材控制性更好。弧形设计时，尽量采用树脂含量高的人造石。（　　）

（3）选用人造石要考虑其外观、硬度、适用性、尺寸稳定性、耐腐蚀性、耐脏性、抗沸水性、耐磨性等因素。（　　）

（4）人造石材的成本远低于天然石材，且无放射性，是目前较为理想的绿色环保材料。（　　）

（5）烧结型人造石材是以长石、石英石、辉石、方解石粉和赤铁粉及部分高岭土混合，经组坯、成型后，在1 000 ℃左右的窑炉中高温焙烧而成的材料。（　　）

2. 多项选择题

（1）人造石饰面板主要有（　　）类型。

A. 人造大理石　　B. 人造花岗石

C. 人造玉　　D. 预制板材

（2）水磨石和各类花阶砖不属于（　　）。

A. 树脂型人造石材　　B. 复合型人造石材

C. 水泥型人造石材　　D. 烧结型人造石材

答案

测试题答案

模块 3

装饰陶瓷

3.1 抛光砖

■ 学习目标

（1）了解抛光砖的特点。

（2）熟悉抛光砖的应用。

（3）掌握抛光砖质量的鉴别方法。

■ 学习要求

（1）课前完成“课前预习”的内容。

（2）课中积极参加“课中讨论”。

（3）课后按时完成“课后测验”的测试题。

■ 学习方法

（1）比较学习法。在学习中善于运用对比的学习方法，针对材料特点展开横向对比与纵向对比，强化对关键知识点的梳理。

（2）理论联系实际。利用一切条件注意观察周围已建或在建工程，了解其装饰构造及施工工艺，掌握材料的使用方法。

■ 课前预习

扫一扫二维码“抛光砖”进行学习。

微课

抛光砖

抛光砖是通体砖坯体的表面经过打磨而成的一种光亮的砖，属于通体砖的一种。相对通体砖而言，抛光砖表面要光洁得多，但是抛光砖具有一个缺点：易脏。由于抛光砖表面存在着微细气孔（4% ~5%的闭口气孔），这些微细气孔将暴露于瓷砖表面，形成开口气孔，使得抛光砖在使用时易被污染物（如墨水、油漆、茶水、水泥橡胶等）所污染，如图 3-1 所示。

玻化砖是由石英砂、泥按照一定比例烧制而成，然后经打磨抛光，表面如玻璃镜面一样光滑透亮，是所有瓷砖中最硬的一种，在吸水率、边直度、抗弯强度、耐酸碱性等方面都优于普通釉面砖及一般的大理石。大规格的玻化砖已经发展成为居室装饰的主流，广泛用于客厅、门厅等地方。

3.1.1 抛光砖的特点

图 3-1 抛光转

抛光砖坚硬、耐磨、砖体薄、重量轻，无放射性元素，可控制色差，抗弯强度大，防滑，适合室内外大面积铺贴。但是抛光砖抗污能力较差，在制作时会留下凹凸气孔，这些气孔会藏污纳垢，使表面很容易渗入污染物。所有的抛光砖都是防滑的，如果砖上有土会滑，有水反而会涩。在防滑性能上，容易存在误区，但其实抛光砖与哑光瓷砖是一样的。

玻化砖（又称全瓷砖）的出现是为了解决抛光砖的易脏问题。玻化砖与抛光砖类似，但是玻化砖制作要求更高，要求压机更好，能够压制更高的密度，同时烧制的温度更高。玻化砖具有高光度、高硬度、高耐磨、吸水率低、色差少以及规格多样化和色彩丰富等优点。玻化砖规格一般较大。吸水率低于 0.5% 的抛光砖属于玻化砖，高于 0.5% 就只能是抛光砖而不是玻化砖，因为吸水率低的缘故，玻化砖硬度也相对较高，不容易有划痕。

玻化砖表面光洁但又不需要抛光，不存在抛光气孔的问题，所以质地比抛光砖更硬、更耐磨，长久使用也不容易出现表面破损，性能稳定，如图 3-2 所示。

图 3-2 石纹抛光砖

玻化砖不同于一般抛光砖色彩单一、呆板、少变化，它的色彩艳丽柔和，没有显著色差，不同色彩的粉料自由融合，自然呈现丰富的色彩层次。

玻化砖经高温烧制后，脱离了其自然属性，历久弥新，理化性能稳定，耐腐蚀，抗污性强。

玻化砖是一种强化版的抛光砖，不但集成了抛光砖的全部优点，而且把抛光砖的缺点也解决了，所以毫无疑问，它的价格也比抛光砖高。

3.1.2 抛光砖的分类

抛光砖、玻化砖的主要分类有：渗花型砖、微粉砖、多管布料砖、微晶石和防静电砖等。

渗花型砖生产工艺较简单，就是在坯体表层施上一层渗花釉，大概 2 ~ 5 mm 厚，然后经过两次抛光、修边、倒角，再做一遍防污处理就可以出厂了，需要注意的就是最后的这道工艺——防污处理，因为抛光砖最大的缺点就是表面很容易渗入污染物。微粉砖是在坯体表面撒上一层更细的粉料（坯体和表层所用的原料都是一样的），表层的粉料经过球磨机再次长时间地球磨，然后将粉料用刮刀刮在坯体上，再压制一次即可。这类产品有一个优点和一个缺点，优点是表层颗粒细，直接带来的好处就是吸水率低，防渗透能力强；缺点是花色简单，所有微粉砖的纹路都是一样的，纵向规则花纹，整体铺贴后效果很单调，由于技术瓶颈，这个问题解决不了。其二，微粉砖因为是两次压制的，所以容易出现夹层开裂。多管布料砖的生产工艺比较特殊，是由很多料管一次下料一次压制成型的。这类产品每片砖的花色都差不多但又不一样，能替代大理石。

3.1.3 抛光砖的设计注意事项

抛光砖坚硬耐磨，适用于除洗手间、厨房以外的多数室内空间中，在运用渗花技术的基础上，抛光砖可以做出各种仿石、仿木等效果，如图 3-3 所示。

图 3-3 石纹抛光砖客厅效果

用玻化砖铺贴装饰的空间具有更加高雅的品位，能将古典与现代兼容并蓄。这种高强度、高密度的大规格玻化砖，除外观上有多种多样的变化外，在建筑物外墙壁上还能起到隔声、隔热的作用，且比大理石轻便；其质地均匀致密、强度高、化学性能稳定，如图 3-4 所示。

在不同空间要注意挑选防滑系数与之相匹配的产品。不同等级的砖，其尺寸误差有区别，用检查对角线的方式进行挑选。尽量采用瓷砖黏结剂的方式施工。

3.1.4 施工及安装要点

工艺流程：基层处理→找标高、弹线→抹找平层砂浆→弹铺砖控制线→铺砖→勾缝、擦缝→养护。

（1）弹铺砖控制线：预先根据设计要求和砖板块规格尺寸确定板块铺贴的缝

隙宽度，当设计无规定时，紧密铺贴缝隙宽度不宜大于1 mm，伸缩缝铺贴缝隙宽度宜为10 mm。

（2）铺砖：为了找好位置和标高，应从门口开始，纵向先铺2～3行砖，以此为标筋拉纵横水平标高线，铺贴时应从里向外退着操作，人不得踏在刚铺好的砖上，每块砖应跟线。铺完2～3行，应随时拉线检查缝格的平直度，如超出规定，应立即修整，将缝拨直，并用橡皮锤拍实。此项工作应在结合层凝结之前完成。

图3-4 玻化砖客厅效果

（3）勾缝、擦缝：面层铺贴后应在24 h内进行勾缝、擦缝工作，并应采用同品种、同强度等级、同颜色的水泥。

① 勾缝：用1∶1水泥细砂浆勾缝，缝内深度宜为砖厚的1/3，要求缝内砂浆密实、平整、光滑。随缝随将剩余水泥砂浆清走、擦净。

② 擦缝：如设计要求不留缝隙或缝隙很小时，则要求接缝平直，在铺实修整好的砖面层上用浆壶往缝内浇水泥浆，然后用干水泥撒在缝上，再用棉纱团擦揉，将缝隙擦满。最后，将面层上的水泥浆擦干净。

■ **课中讨论**

文本

抛光砖学认说

3.1.5 案例分析

学一学

（1）抛光砖应用案例1如图3-5所示。

图3-5 抛光砖应用案例1

（2）抛光砖应用案例 2 如图 3-6 所示。

（3）玻化砖应用案例 3 如图 3-7 所示。

图 3-6 抛光砖应用案例 2

图 3-7 玻化砖应用案例 3

认一认

说出下列图例中包含的陶瓷地砖的规格及适用范围。

图例 1：

图例 2：

图例3：

说一说

（1）说一说抛光砖的分类。

（2）抛光砖的检验方法是什么？

■ 课后测验

3.1.6 测试题

1. 判断题

（1）抛光砖只能作为地砖使用。（ ）

（2）玻化砖的耐磨性要优于抛釉砖。（ ）

（3）抛光砖的胚体分为陶土和瓷土两种。（ ）

（4）抛光砖与玻化砖在本质上属于一种陶瓷地砖的类型。（ ）

2. 单项选择题

（1）抛光砖的表面为（ ）。

A. 陶瓷材质　　B. 木制材质

C. 金属材质　　D. 塑料材质

（2）以下说法正确的是（ ）。

A. 抛光砖不适合用于户外

B. 抛光砖的耐磨度在陶瓷地砖中是较为优秀的

C. 抛光砖和釉面砖的制作工艺一样

D. 抛光砖适合做拉槽造型

（3）瓷砖面层铺贴后应在（ ）h之内进行勾缝、擦缝工作。

A. 12　　B. 24

C. 48　　D. 72

(4) 抛光砖在哪个方面性能较差（　　）。

A. 耐磨性　　B. 防滑性

C. 抗压强度　　D. 耐污染性

3. 多项选择题

(1) 抛光砖的类型有（　　）。

A. 抛釉砖　　B. 渗花型砖

C. 微粉砖　　D. 多管布料砖

(2) 抛光砖适用于（　　）。

A. 客厅墙地面　　B. 卧室墙地面

C. 室外墙地面　　D. 露台墙地面

答案

测试题答案

3.2 釉面砖

■ 学习目标

（1）了解釉面砖的特点。

（2）熟悉釉面砖的应用。

（3）掌握釉面砖质量的鉴别方法。

■ 学习要求

（1）课前完成“课前预习”的内容。

（2）课中积极参加“课中讨论”。

（3）课后按时完成“课后测验”的测试题。

■ 学习方法

（1）比较学习法。在学习中善于运用对比的学习方法，针对材料特点展开横向对比与纵向对比，强化对关键知识点的梳理。

（2）理论联系实际。利用一切条件注意观察周围已建或在建工程，了解其装饰构造及施工工艺，掌握材料的使用方法。

■ 课前预习

微课

釉面砖

扫一扫二维码“釉面砖”进行学习。

釉面砖就是表面经过烧釉处理的砖，砖的主体分为陶土和瓷土两种，陶土烧制的背面呈红色，瓷土烧制的背面呈灰白色。釉面砖表面可以做各种图案和花纹，比抛光砖的色彩和图案丰富，因为其表面是釉料，所以耐磨性不如抛光砖，如图 3-8 所示。

图 3-8 灰色釉面砖

3.2.1 釉面砖的特点

（1）釉面砖的色彩图案丰富、规格多、清洁方便、选择空间大。

（2）釉面砖的表面强度大，可作为墙面和地面使用，相对于抛光砖，釉面砖最大的优点是防渗、不怕脏，且大部分釉面砖的防滑度都非常好，虽然釉面砖的耐磨性比抛光砖稍差，但合格的产品其耐磨度能够满足家庭和一般公共空间使用的需要。通常瓷砖的分类为优等品、一等品和合格品。合格品是国家标准中最低级别的货品。这足以证明正常市面上的釉面砖还是能够满足日常生活需求的，如图 3-9 所示。

图 3-9 釉面砖厨房应用案例

（3）釉面砖可以无缝拼接，任意造型，韧性非常好，基本上不会发生断裂等现象。

（4）釉面砖拥有耐急冷急热的特性，即温度急剧变化时不会出现裂纹。所以一般来说，如果家里安装了地暖，地面铺装采用釉面砖是一个很好的选择，如图 3-10 所示。

（5）釉面砖也有缺点，例如表面是釉料，所以其耐磨性不如抛光砖。在烧制过程中经常能看到有针孔、裂纹、弯曲、色差，釉面有水波纹、斑点等。

图 3-10 釉面砖卧室应用案例

3.2.2 釉面砖的分类

釉面砖常用半干压法成型，可分为生坯施釉一次烧成法和坯体素烧后施釉入窑釉烧的二次烧成法。前者要求高，质量常不及后者。

釉面砖的分类如下：

（1）按组成可分为硅灰石质、叶蜡石质、瓷石质、石灰石质及长石质等。

（2）按原材料可分为陶制釉面砖和瓷制釉面砖。陶制釉面砖由陶土烧制而成，吸水率较高，强度相对较低，其主要特征是背面颜色为红色。瓷制釉面砖由瓷土烧制而成，吸水率较低，强度相对较高，其主要特征是背面颜色为灰白色。吸水率高的陶制釉面砖更容易通过水泥砂浆进行铺贴。

（3）按表面光泽可分为亮光釉面砖和哑光釉面砖。亮光釉面砖适合于制造“干净”的效果，砖体的釉面光洁干净，光的反射性良好，比较适合铺贴在厨房的墙面。哑光釉面砖适合于制造“时尚”的效果，砖体表面光洁度差，对光的反射效果差，但是给人的感觉比较柔和舒适，如图 3-11 所示。

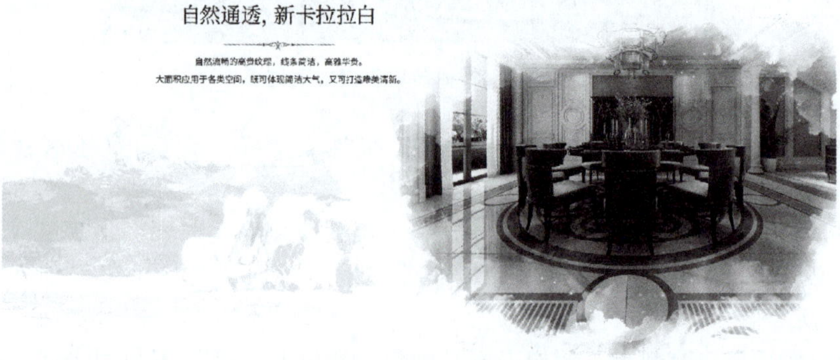

图 3-11 釉面砖的时尚搭配效果

（4）根据使用场所可分为釉面墙砖和釉面地砖。釉面墙砖用于墙面装饰，适用于建筑物内部墙面的保护及装饰。釉面地砖主要用于房间和卫浴间的地面，吸水率在抛光砖与瓷片之间。

3.2.3 釉面砖技术质量要求

釉面砖尺寸的允许偏差及外观质量要求如表 3-1 和表 3-2 所示。

表 3-1 釉面砖尺寸的允许偏差

名称	尺寸/mm	允许偏差/mm
长度或宽度	≤152	±0.5
	>152 ≤250	±0.8
	>250	±1.0
厚度	≤5	±0.4 −0.3
	5	厚度的±8%

3.2.4 釉面砖的设计注意事项

釉面砖可以胜任家居空间中的任何空间及商业空间，其色彩、图案丰富，

表 3-2 釉面砖外观质量要求

缺陷名称		质量要求		
		优等品	一等品	合格品
表面缺陷	开裂、夹层、釉裂	不允许		
	背面磕碰	深度为砖厚的 1/2	不影响使用	
	剥边、落边、釉泡、斑点、坯粉釉缕、桔釉、波纹、缺釉、棕眼、裂纹、图案、缺陷、正面磕碰	距离砖面 1 m 处目测无可见缺陷	距离砖面 2 m 处目测缺陷不明显	距离砖面 3 m 处目测缺陷不明显
色差		基本一致	不明显	不严重
平整度（尺寸≤152 mm）	中心弯曲度/mm	+1.4 -0.5	+1.8 -0.8	+2.0 -1.2
	翘曲度/mm	0.8	1.3	1.5
平整度（尺寸>152mm）	中心弯曲度/mm	+0.5	+0.7	+1.0
	翘曲度/mm	-0.4	-0.6	-0.8
边直角和直角度（尺寸>152 mm）	边直度/mm	+0.8 -0.3	+1.0 -0.5	+1.2 -0.7
	直角度/%	±0.5	±0.7	±0.9
白度		各级均不小于 3 度（也可由供需双方商定）		

同时还可以防滑。釉面砖尺寸一般不是很大，但是可以很小，例如小到马赛克大小。

釉面砖适用于室内装修的各种场所。厨房应尽量使用亮光砖，不宜使用哑光砖。应根据实际空间的尺寸挑选相对应的釉面砖模数尺寸。人流量大的公共空间尽量不要采用白色填缝剂勾缝，否则不易保养。

3.2.5 施工及安装要点

1. 基层处理

将尘土、杂物彻底清扫干净，不得有空鼓、开裂及起砂等缺陷。平整度会在根本上决定瓷砖铺贴的好坏。

2. 找平

首先清除表面污垢以及凹凸不平的地方，然后用水泥沙浆（比例为 1∶4）混合找平（找平厚度为 6～12 mm），找平层完全干爽后再铺贴。当基层为混凝土墙面时，应先刷一道 108 胶水浆作为结合层，两天后再抹底灰。底灰层要求表面平整，竖面垂直。

3. 弹线

根据设计要求确定排砖方案，在干爽的找平层上弹出瓷片位置及砖缝位置线。

4. 铺贴

预排一般从阳角开始，把非整块的砖排在次要部位，或墙阴角处用废瓷砖抹水泥混合砂浆做标志块，标志块间距为 1 ~ 1.6 m，用托线板、靠尺等挂直控制表面平整度。在找平层上喷洒足够的水，将浸水的瓷片从水中取出，抹干水渍，在砖背面均匀抹上 1∶3 左右的水泥砂浆，砂浆厚度为 56 mm，铺贴大规格瓷片时适当加厚，随即将砖贴上，用木槌或胶锤轻轻拍牢平整，避免空鼓，并随时用直尺或水平尺找平。铺贴时也可用水泥∶108 胶水∶水 = 100∶5∶26 的纯水泥增加结合黏度。

5. 修整

贴完一定面积后，用水泥砂浆（白泥浆、石膏浆等）在砖缝上填补刮平，最后还应清除砖面污垢，加强养护。

■ **课中讨论**

文本

釉面砖学认说

3.2.6 案例分析

学一学

（1）釉面砖应用案例 1 如图 3-12 所示。

（2）釉面砖应用案例 2 如图 3-13 所示。

图 3-12 釉面砖应用案例 1

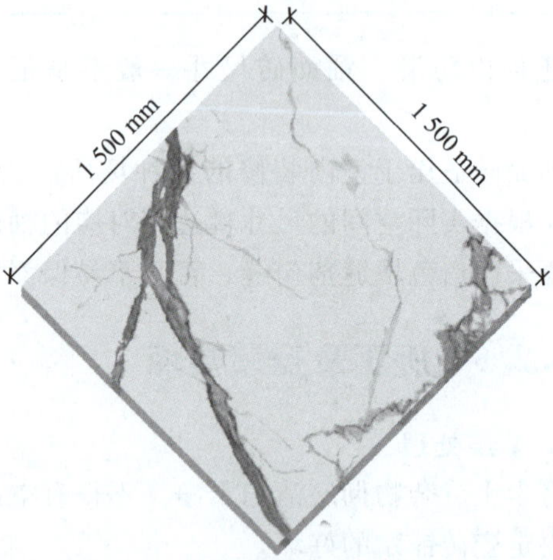

图 3-13 釉面砖应用案例 2

认一认

说出下列图例中包含的陶瓷地砖的规格及适用范围。

图例 1：

图例 2：

图例 3：

说一说

（1）说一说釉面砖的分类。

（2）釉面砖的检验方法是什么？

■ 课后测验

3.2.7 测试题

1. 判断题

（1）釉面砖只能作为地砖使用。（ ）

（2）釉面砖通常防滑性都不太好。（ ）

（3）釉面砖的坯体分为陶土和瓷土两种。（ ）

（4）在铺设地暖的地面装修工程中，釉面砖相较木地板是更为适用的地面装饰材料。（ ）

2. 单项选择题

（1）釉面砖的表面为（ ）。

A. 陶瓷材质　　B. 木制材质

C. 金属材质　　D. 塑料材质

（2）以下（ ）不是釉面砖的常见规格。

A. 800 mm×800 mm　　B. 30 mm×30 mm

C. 600 mm×1 200 mm　　D. 750 mm×1 500 mm

（3）釉面砖不适合做（ ）处理。

A. 拉槽　　B. 上墙

C. 拼花　　D. 通铺

（4）以下各种砖中，（ ）的耐磨性相对较差。

A. 抛光砖　　B. 玻化砖

C. 瓷抛砖　　D. 釉面砖

答案

测试题答案

3.3 微晶石陶瓷砖

■ 学习目标

（1）了解微晶石陶瓷砖的特点。
（2）熟悉微晶石陶瓷砖的应用。
（3）掌握微晶石陶瓷砖质量的鉴别方法。

■ 学习要求

（1）课前完成“课前预习”的内容。
（2）课中积极参加“课中讨论”。
（3）课后按时完成“课后测验”的测试题。

■ 学习方法

（1）比较学习法。在学习中善于运用对比的学习方法，针对材料特点展开横向对比与纵向对比，强化对关键知识点的梳理。

（2）理论联系实际。利用一切条件注意观察周围已建或在建工程，了解其装饰构造及施工工艺，掌握材料的使用方法。

■ 课前预习

扫一扫二维码“微晶石”进行学习。

微课
微晶石

微晶石是新型的建筑装饰材料，其中复合微晶石被称为微晶玻璃复合板材，是将一层 2 ~ 5 mm 的微晶玻璃复合在陶瓷玻化石的表面，经二次烧结后完全融为一体的新型材料，其内部组织结构为玻璃相和结晶相共存，两者的比例决定了材料的理化性和表面特性，其结构致密、晶体均匀、纹理清晰，具有优良的耐酸、耐碱性能，并且具有不吸水、抗冻以及较低的热膨胀系数等独特的性能，如图 3-14 所示。

3.3.1 微晶石的特点

微晶石将陶瓷材料的高强度和微晶玻璃华贵典雅、立体感强、色泽丰富多变的装饰美感，以及抗污耐压、永不褪色、无辐射等两种材质的双重优势复合在一起，兼备建筑陶瓷用砖的强度高、重量轻等优势，如图 3-15 所示。

微晶石的具体特点表现在以下几个方面：

（1）性能优良。微晶石是在与花岗石形成条件相似的高温状态下，通过特殊的工艺烧结而成，其质地均匀，密度大、硬度高，抗压、抗弯、耐冲击等性能优于天然石材，不易受损，更没有天然石材常见的细碎裂纹。

（2）质地细，板面光泽晶莹柔和。微晶石既有特殊的微晶结构，又有特殊的

图 3-14 山水背景墙微晶石

图 3-15 华贵典雅的微晶石

玻璃基质结构，对于射入的光线能产生扩散漫反射效果，使人感觉柔美和谐。

(3) 色彩丰富，应用范围广泛。微晶石的制作工艺，可以根据使用需要生产出丰富多彩的色调系列，同时又能弥补天然石材色差大的缺陷。

(4) 耐酸碱度佳，耐候性能优良。微晶石作为化学性能稳定的无机质晶化材料，又包含玻璃基质结构，其耐酸碱度、抗腐蚀性能都优于天然石材，尤其是耐候性更为突出，经受长期风吹日晒也不会褪色，更不会降低强度。

(5) 卓越的抗污染性，方便清洁维护。微晶石的吸水率极低，几乎为零，多种污秽浆泥、染色溶液不易侵入渗透，依附于表面的污物也很容易清除擦净。

(6) 能热弯变形，制成异形板材。微晶石可用加热方法制成顾客所需的各种弧形、曲面板，具有工艺简单、成本低的优点，避免了弧形石材加工大量切削、研磨、耗时、耗料、浪费资源等弊端。

3.3.2 微晶石的工艺及分类

微晶石根据其原材料及制作工艺，可以分为以下三类：无孔微晶石、通体微晶石和复合微晶石。无孔微晶石又称人造汉白玉，是一种多项理化指标均优于普通微晶石、天然石的新型高级环保石材，其最大的特点是通体无气孔、无杂斑点，光泽度高、吸水率为零、可打磨翻新，适用于外墙、内墙、地面、圆柱、洗手盆台面等高级装修场所，如图 3-16 所示。

通体微晶石又称微晶玻璃，是一种新型的高档装饰材料，它是以天然无机材料采用特定的工艺经高温烧结而成，具有无放射、不吸水、不腐蚀、不氧化、不褪色、无色差、不变形、强度高、光泽度高等优良特性，如图 3-17 所示。

复合微晶石又称微晶玻璃陶瓷复合板，它是将微晶玻璃复合在陶瓷玻化砖表面的新型复合板材，是经二次烧结而成的高科技新产品，其厚度为 12 ~ 18 mm。

微晶玻璃采用的原料有相当部分都是化工原料，而且还要经过高温熔化、浸水、烘干，过筛、破碎等工序，才能生产出合乎要求的微晶玻璃粒料，这些步骤都使得微晶玻璃成本升高；而陶瓷板材采用的原料绝大部分都是天然原料，经球磨机细磨、喷雾干燥、成形、干燥、素烧工序制成陶瓷板材素坯，其成本相对较低。

图 3-16 微晶石卧室地面效果

而微晶玻璃陶瓷复合板则采用 1/3 厚度（甚至更薄）、较高成本的微晶玻璃与 2/3 厚度、较低成本的陶瓷素坯复合，显而易见，与纯微晶玻璃板材相比，微晶玻璃陶瓷复合板可以大幅度降低成本，获得更多的经济效益。

图 3-17 高档微晶石瓷砖

3.3.3 微晶石的设计注意事项

微晶石会在温差大、水泥强度等级过高、辅料不良等因素下发生崩损，因此在铺贴时必须留有 3 ~ 5 mm 缝隙缓冲应力。填缝剂应使用具备良好弹性的密封胶类。

微晶石表面光泽度高，容易在切割时出现划痕，在磨边、切割、开孔时应注意保护好表面。微晶石与天然石材不同，如果表面有破损，就无法进行翻新打磨了。

3.3.4 施工及安装要点

微晶石的安装有别于传统镶贴施工方法，以安全、快捷、配合现代建筑技术为前提，一般应由专业施工队伍负责施工。

（1）外墙施工基于强度、抗震、抗风等安全考虑，应采用干挂式施工法。

（2）内墙采用拉勾紧固法，固定后于墙上加水泥砂浆补强。

（3）地板采用直接镶贴法，与一般石材施工法相似。

注意事项如下：

（1）在机械加工所形成的粗糙表面上，材料的强度都会降低。微晶石复合板一旦经异形切割，所切割部位的强度会有所降低。在水泥砂浆铺地应用时，凡是异形加工中在复合板背面形成了“过切”锯切槽沟甚至是槽沟交叉的部位，都可能在铺贴之后的使用中产生裂痕，故需要进行以下特殊处理：直接在上述微晶石背面的凹陷槽内填实，填满石材黏结胶（俗称大力胶、大理石胶），达到补强的效果。同时还要在已填实的沟槽附近 2～3 cm 处涂覆一薄层石材黏结胶，以达到隔离效果。待黏结胶基本凝固即可正常铺贴。

（2）产品铺贴时要留缝 2～3 mm，目的是预防产品在热胀冷缩时砖与砖之间挤压造成贝壳裂，填缝时应首先清洗干净砖缝，再将砖片的四边贴好分色保护，此后用适当的填缝剂进行填缝作业。填缝剂尽量不要选用高强度仿瓷填缝剂，因为填缝剂的膨胀系数比较大，升温膨胀时会产生巨大应力，导致微晶层破损，故建议使用水泥浆填缝。

■ **课中讨论**

文本

微晶石学认说

3.3.5 案例分析

学一学

（1）微晶石应用案例 1 如图 3-18 所示。

（2）微晶石应用案例 2 如图 3-19 所示。

图 3-18 微晶石应用案例 1

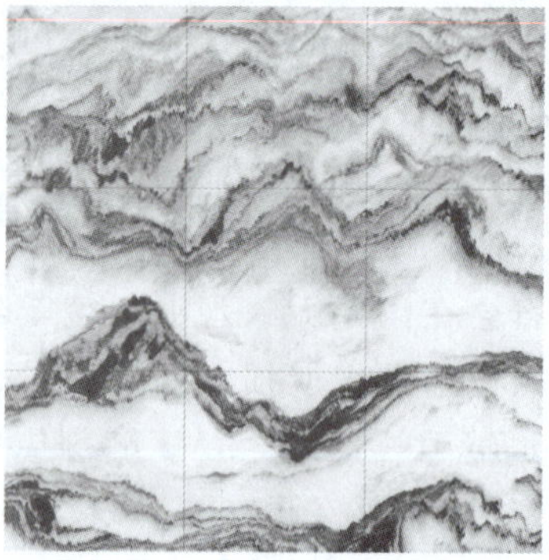

图 3-19 微晶石应用案例 2

（3）微晶石应用案例 3 如图 3-20 所示。

（4）微晶石应用案例 4 如图 3-21 所示。

图 3-20 微晶石应用案例 3

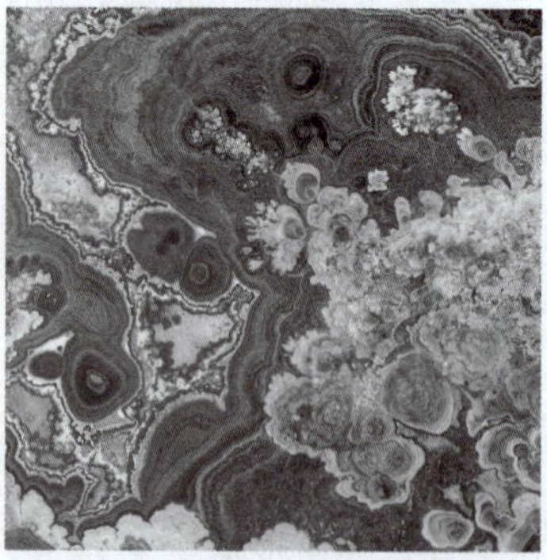

图 3-21 微晶石应用案例 4

认一认

说出下列图例中包含的陶瓷地砖的规格及适用范围。

图例1：

图例2：

图例3：

说一说

（1）说一说微晶石的分类。

（2）微晶石的特点有哪些？

■ **课后测验**

3.3.6 测试题

1. 单项选择题

（1）微晶石铺贴时，一般留缝为（　　）。

A. 2～5 mm　　B. 4～7 mm

C. 1～2 mm　　D. 不用留缝

（2）以下各种砖中，（　　）的耐磨性相对较差。

A. 抛光砖　　B. 玻化砖

C. 瓷抛砖　　D. 微晶石

2. 多项选择题

（1）微晶石的特点有（　　）。

A. 质地细腻　　B. 色彩单一

C. 耐酸碱性强　　D. 抗污强

（2）以下（　　）不是微晶石的常见规格。

A. 800 mm×800 mm　　B. 30 mm×30 mm

C. 600 mm×1 200 mm　　D. 3 000 mm×2 400 mm

答案

测试题答案

3.4 仿古陶瓷砖

■ 学习目标

（1）了解仿古砖的特点。
（2）熟悉仿古砖的应用。
（3）掌握仿古砖质量的鉴别方法。

■ 学习要求

（1）课前完成“课前预习”的内容。
（2）课中积极参加“课中讨论”。
（3）课后按时完成“课后测验”的测试题。

■ 学习方法

（1）比较学习法。在学习中善于运用对比的学习方法，针对材料特点展开横向对比与纵向对比，强化对关键知识点的梳理。

（2）理论联系实际。利用一切条件注意观察周围已建或在建工程，了解其装饰构造及施工工艺，掌握材料的使用方法。

■ 课前预习

微课
仿古砖

扫一扫二维码“仿古砖”进行学习。

仿古砖属于一种独特的瓷砖产品，与瓷片基本是相同的，唯一不同的是在烧制过程中，仿古砖仿造以往的样式做旧，实质上是上釉的瓷质砖，以古典的独特韵味吸引着人们的目光。为体现岁月的沧桑、历史的厚重，仿古砖通过样式、颜色、图案营造出怀旧的氛围，造成历经岁月侵蚀的模样，以塑造历史感和自然感，如图 3-22 所示。

图 3-22 常见的仿古砖

水泥砖是近些年兴起的一种比较有代表性的仿古砖，它是真实还原水泥质感的瓷砖。水泥砖传达的是一种粗犷、简朴却又不失精致和细腻的感觉。由于水泥砖的多元、混搭、风格多样化等特点，深受设计师的宠爱，被广泛应用于别墅住宅、艺术文创、公共空间、商业空间、酒店等不同空间场合，具有特色和设计感强的空间都适合采用此类产品。

3.4.1 仿古砖的特点

仿古砖的踩踏感一般都很舒适，踩上去有踏实、温暖、放松的感觉。仿古砖既保留了陶质的质朴和厚重，又不乏瓷质的细腻润泽，它还改善了瓷砖的脚感，加上瓷砖本身花色易于搭配组合、表面易于清理的特点，越来越受到人们的青睐。

仿古砖的品种、花色较多，规格齐全，是适合厨卫等区域使用的小规格的砖，可以说是抛光砖和瓷片的合体。仿古砖有皮纹、岩石、木纹等系列，看上去与天然材料非常相近，其中很多都是通体砖，而不仅仅是在釉面上做文章。

其次，该材料耐用性好，使用频率高，有些抛光砖 1 ~ 3 年后就会变得暗淡，表面发黄，而用仿古砖则与刚铺贴时一样。而且，其铺贴具有个性化，可根据花色进行设计，又因为它的防滑特点，所以对于公共场合，仿古砖较为实用。仿古砖几乎是亚光的，不会造成光污染。仿古砖是瓷质釉面砖，吸水率低，抗污性好。

铺贴水泥砖的地面与涂刷水泥的地面使用效果是完全不同的，水泥地面粗糙，没有质感，不够舒适，难以进行日常的清洁与保养，会随着热胀冷缩而出现爆裂的现象；而铺贴了水泥砖的地面就不一样了，水泥砖具有吸水性低、抗污性强、防滑性优秀、致密度高、耐磨性好等特点，这些都是水泥地面无法做到的，如图 3-23 所示。

图 3-23 仿木纹仿古砖

3.4.2 仿古砖的分类

仿古砖通常是指有釉装饰砖，釉以亚光的为主，色调则以黄色、咖色、暗红色、土色、灰色、灰黑色等为主。仿古砖蕴藏的文化历史内涵和丰富的装饰手法使其成为欧美市场的瓷砖主流产品，在国内也得到了迅速的发展。仿古砖的应用范围广，并有墙地一体化的发展趋势，其创新设计和创新技术赋予仿古砖更高的市场价值。

仿古砖根据施釉情况可分为半抛釉与全抛釉；根据文明类型可分为浪漫欧洲、原始非洲、神秘埃及、古印度风情、儒雅中国、古巴比伦王国等系列；根据表现手法可分为单色砖和花砖两类。

对于砖的尺寸，原则是小房间使用小尺寸的瓷砖，大房间使用大尺寸的瓷砖。在视觉上，大块砖使表面扩展，小块砖能丰富小空间。仿古砖的图案以仿木、仿石材、仿皮革为主，也有仿植物花草、仿几何图案、仿金属等，烧成后图案可以柔抛，也可以半抛或全抛，如图 3-24 所示。

3.4.3 仿古砖的设计注意事项

选择仿古砖时，主要考虑其款式及风格是否与所需要装饰的环境相匹配。另外，仿古砖因为花纹质感独特，切割后形成的小尺寸影响美观，建议根据所选尺寸规格，尽量使设计的排版按完整尺寸进行施工。仿古砖的留缝大小和填缝剂的颜色选择应考虑整体风格效果。

图 3-24 小块仿古砖卫生间效果

水泥质感的瓷砖经过多年的演变，现在为消费者所接受，适用于多种风格空间，如现代、北欧、极简、现代中式等风格，无论用于墙面还是地面都能够得心应手地营造空间的氛围，搭配设计感十足的家具款式，再加之软装色彩上的精心布置，往往会达到出乎意料的效果。

冷色调看似不符合家居温暖的诉求，但事实上铺上灰调、水泥质感的瓷砖地面，搭配实木、布艺、真皮等材质，更能够烘托家具的色彩和质感，为家居带来温暖、怡人的气息，形成有视觉重点的空间节奏感，同时也为空间增加浓烈的时尚气息。

3.4.4 施工及安装要点

常见的仿古砖铺贴方式，除了与传统墙地砖一样的中规中矩、横平竖直的铺贴方法之外，还有“人字贴”“工字贴”“斜形菱线”、切角砖衬小花砖铺贴、地砖配边线铺贴等。

仿古砖施工流程：选砖→试铺→混合→扫浆→留缝→铺砖→擦洗→敲击→留缝→清洁→成品保护。

■ 课中讨论

文本

仿古砖学认说

3.4.5 案例分析

学一学

（1）仿古砖应用案例 1 如图 3-25 所示。

（2）仿古砖应用案例 2 如图 3-26 所示。

（3）仿古砖应用案例 3 如图 3-27 所示。

图 3-25 欧几里得仿古砖

图 3-26 踏雪寻梅仿古砖

图 3-27 陶瓷木地板

认一认

说出下列图例中包含的陶瓷地砖的常用规格及适用范围。

图例 1：

图例 2：

图例 3：

说一说

（1）说一说仿古砖的常见规格及适用环境。

（2）说一说仿古砖的分类。

■ **课后测验**

3.4.6 测试题

1. 判断题

（1）仿古砖只能作为地砖使用。（　　）

（2）水泥砖可以认为是仿古砖的一种。（　　）

（3）早期的仿古砖以小块砖居多。（　　）

（4）根据表现手法，仿古砖可以分为单色砖与花砖。（　　）

2. 单项选择题

（1）水泥砖的表面为（　　）。

A. 陶瓷材质　　B. 木制材质

C. 水泥材质　　D. 塑料材质

（2）以下说法正确的是（　　）。

A. 仿古砖规格均为 300 mm×300 mm 的小块砖

B. 仿古砖根据表现手法分为单色砖和花砖

C. 仿古砖适合做拉槽处理

D. 仿古砖都是亮面砖

（3）仿古砖不适合做（　　）处理。

A. 上墙　　B. 拼花

C. 拉槽　　D. 通铺

（4）仿古砖的花色不包括（　　）。

A. 仿木纹　　B. 仿布纹

C. 仿皮纹　　D. 仿毛发

答案

测试题答案

模块 4

建筑玻璃

4.1 平板玻璃

■ **学习目标**

（1）了解平板玻璃的特点。
（2）熟悉平板玻璃的应用。
（3）掌握平板玻璃质量的鉴别方法。

■ **学习要求**

（1）课前完成“课前预习”的内容。
（2）课中积极参加“课中讨论”。
（3）课后按时完成“课后测验”的测试题。

■ **学习方法**

（1）比较学习法。在学习中善于运用对比的学习方法，针对材料特点展开横向对比与纵向对比，强化对关键知识点的梳理。

（2）理论联系实际。利用一切条件注意观察周围已建或在建工程，了解其装饰构造及施工工艺，掌握材料的使用方法。

■ **课前预习**

扫一扫二维码“平板玻璃性能与质量识别”进行学习。

微课
平板玻璃性能与质量识别

平板玻璃是指未经其他加工的平板状玻璃制品，又称白片玻璃或净片玻璃。按生产工艺不同，平板玻璃可分为普通平板玻璃和浮法玻璃。

4.1.1 平板玻璃的特点

平板玻璃的生产过程如图 4-1 所示。

普通平板玻璃的成型通常采用的是垂直引上法和浮法。垂直引上法是我国生产玻璃的传统方法，它是利用引拉机械从玻璃熔液表面垂直向上引拉成玻璃带，再经急冷而成。其主要缺点是产品易产生波纹和波筋。

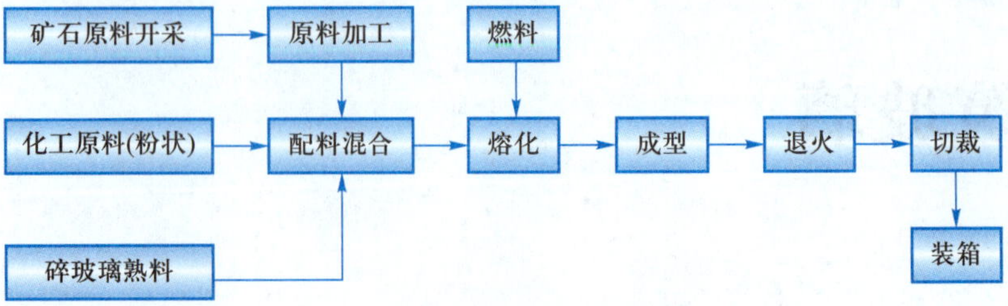

图 4-1 平板玻璃的生产过程

浮法生产的成型过程是熔融玻璃从熔窑中连续流入并漂浮在相对密度大的锡液表面上，在重力和表面张力的作用下，玻璃液在锡液面上铺开、摊平，使上下表面平整，经硬化、冷却后被引上过渡辊台，再经退火、切裁，就得到平板玻璃产品，如图 4-2 和图 4-3 所示。浮法生产的优点是：适合高效率制造优质平板玻璃，其成品没有波筋、厚度均匀、上下表面平整、透光率高，是建筑市场的主导产品。

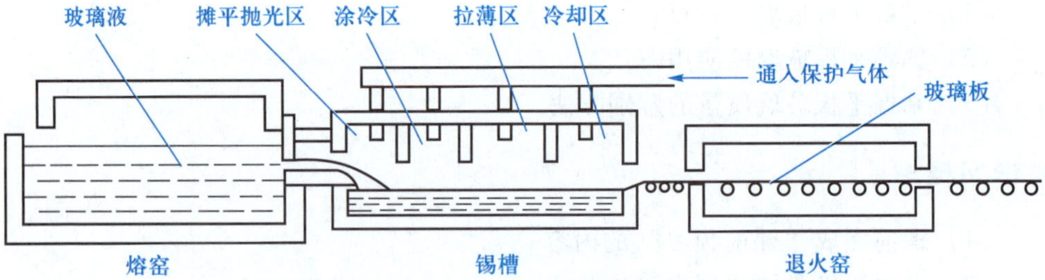

图 4-2 浮法玻璃工艺示意图

图 4-3 玻璃生产车间

4.1.2 平板玻璃的应用

平板玻璃的用途主要有两个方面。一种是 5～6 mm 的平板玻璃一般直接用于外墙窗户、门扇等小面积透光造型；7 ~ 9 mm 的平板玻璃主要用于室内屏风等较大面积，但又有框架保护的造型；9 ~ 12 mm 的平板玻璃可用于隔断、玻璃构件，如图 4-4 和图 4-5 所示。另外一个重要的用途是作为钢化、夹层、镀膜、中空等深加工玻璃的原片。

图 4-4 平板玻璃窗户

图 4-5 平板玻璃隔墙

4.1.3 平板玻璃的鉴别

按照国家标准，普通平板玻璃根据其外观质量进行分等定级，由垂直引上法生产的平板玻璃分为特等品、一等品和二等品三个等级。浮法玻璃分为优等品、一级品和合格品三个等级。其玻璃缺陷（如玻璃中的气泡、夹杂物、划伤、线道、雾斑等）及厚度允许偏差如表 4-1 和表 4-2 所示。

表 4-1 普通平板玻璃的等级

缺陷种类	说明	特等品	一等品	二等品
波筋（包括波纹棍子花）	允许看出波筋的最大角度	30°	45°50 mm 边部，60°	60°100 mm 边部，90°
气泡	长度 1 mm 以下的	集中的不允许	集中的不允许	不限
	长度大于 1 mm 的，每平方米面积允许个数	≤ 6mm，6	≤8 mm，8 8 ~ 10 mm，2	≤10 mm，10 10 ~ 20 mm，2
划伤	宽度 0.1 mm 以下的，每平方米面积允许条数	长度 ≤50 mm，4	长度 ≤100 mm，4	不限
	宽度 0.1 mm 的，每平方米面积允许条数	不许有	宽 0.1 ~ 0.4 mm 长<100 mm，3	宽 0.1 ~ 0.8 mm 长<100 mm，8
砂粒	非破坏性的，直径 0.5 ~ 2 mm，每平方米面积允许个数	不许有	3	10

续表

缺陷种类	说明	特等品	一等品	二等品
疙瘩	非破坏性的透明疙瘩，波及范围直径不超过 3 mm，每平方米面积允许个数	不许有	1	3
线道		不许有	30 mm 边部允许有 0.5 mm 以下的 1 条	宽 0.5mm 以下的 2 条

注：1. 集中气泡是指 100 mm 直径面积内超过 6 个。
2. 砂粒的延续部分，90°角能看出者当线道论。

表 4-2 普通平板玻璃厚度允许偏差

垂直引上法玻璃		浮法玻璃	
厚度/mm	允许偏差/mm	厚度/mm	允许偏差/mm
2	±0. 15	2、3、4、5、6	±0. 20
3	±0. 20	8、10	±0. 30
4	±0. 20	12	±0. 40
5	±0. 25	15	±0. 60
6	±0. 30	19	±1. 00

实际工程中，由于玻璃是透明物体，在挑选时经过目测，基本就能鉴别出质量好坏。外观质量主要是检查平整度、厚度，观察有无气泡、夹杂物、划伤、线道和雾斑等质量缺陷，存在此类缺陷的玻璃，在使用中会发生变形，降低玻璃的透明度、机械强度和玻璃的热稳定性，工程上不宜选用。

▪ 课中讨论

4.1.4 案例分析

文本

平板玻璃学认说

学一学

（1）普通玻璃按照化学成分如何分类？

（2）平板玻璃的应用领域有哪些？

（3）超白玻璃比普通玻璃好在哪里？

认一认

说出下列图例中包含的平板玻璃并分析其类型。

图例 1：

图例 2：

图例 3：

图例 4：

说一说

平板玻璃有哪些类型？

■ **课后测验**

4.1.5 测试题

1. 单项选择题

（1）作为建筑市场的主导，玻璃产品大多是运用（　　）生产。

A. 垂直引上法　　B. 浮法

C. 格法　　D. 压延法

（2）在玻璃生产过程中容易产生波纹、波筋缺陷的生产工艺为（　　）。

A. 垂直引上法　　B. 浮法

C. 格法　　D. 压延法

（3）窗用平板玻璃的厚度一般有 2 mm、3 mm、4 mm、5 mm、6 mm 五种，其中（　　）厚的平板玻璃，常用于民用建筑。

A. 2 ~ 3 mm　　B. 3 ~ 4 mm

C. 4 ~ 5 mm　　D. 4 ~ 6 mm

（4）窗用平板玻璃的厚度一般有 2 mm、3 mm、4 mm、5 mm、6 mm 五种，其中（　　）厚的平板玻璃，主要用于工业及高层建筑。

A. 2 ~ 3 mm　　B. 3 ~ 4 mm

C. 4 ~ 5 mm　　D. 4 ~ 6 mm

（5）用于隔断、玻璃构件的平板玻璃，所采用的厚度一般为（　　）。

A. 4～6 mm　　B. 4～5 mm

C. 8～12 mm　　D. 2～3 mm

2. 多项选择题

(1) 普通平板玻璃根据外观质量进行分等定级，垂直引上法生产的分为特等品、一等品和二等品三个等级，其中质量最好的特等品不允许存在的质量缺陷有（　　）。

A. 划伤　　B. 沙粒

C. 疙瘩　　D. 线道

(2) 气泡、夹杂物、划伤、线道和雾斑等质量缺陷在使用过程中可能造成的后果有（　　），在工程上不宜选用。

A. 变形　　B. 透明度降低

C. 机械强度降低　　D. 热稳定性降低

(3) 浮法玻璃根据外观质量进行分等定级，可分为（　　）三个等级。

A. 优等品　　B. 一级品

C. 合格品　　D. 二级品

(4) 浮法玻璃生产的优点有（　　）。

A. 没有波筋　　B. 厚度均匀

C. 上下表面平整　　D. 透光率高

(5) 玻璃外观质量检测的主要观测点有（　　）。

A. 检查平整度及厚度　　B. 有无气泡、夹杂物

C. 有无划伤线道　　D. 雾斑

答案

测试题答案

4.2 夹层玻璃

■ 学习目标

(1) 了解夹层玻璃的特点。

(2) 熟悉夹层玻璃的应用。

(3) 掌握夹层玻璃质量的鉴别方法。

■ 学习要求

(1) 课前完成“课前预习”的内容。

(2) 课中积极参加“课中讨论”。

(3) 课后按时完成“课后测验”的测试题。

■ 学习方法

(1) 比较学习法。在学习中善于运用对比的学习方法，针对材料特点展开横向对比与纵向对比，强化对关键知识点的梳理。

(2) 理论联系实际。利用一切条件注意观察周围已建或在建工程，了解其装饰构造及施工工艺，掌握材料的使用方法。

■ 课前预习

微课 夹层玻璃

视频 夹层玻璃课堂教学

扫一扫二维码“夹层玻璃”进行学习。

扫一扫二维码“夹层玻璃课堂教学”观看视频。

夹层玻璃（laminated glass）又称为夹胶玻璃、真空玻璃，是由两片或多片玻璃之间夹一层或多层有机聚合物中间膜，经过特殊的高温预压（或抽真空）及高温高压工艺处理后，使玻璃和中间膜黏合为一体的复合玻璃产品。夹层玻璃常用的中间膜有 PVB（聚乙烯醇缩丁醛树脂膜）、SGP（离子性中间膜）、EVA（聚乙烯-聚醋酸乙烯酯共聚膜）、PU（聚氨酯薄膜）等，彩色中间膜夹层玻璃、SGX 类印刷中间膜夹层玻璃、XIR 类 LOW-E（低辐射）中间膜夹层玻璃等为内嵌装饰件（金属网、金属板等）夹层玻璃、内嵌 PET（涤纶树脂）材料夹层玻璃等装饰及功能性夹层玻璃。常见的玻璃原片有浮法玻璃、钢化玻璃、彩色玻璃、吸热玻璃和热反射玻璃等。此外，还有一些特殊的中间膜和夹层材料，如纸、布、植物、丝、绢、金属丝等，如图 4-6 ~ 图 4-9 所示。

4.2.1 夹层玻璃的特点

夹层玻璃是一种安全玻璃，其抗冲击性、抗震、抗压、抗温差能力都很突出，如图 4-10 和图 4-11 所示。夹层玻璃的中间膜材料种类众多，夹层间的黏结方法各异，夹层数量不同，其性质也会有所不同。

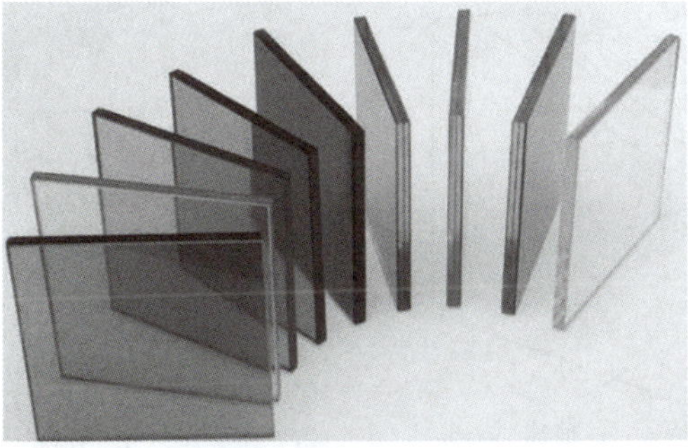

图 4-6 彩色夹胶玻璃

图 4-7 彩色 EVA 胶片

图 4-8 隔热 PVB 夹胶玻璃

图 4-9 夹胶玻璃栈道

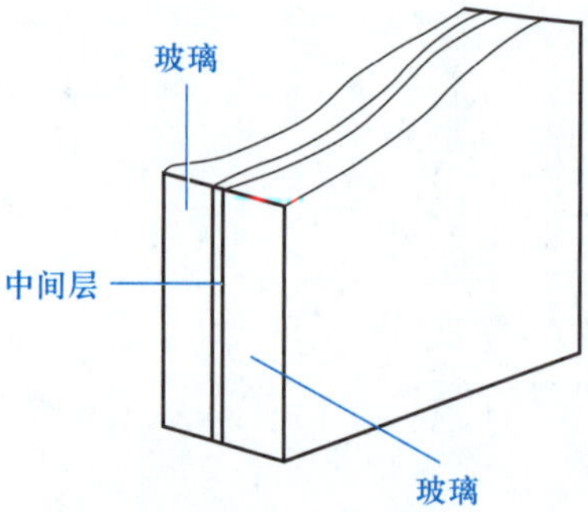

图 4-10 夹层玻璃构造

图 4-11 夹层玻璃

夹层玻璃的主要性能如下。

1. 安全性

由于夹层玻璃中间有塑料衬片的黏合作用，受到破坏时只产生辐射状的裂纹，而不落碎片，所以安全性好，如图 4-12 所示。

图 4-12 幕墙玻璃破碎

当夹层玻璃受到超常外力而破碎时，玻璃碎片会牢牢黏附在中间膜上，不会有尖锐的玻璃碎片脱落或指向玻璃面以外，这使与其接触的人被碎玻璃刺伤、划伤或砸伤的可能性几乎为零。采用了夹层玻璃的建筑物在受到诸如风暴、地震、爆炸以及其他暴力袭击时，即使玻璃破碎，仍能完整地保持在门窗框架内，风雨及其他外来物难以对室内造成破坏。同时，建筑物内外的人员也不致遭到飞溅的玻璃碎片的伤害。当采光顶棚、天窗、吊顶及架空地面采用夹层玻璃时，即使玻璃破碎也全无散落、下坠伤人之虞。

2. 通透性

夹层玻璃的原片一般采用普通平板玻璃、钢化玻璃、浮法玻璃、吸热玻璃或热反射玻璃等制成，因此，夹层玻璃透明性好。

对通透性有特殊需求的场所可以采用超白玻璃原片夹层玻璃。超白夹层玻璃是在两片或多片超白玻璃原片之间，用 PVB（聚乙烯醇丁醛）树脂胶片，经过加热、加压黏合而成的平面或曲面复合玻璃制品。高通透、低反射是其主要特点，可以广泛应用于橱窗、珠宝柜、博物馆，如图 4-13 所示。

图 4-13 博物馆玻璃

3. 安保性

夹层玻璃的玻璃原片均经过钢化处理，无法现场切割。夹层玻璃安装完毕无法用玻璃刀对已安装的夹层玻璃实施有效切割，而且正常人用其他工具击穿夹层玻璃耗时长、声响大。因此通过切割或打碎夹层玻璃进入室内非常困难，而且容易被发现。夹层玻璃对于恶意破坏、偷盗和暴力侵入有很强的抵御作用，如图 4-14 所示。

图 4-14 夹层防弹玻璃

4. 防飓风与地震

由于夹层玻璃在破裂时或破裂后碎片仍保留在原位的性能，使其成为发生飓风和地震地区的人们乐于采用的建筑材料，如图 4-15 所示。

图 4-15 防飓风玻璃幕墙

5. 防弹、防爆

防弹玻璃又称夹胶玻璃、防爆玻璃，这种玻璃在金融机构交易大厅柜台可以看到，它是由浮法玻璃多层黏合，夹层中间使用透明防弹膜填充，通常不少于三层，总厚度一般在 19 mm 以上，高等级的防爆玻璃一般不少于 25 mm，如图 4-16 所示。

图 4-16 防弹玻璃

6. 隔声性

玻璃是一种古铁物质，并非是有效的隔声屏障，若噪声通过玻璃传导，对室内的人有影响。由于 PVB 薄膜具有对声波的阻尼功能，夹层玻璃能有效地抑制噪声的传播，位于机场、车站、闹市及道路两侧的建筑物安装夹层玻璃后，其隔声效果明显。

7. 太阳能控制特性（防紫外线功能）

自然光传导在窗户设计中起着重要的作用，但太多的阳光也会导致热量增高。夹层玻璃具有各种稳定的着色，PVB 薄膜可吸收掉 99% 以上的紫外线，通过可见光和红外波长光谱中的能量来控制热增量，这样有助于保护贵重家具、挂图、陈列品或商品，以免受紫外线辐射的影响而产生褪色。大多数被吸收的能量经再次辐射和对流传导室外而散失掉。

8. 节能性

PVB 薄膜制成的建筑夹层玻璃能有效地减少太阳光透过，同样厚度时，采用深色低透光率 PVB 薄膜制成的夹层玻璃阻隔热量的能力更强。

4.2.2 夹层玻璃的应用

夹层玻璃是在两片或两片以上玻璃原片之间夹以透明塑料衬片，经热压黏合而成。玻璃原片采用普通平板玻璃或浮法玻璃，衬片多用 PVB 等塑料胶片。夹层玻璃按形状分为平面夹层玻璃和曲面夹层玻璃，按外观质量分为优等品和合格品，如图 4-17 和图 4-18 所示。

(1) 对于外开窗、屋面玻璃、吊顶、采光窗等部位，特别是当屋面玻璃最高点距离地面大于 5 m 时，必须使用夹层玻璃。

(2) 对于人群集中的公共场所和运动场所中装配的有框玻璃隔断、电梯上用于展望外景的展望窗、楼梯扶手用玻璃、屋顶广场及阳台栏杆等，这些部位均是与人体接触较多的部位，夹层玻璃不仅可以降低玻璃破裂后剥落碎片对人体的伤害，还可以确保人体受到冲撞后不会由于玻璃从框架中的脱落而坠落，同时也保证了栏杆下方人身与财产的安全。

图 4-17 PVB 平面夹层玻璃

图 4-18 曲面夹层玻璃楼梯

（3）对于室内隔断及展览橱窗，这些部位使用夹层玻璃时，隔断及橱窗的面积大小会因空间和墙面的大小及设计师的设计而不同。

（4）对于浴室内用玻璃，主要使用在洗浴空间与卫生洁具的隔断部位。

（5）当 PVB 夹层玻璃用于幕墙时，框支承玻璃幕墙用夹层玻璃的单片玻璃厚度不得小于 5 mm；采用浮头式连接件的点支承玻璃幕墙用夹层玻璃的单片玻璃厚度不得小于 6 mm；采用沉头式连接件的点支承玻璃幕墙用夹层玻璃的单片玻璃厚度不得小于 8 mm。

（6）对于水族馆和游泳池的观察窗、观察孔，一般情况下，这些部位应使用夹层玻璃。一旦玻璃意外破裂，夹层玻璃仍可以完整地保持在框架内，使管理人员有机会进行更换，避免重大损失，如图 4-19 所示。

图 4-19 水族馆夹层玻璃

（7）特殊夹层玻璃的应用。夹层玻璃在上述部位的应用均可满足建筑物的相关安全要求。由于夹层玻璃的特殊结构，必要时，如果通过采用特殊的原材料和专门的制作工艺，夹层玻璃还可以成为一些能承受住各种复杂的动态结构荷载的特殊安全玻璃产品，如防盗玻璃、防弹玻璃、防爆（炸）玻璃、电磁屏蔽玻璃（电子保密玻璃）、防台风玻璃、防震玻璃等，如图 4-20 所示。

图 4-20 PVB 夹层玻璃

4.2.3 夹层玻璃的鉴别

夹层玻璃主要检验表面质量、边角质量、规格、加工要求的符合性，以及玻璃种类、PVB 种类、环境要求的符合性。对 PVB 夹层的厚度种类验证，温湿度用温度计和湿度仪测定，在检验平台检查玻璃表面质量，打开日光灯进行目测。边角缺陷规格用卷尺测量。其尺寸检验标准和外观检验标准如表 4-3 和表 4-4 所示。

表 4-3 尺寸检验标准 （单位：mm）

玻璃总厚度 D	长度 L		测量方法
	$L \leqslant 1\,200$	$2\,600 < L \leqslant 4\,000$	
4～6	+1.0；-2.0	+1.0；-3.0	用精确到 1 mm 的卷尺进行测量
8～12	+1.0；-2.0	+1.0；-3.0	
15	+2.0；-3.0	+2.0；-4.0	
19	+3.0；-4.0	+3.0；-5.0	

注：1. 如客户有指定要求，则按客户提供的标准执行。
2. 尺寸符合性抽检。

表 4-4 外观检验标准 （单位：mm）

缺陷名称	合格品	检验方法
胶合层气泡	直径 300 mm 圆内允许长度 1～2 mm 有胶合层气泡 2 个	良好自然光条件下距试样正面 600mm 处进行自检，爆边气泡大小用钢直尺量
胶合层杂质	直径 500 mm 圆内允许长度为 3 mm 有胶合层杂质 4 个	
裂痕	不允许存在	
爆边	每平方米允许有长度超过 20 mm 自玻璃边部向玻璃表面延伸深度不超过 4 mm，自板面向玻璃厚度延伸深度不超过厚度的一半 允许 3 处，精磨边不允许崩边	
叠差	不得影响使用，可由供需双方商定	
擦伤		
脱胶		

■ **课中讨论**

4.2.4 案例分析

学一学

文本

夹层玻璃学认说

1. 夹层玻璃应用案例 1：PVB 夹层玻璃

在欧美国家，大部分建筑玻璃都采用 PVB 夹层玻璃（图 4-21～图 4-24），这不仅是为了避免伤害事故，还因为 PVB 夹层玻璃有极好的抗震入侵能力，中间膜能抵御锤子、劈柴刀等凶器的连续攻击，特种 PVB 夹层玻璃还能在相当长时间内抵御子弹穿透，其安全防范程度可谓极高。

现代居室，隔声效果是否良好已成为人们衡量住房质量的重要因素之一，使用了 PVB 薄膜的夹层玻璃能阻隔声波，维持安静、舒适的办公环境。PVB 夹层玻璃所特有的过滤紫外线功能，既保护了人们的皮肤健康，又可使家中的贵重家具、陈列品等避免褪色。它还可以减弱太阳光的透射，降低制冷能耗。

图 4-21 炫彩夹胶玻璃

图 4-22 热钢化、热增强 PVB 夹层玻璃幕墙

图 4-23 夹胶玻璃

图 4-24 热弯夹胶防弹玻璃

许多家庭的门，包括厨房的门，都是使用磨砂玻璃作为材料。煮饭时厨房的油烟容易积在上面，如果使用夹层玻璃，就不会有这个烦恼。同样，家中大面积的玻璃间隔，对天生好动的儿童来说是个安全隐患，若使用夹层玻璃，安全性将大大提高。

PVB 夹层玻璃在重球撞击下可能碎裂，但整块玻璃仍保持一体性，碎块和锋利的小碎片仍与中间膜粘在一起，因此属于安全破裂。钢化玻璃需要较大撞击力才会碎，一旦破碎，整块玻璃爆裂成无数细微颗粒，框架中仅存少许碎玻璃。普通玻璃一撞就碎，是典型的破碎状况，产生许多长条形的锐口碎片。夹层玻璃破碎时，镜齿形碎片包围着洞口，且在穿透点四周留有较多玻璃碎片，金属丝断裂长短不一。

2. 夹层玻璃应用案例 2：SGP 夹层玻璃

早期的夹层玻璃一般都是采用 PVB 胶片生产的夹层玻璃，由于 PVB 胶片最初是为汽车玻璃而不是针对建筑幕墙行业开发的，虽然在建筑工程行业已经使用多年、使用范围广泛且取得了良好的安全效果，但由于 PVB 胶片富有弹性、比较柔软、剪切模量小，两块玻璃间受力后会有相对滑移、承载力减少、弯曲变形大，同时 PVB 胶片夹层玻璃外露边易受潮开胶、长时间使用容易出现发黄现象。因此，PVB 胶片夹层玻璃可用于一般玻璃幕墙，不适合用于高性能的玻璃幕墙。

离子型胶片 SGP 的剪切模量是 PVB 的 50 倍以上，撕裂强度是 PVB 的 5 倍，采用离子型胶片 SGP 生产的夹层玻璃受力时两片玻璃之间基本不会产出滑动，两片玻璃如同一片玻璃，承载力是 PVB 夹层玻璃的 2 倍。在相等荷载、相同厚度的情况下，SGP 夹层玻璃（图 4-25）的弯曲只是 PVB 夹层玻璃的 1/4。

图 4-25　SGP 夹胶玻璃屋顶

相对于 PVB 生产的夹层玻璃，SGP 胶片生产的夹层玻璃性能更加优越，其具有以下性能特点：

（1）对玻璃有较高的黏结能力，较强的抗撕裂强度，能防止玻璃破碎飞散。

（2）有较强的防护能力，可以防止自然灾害和人力破坏，对强风、地震、暴力、盗窃等具有足够的抵抗能力。

（3）能承受室内人员的突然撞击，防止玻璃飞散或整体脱出，避免室内人员伤害、物品飞出坠落。

（4）有足够的剩余承载力，玻璃破碎后再发生弯曲时不会整块脱落。

（5）SGP 胶片有足够的剪切模量，使夹层玻璃整个截面受弯工作，提高玻璃的承载力和弯曲刚度，降低玻璃厚度和玻璃自重。

（6）能耐受紫外线、水汽和外界气候变化的影响，长期使用不会出现泛黄变色现象。

3. 夹层玻璃应用案例 3：EVA 夹层玻璃

EVA 也被用作夹层玻璃的夹层，其性价比较高，同 PVB、SGP 相比，EVA 流动性较好，融化温度较低，温度达到 110 ℃左右就可加工，可在膜层中进行夹丝、夹卷等工艺，制作出漂亮的带有图案及花纹的装饰性玻璃。EVA 还具有良好的耐水性，但是抗紫外线能力弱，长期日晒容易发黄发黑，因此其主要用于室内隔断。

EVA 夹层玻璃制作工艺比 PVB 夹层玻璃简单，且成本低、熔点低，因此主要用于室内隔断和装饰（图 4-26），国内的太阳能光伏玻璃使用的也是 EVA 中间膜。此外，还有一些比较特殊的具有装饰及其他功能的夹层玻璃，如彩色中间膜夹层玻璃、Low-E 中间膜夹层玻璃、内嵌装饰件（金属网、金属板等）夹层玻璃、内嵌 pet 材料夹层玻璃等。

图 4-26 EVA 夹层装饰玻璃隔断

认一认

说出下列图例中包含的夹层玻璃并分析其类型。

图例 1：

图例 2：

图例3：

说一说

（1）说一说PVB夹层玻璃与SGP夹层玻璃的区别（用比较法）。

（2）说一说夹层玻璃的优点及应用范围

■ 课后测验

4.2.5 测试题

1. 判断题

（1）夹层玻璃又称为安全玻璃。（　　）

（2）对于室内隔断玻璃，最经济的选择是EVA夹层玻璃。（　　）

（3）沿海地区防止海风、飓风对玻璃幕墙产生冲击损害的夹层玻璃为SGP夹层玻璃。（　　）

（4）根据中间膜熔点的不同夹层玻璃可分为低温夹层玻璃和高温夹层玻璃。（　　）

（5）夹层玻璃的抗冲击性、抗震、抗压、抗温差能力都很突出（　　）

2. 单项选择题

（1）当屋面玻璃最高点距离地面大于（　　）m时，必须使用夹层玻璃。

A. 10　　B. 9

C. 6　　D. 5

（2）夹层玻璃按外观质量分为（　　）品和（　　）品。

A. 优等　合格　　　B. 一等　二等

C. 优等　劣等　　　D. 特等　一等

（3）对通透性有特殊需求的场所可以采用超白玻璃原片夹层玻璃。超白夹层玻璃是在两片或多片超白玻璃原片之间，用（　　）树脂胶片，经过加热、加压黏合而成的平面或曲面复合玻璃制品。

A. PVB　　　B. SGP

C. PU　　　D. EVA

（4）由于透明度高、熔点高，（　　）夹层玻璃广泛应用于建筑幕墙。

A. PVB　　　B. SGP

C. PU　　　D. EVA

答案

测试题答案

（5）钢化玻璃的自爆率需要小于或等于（　　）。

A. 5%　　　B. 4%

C. 3%　　　D. 2%

4.3 装饰玻璃

■ 学习目标

(1) 了解装饰玻璃的特点。
(2) 熟悉装饰玻璃的应用。
(3) 掌握装饰玻璃质量的鉴别方法。

■ 学习要求

(1) 课前完成“课前预习”的内容。
(2) 课中积极参加“课中讨论”。
(3) 课后按时完成“课后测验”的测试题。

■ 学习方法

(1) 比较学习法。在学习中善于运用对比的学习方法。针对材料特点展开横向对比与纵向对比，强化对关键知识点的梳理。

(2) 理论联系实际。利用一切条件注意观察周围已建或在建工程，了解其装饰构造及施工工艺，掌握材料的使用方法。

■ 课前预习

扫一扫二维码“空心玻璃砖”进行学习。
扫一扫二维码“空心玻璃砖”观看课件。

微课
空心玻璃砖

课件
空心玻璃砖

4.3.1 装饰玻璃的种类

1. 彩色玻璃

彩色玻璃有透明和不透明两种。透明的彩色玻璃是在玻璃原料中加入一定量的金属氧化物而制成的。不透明彩色玻璃又称釉面玻璃，它是以平板玻璃、磨光玻璃或玻璃砖等为基料，在玻璃表面涂敷一层熔性色釉，加热到彩釉的熔融温度，使色釉与玻璃牢固结合在一起，在经退火或钢化而成。彩色玻璃的彩面也可用有机高分子涂料制得。

彩色玻璃的颜色有红、黄、蓝、黑、绿、灰等十余种，如图 4-27 所示，可用以镶拼成各种图案花纹，具有独特的装饰效果。在玻璃门窗、隔断、吊顶装饰中由小块彩色玻璃镶嵌而成的一幅幅色彩斑斓的图画，给我们的生活增光添彩，如图 4-28 所示。

2. 玻璃锦砖

玻璃锦砖又称玻璃马赛克，它是含有未熔融的微小晶体（主要是石英）的乳浊状半透明玻璃质材料，是一种小规格的饰面玻璃制品。单块玻璃锦砖的规格一般

图 4-27 彩色玻璃吊顶

为 20～50 mm 见方、厚度为 4～6 mm，四周侧面呈斜面，正面光滑，背面略带凹状沟槽，以利于铺贴时黏结。为便于施工，出厂前将玻璃锦砖按设计图案反贴在牛皮纸上，贴成 305.5 mm×305.5 mm 见方，称为一联，如图 4-29 所示。

图 4-28 彩色玻璃隔断

玻璃锦砖的特点如下：

（1）玻璃锦砖的颜色丰富，可拼装成各种图案，美观大方，且耐腐蚀、不褪色。

（2）由于玻璃具有光滑表面，所以玻璃锦砖具有不吸水、不吸尘、抗污性好的特点。

（3）玻璃锦砖具有体积小、重量轻、黏结牢固的特点，特别适用于建筑的内外墙面装饰。

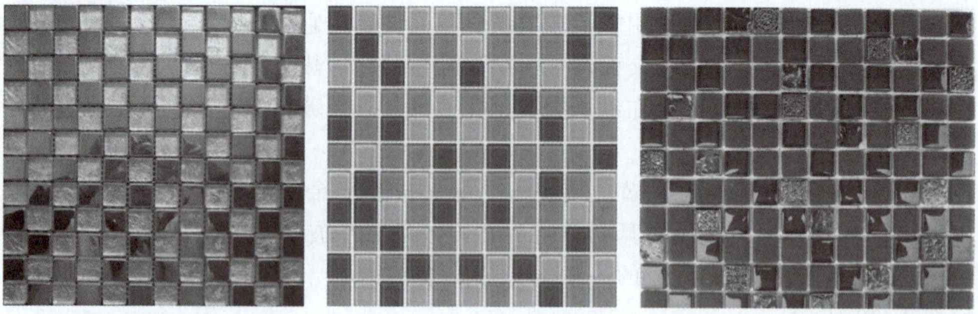

图 4-29 玻璃锦砖组图

3. 镜面玻璃

镜面玻璃是镜面膜镀膜玻璃的简称，它是镀膜玻璃的一种，是在无色透明平板玻璃上镀一层金属及金属氧化物或有机物薄膜，以控制玻璃的透光率，并提高玻璃对太阳入射光和能量的控制能力，提高阻挡太阳热量的能力。常用的颜色有银色、茶色等。镜面玻璃的特点有尺寸大、物象不失真、耐潮湿、耐腐蚀、耐磨损，可作为镜面、家具、墙面装饰之用，如图 4-30 所示。

4. 磨砂玻璃

磨砂玻璃又称毛玻璃，是将平板玻璃的表面采用机械喷砂、手工研磨或氢氟酸溶蚀等方法处理成均匀的毛面。其特点是透光不透视，且光线不刺眼，用于要求透光而不透视的部位，如卫生间、浴室、办公室等的门窗及隔断，如图 4-31 所示。

图 4-30 镜面玻璃装饰的走道

图 4-31 办公室玻璃隔断

磨砂玻璃能快速清理，又能保持粗糙度，且成本低，所以适用范围也比较广，其主要特点如下：

(1) 加工效能好，能源消耗低，成本低。

(2) 设计新颖，操作简单方便。

(3) 可以使室内光线柔和不刺目。

5. 花纹玻璃

(1) 压花玻璃又称滚花玻璃，是在熔融玻璃冷却硬化前，以刻有花纹的辊轴对辊压延，在玻璃单面或两面压出深浅不同的各种花纹图案而成。压花玻璃不仅美观，还由于花纹的凹凸变化使光线漫射而失去透视性，造成从玻璃一面看另一面物体时，物像显得模糊不清，如图 4-32 所示。

图 4-32 压花玻璃

(2) 喷花玻璃又称胶花玻璃，是以平板玻璃表面贴以花纹图案，再有选择地涂抹护面层，经喷砂处理而成，如图 4-33 所示。

（3）刻花玻璃是由平板玻璃经涂漆、雕刻、围蜡、酸蚀、研磨等制作而成。图案的立体感强，似浮雕一般，在室内灯光的照射下，更是熠熠生辉，如图 4-34 所示。

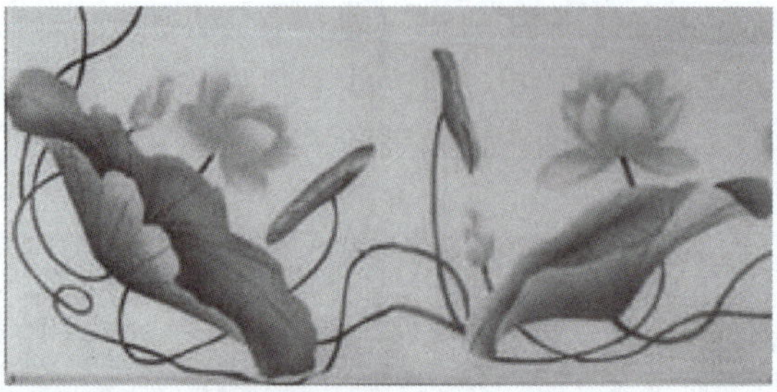

图 4-33　胶花玻璃

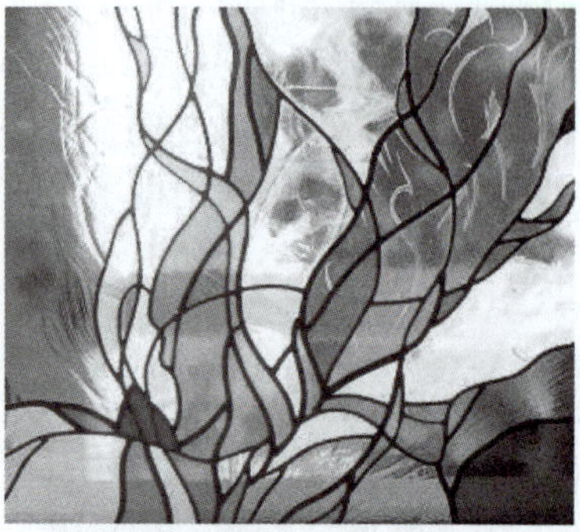

图 4-34　刻花玻璃

（4）彩绘玻璃又称喷绘玻璃。它是使用特殊颜料直接着色于玻璃，或者在玻璃上喷雕成各种图案再加上色彩制成的，可逼真地复制原画，而且画膜附着力强、耐候性好，可进行擦洗，如图 4-35 所示。

图 4-35　彩绘玻璃

6. 热熔玻璃

热熔玻璃又称水晶立体艺术玻璃，它跨越了现有的玻璃形态，使平板玻璃加工出各种凹凸有致、色彩各异的玻璃艺术饰品。热熔玻璃是以平板玻璃和无机色料为主要原料，加热玻璃直至软化点以上时，经模压成型后退火而成，如图 4-36 和图 4-37 所示。

7. 冰花玻璃

冰花玻璃是将具有很强黏附力的胶液均匀地涂在玻璃的表面上，因胶液在干燥过程中体积的强烈收缩，以及胶体与粗糙的玻璃表面良好的黏结性，使得玻璃表面发生不规则撕裂现象，从而产生冰花的一种工艺品。胶体薄膜因龟裂而产生的裂纹成为撕裂的界线，犹如叶子的茎脉，而在撕裂表面形成凹凸起伏、连续而不规则的美丽“冰花”花纹。冰花玻璃具有立体感强、花纹自然、质感柔和、透光不透明、视感舒适的特点，如图 4-38 和图 4-39 所示。

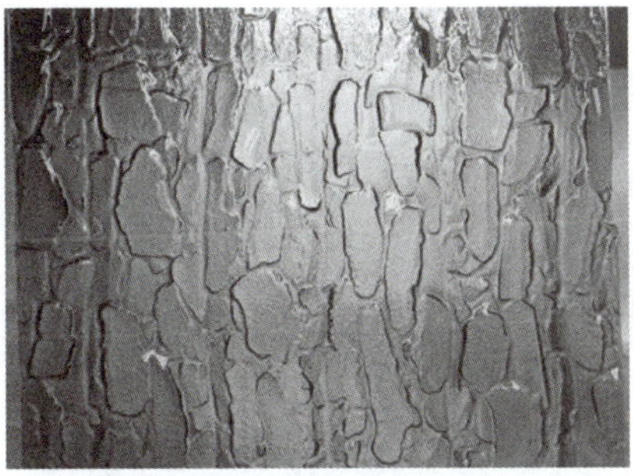

图 4-36 热熔玻璃（一）

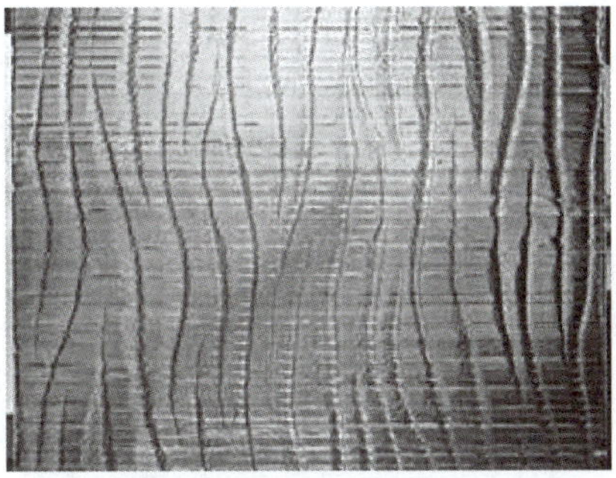

图 4-37 热熔玻璃（二）

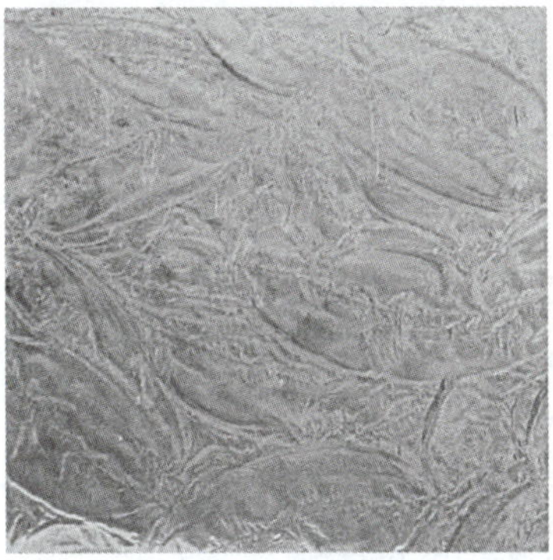

图 4-38 冰花玻璃（一）

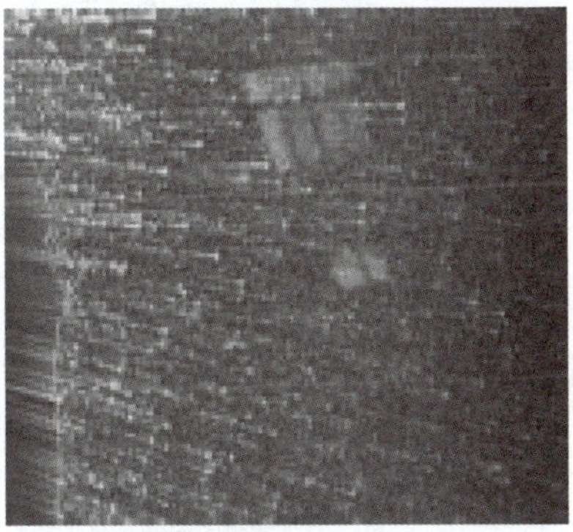

图 4-39 冰花玻璃（二）

8. 镭射玻璃（光栅玻璃）

镭射玻璃是以玻璃为基材，用特殊的材料，经特种工艺处理，使玻璃背面出现全息光栅或其他光栅，在阳光、月光、灯光等光源照射下，形成物理衍射的七彩光的玻璃。在同一感光面上会因光线入射角的不同而出现不同的色彩变化，使空间变得绚丽多彩。镭射玻璃适用于酒店、宾馆和各种商业、文化、娱乐设施，如图 4-40 所示。

图 4-40 镭射玻璃

4.3.2 功能性装饰玻璃

1. 空心玻璃砖

空心玻璃砖是由两个凹型玻璃砖坯（形同烟灰缸）熔接而成的玻璃制品。砖坯扣合、周边密封后中间形成空腔，空腔内有干燥并微带负压的空气。玻璃壁厚度为 8～10 mm。空心玻璃砖按空腔的不同分为单腔和双腔两种；按形状分为正方形、矩形和各种异形产品。

空心玻璃砖具有耐压、抗冲击、耐酸、隔声、隔热、防火、防爆、透明度高和装饰性好等特点。空心玻璃砖一般用来砌筑非承重的透光墙壁，用于建筑物的内外隔墙、淋浴隔断、门厅、通道及建筑物的地面等处，以及控制透光、眩光和日光的场合，如图 4-41 所示。

图 4-41 空心玻璃砖隔断

2. 微晶玻璃

微晶玻璃是通过基础玻璃在加热过程中进行控制晶化而制得的一种含有大量微晶体的多晶固体材料。微晶玻璃的结构、性能及生产方法与玻璃和陶瓷都有所不同，其性能集中了两者的特点，成为一类独特的材料。

微晶玻璃装饰板主要作为高级建筑装饰新材料替代天然石材。与天然石材相比，它具有以下特点：

（1）自然柔和的质地和色泽。

（2）强度大、耐磨性好、重量轻。

（3）吸水性小、污染性小。

（4）颜色丰富、加工容易。

（5）优良的耐候性和耐久性。

（6）原料来源广泛。

微晶玻璃装饰板类似于天然石材，用于内外墙装饰、厅堂的地面和微晶玻璃幕墙等建筑装饰。低膨胀微晶玻璃也用于橱柜的表面等，如图 4-42 和图 4-43 所示。

图 4-42 微晶玻璃（一）

图 4-43 微晶玻璃（二）

3. 智能调光玻璃

智能调光玻璃又称调光玻璃、智能玻璃、液晶玻璃、电控玻璃、变色玻璃、PDLC 玻璃、smart 玻璃及魔法玻璃等。当电控调光玻璃关闭电源时，玻璃内的液晶分子会呈现不规则的散布状态，呈现透光而不透明的外观状态；当给调光玻璃通电后，里面的液晶分子整齐排列，可以自由穿透，此时玻璃呈现透明状态，如图 4-44 所示。

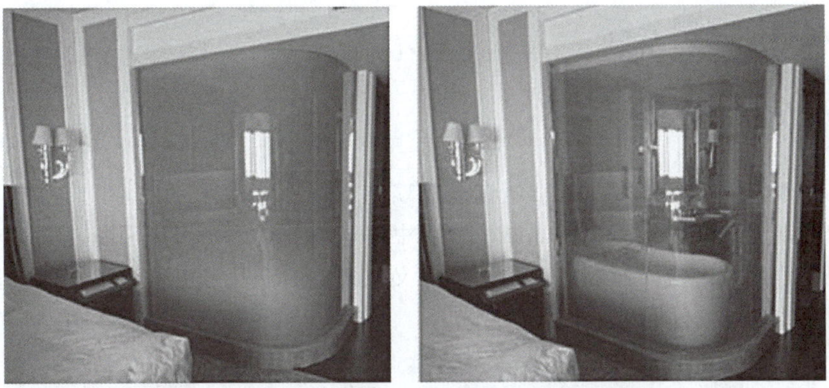

图 4-44 智能调光玻璃

智能调光玻璃的主要特点如下：

（1）隐私保护功能。调光玻璃的最大功用是隐私保护功能，可以随时控制玻璃的透明或不透明状态。

（2）投影功能。调光玻璃是一款非常优秀的投影硬屏，在光线适宜的环境下，如果选用高流明投影机，投影成像效果清晰出众。

（3）具备安全玻璃的优点，包括破裂后防止碎片飞溅的安全性能，抗打击强度好。

（4）环保特性。调光玻璃中间的调光膜及胶片可以隔热并阻隔 99% 以上的紫外线及 98% 以上的红外线，它可以屏蔽部分红外线，减少热辐射传递，同时屏蔽紫外线，可保护室内的陈设不受紫外线照射，防止出现褪色老化等情况，保护人员不受紫外线直射而引起疾病。

（5）隔声特性。调光玻璃中间的调光膜及胶片有声音阻尼的作用，可隔绝部分噪声。

4.3.3 装饰玻璃的应用

玻璃是一种光滑细腻、坚硬、易碎的透明或半透明材料，早在古罗马时代，人们就已经做出了玻璃，而在两千多年前，又制造了彩色玻璃。自古以来，玻璃都被用在建筑的门窗或装饰中，当今随着现代建筑发展的需要和玻璃深加工技术的发展，玻璃更是现代建筑中广泛采用的建筑材料之一。

一般的建筑玻璃具有较高的化学稳定性，在通常情况下，对酸、碱、盐以及化学试剂或气体等具有较强的抵抗能力，能抵抗氢氟酸以外的各种酸类侵蚀。装饰玻璃是在普通平板玻璃基础上经过染色、磨砂、刻花、压花、热熔等特殊工艺加工而成的具有现代风格的装饰玻璃，广泛应用于室内隔断、门窗工程、墙体装饰、吊顶工程、卫浴空间、商业空间等，彰显装饰风格，提升空间质感。随着科学技术的进步，新一代的功能性装饰玻璃也愈加丰富，如防火玻璃、光伏玻璃、LOW-E 中空玻璃、调光电子玻璃等。

■ **课中讨论**

4.3.4 案例分析

文本

装饰玻璃学认说

学一学

1. 装饰玻璃应用案例 1：智能调光玻璃

智能调光玻璃可用于卫浴隔断、客厅书房隔断、餐厅与厨房隔断、阳光房等空间。智能调光玻璃既不影响室内的采光，又节省空间，隐私也得到很好的保护，如图 4-45、图 4-46 所示。

图 4-45 智能调光玻璃透明效果

图 4-46 智能调光玻璃雾化效果

2. 装饰玻璃应用案例 2：玻璃砖

玻璃砖是熔铸成型建筑玻璃的一种。这种建筑装饰材料的历史可以追溯到 19 世纪 80 年代末，那时正值机器生产时代，建筑设计师们把玻璃砖制成正方形和六边形，便于拼接使用。后来，随着类型和功能不断改进，玻璃砖的建筑和装饰效果日益显著，也出现了许多经典案例。

法国建筑师皮耶夏洛（Pierre Chareau）在 1932 年的建筑作品“玻璃之家”大量运用了玻璃砖，后被评为全球最重要的 125 栋建筑之一，如图 4-47、图 4-48 所示。

图 4-47 “玻璃之家”玻璃砖外立面效果

“玻璃之家”作为皮耶夏洛唯一的建筑设计作品，玻璃幕墙主要采用 20cm×20cm，厚度为 4cm 的半透明玻璃砖作为外围护材料，让人感受到不受限制和扩展的无限性，使建筑物远远脱离了以往的建筑常识，进入一种前卫的境界。“玻璃之家”在建筑史中占据了重要地位，作为整个巴黎地区最早的钢结构楼宇，新颖的外观、新型的材料，使其成为了早期现代主义建筑的杰出代表。

图 4-48 “玻璃之家”玻璃砖外墙室内效果

3. 装饰玻璃应用案例 3：LOW-E 玻璃

LOW-E 玻璃是在建筑上广泛应用的一种节能玻璃（图 4.49），与普通玻璃相比，节能可达 65%。同时，LOW-E 玻璃的光线通透性好，颜色品种丰富，隔声降噪性能优良，是国内外公认的节能环保产品，非常适合普通住宅使用。

图 4-49 LOW-E 玻璃幕墙

LOW-E 玻璃的特点如下：

（1）红外反射率高，可直接反射远红外热辐射。

（2）表面辐射率低，吸收外来能量的能力小，从而再辐射出的热能少。

（3）遮阳系数范围广，可根据需要控制太阳能的透过量，以适应不同地区的需要。

认一认

说出下列图例中包含的装饰玻璃并分析其类型。

图例 1：

图例 2：

图例 3：

图例 4：

说一说

（1）说一说玻璃砖的施工工艺。

（2）说一说玻璃砖的优点及应用范围。

■ **课后测验**

4.3.5 测试题

1. 单项选择题

（1）玻璃最早产生与应用传播开始于（　　）时代。

A. 古罗马　　B. 印度

C. 中国石器　　D. 意大利文艺复兴

（2）玻璃的主要化学成分为（　　）。

A. 沙子　　B. 二氧化硅

C. 氧化钠　　D. 氧化钙

（3）玻璃属于致密材料，其密度与化学成分有关，普通玻璃的密度为（　　）kg/m^3。

A. 1 500 ~ 2 000　　B. 2 500 ~ 2 600

C. 3 000 ~ 3 500　　D. 3 500 ~ 4 000

（4）玻璃的导热性、热膨胀系数和热稳定性主要是指玻璃的（　　）。

A. 光学性质　　B. 化学性质

C. 热学性质　　D. 机械性质

（5）钢化玻璃属于（　　）的一种。

A. 节能玻璃　　B. 安全玻璃

C. 装饰玻璃　　　　　　D. 光学玻璃

2. 多项选择题

(1) 光线入射玻璃可产生（　　）三种现象，这三种现象之和等于入射光的强度。

A. 反射　　　　　　B. 吸收

C. 散射　　　　　　D. 透射

(2) 以下（　　）属于建筑安全玻璃。

A. 夹胶玻璃　　　　　　B. 钢化玻璃

C. 夹丝玻璃　　　　　　D. 镭射玻璃

(3) 以下（　　）属于建筑节能玻璃。

A. 中空玻璃　　　　　　B. LOW-E 玻璃

C. 热反射玻璃　　　　　　D. 镭射玻璃

(4) 以下（　　）属于建筑装饰玻璃。

A. 冰裂玻璃　　　　　　B. 彩釉玻璃

C. 印刷玻璃　　　　　　D. 雕刻玻璃

(5) 以下（　　）属于建筑功能性玻璃。

A. 隔声玻璃　　　　　　B. 屏蔽玻璃

C. 电加热玻璃　　　　　　D. 电子雾化玻璃

答案

测试题答案

模块 5

装饰塑料

5.1 铝塑板

■ 学习目标

（1）了解铝塑板的特点。

（2）熟悉铝塑板的应用。

（3）掌握铝塑板质量的鉴别方法。

■ 学习要求

（1）课前完成“课前预习”的内容。

（2）课中积极参加“课中讨论”。

（3）课后按时完成“课后测验”的测试题。

■ 学习方法

（1）比较学习法。在学习中善于运用对比的学习方法，针对材料特点展开横向对比与纵向对比，强化对关键知识点的梳理。

（2）理论联系实际。利用一切条件注意观察周围已建或在建工程，了解其装饰构造及施工工艺，掌握材料的使用方法。

■ 课前预习

微课

铝塑板的分类与质量识别

扫一扫二维码“铝塑板的分类与质量识别”进行学习。

铝塑板又称铝塑复合板，国际上称其为“三大幕墙”之一。它由两层铝合金薄板和中间一层聚乙烯芯板，靠高分子黏结膜，经热压复合而成，其构造如图 5-1 所示。作为一种复合材料，铝塑板集中了金属、涂料和塑料的优点，同时又具有较高的抗风压、抗弯曲强度。铝塑板本身所具有的独特性能，决定了其广泛用途：它可以用于大楼外墙、帷幕墙板、旧楼改造翻新、室内墙壁及顶棚、广告招牌、展示台架等工程项目。铝塑板的厚度有 3 mm、4 mm、5 mm、6 mm 和 8 mm，常见规格为 1 220 mm×2 440 mm，与常用木工板材规格一致。

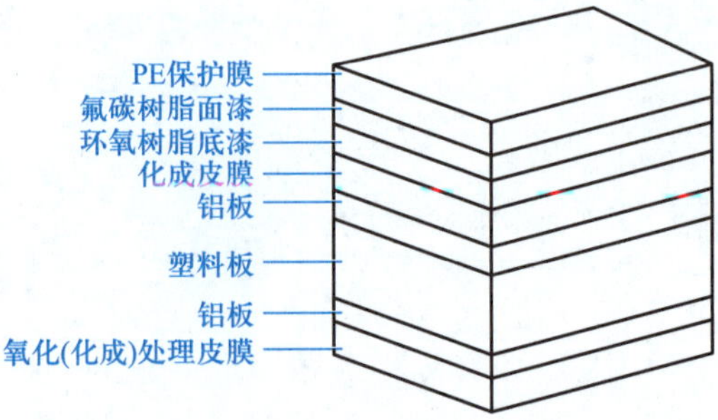

图 5-1 铝塑板构造

5.1.1 铝塑板的分类及特点

铝塑板作为一种新型装饰材料，自 20 世纪 80 年代末 90 年代初从德国引进到中国，便以其经济性、可选色彩的多样性、便捷的施工方法、优良的加工性能、绝佳的防火性及高贵的品质，迅速受到人们的青睐。

1. 铝塑板的分类

经过多年的发展，铝塑板种类繁多，按用途可分为建筑幕墙用铝塑板、外墙装饰与广告用铝塑板和室内用铝塑板三种。

（1）建筑幕墙用铝塑板：其上、下铝合金薄板的最小厚度不小于 0.5 mm，总厚度应不小于 4 mm。铝材材质应符合《一般工业用铝及铝合金板、带材》（GB/T 3880.1～3880.3—2012）的要求，涂层应采用氟碳树脂涂层。建筑幕墙用铝塑板装饰效果如图 5-2 所示。

图 5-2 铝塑板幕墙

（2）外墙装饰与广告用铝塑板：上、下铝合金薄板采用厚度不小于 0.2 mm 的防锈铝，总厚度应不小于 4 mm，涂层一般采用氟碳涂层或聚酯涂层，如图 5-3 所示。

（3）室内用铝塑板：上、下铝合金薄板厚度一般不小于 0.1 mm，总厚度一般为 3 mm，涂层采用聚酯涂层或丙烯酸涂层，如图 5-4 所示。

图 5-3 铝塑板门头

图 5-4 铝塑板背景墙

铝塑板按产品功能可分为防火铝塑板、抗菌防霉铝塑板和抗静电铝塑板。

（1）防火铝塑板：选用阻燃芯材，产品燃烧性能达到难燃级（B1 级）或不燃级（A 级）；同时，其他性能指标也应符合铝塑板的技术指标要求。

（2）抗菌防霉铝塑板：将具有抗菌、杀菌作用的涂料涂覆在铝塑板上，使其具有控制微生物活动繁殖和最终杀灭细菌的作用。

（3）抗静电铝塑板：即采用抗静电涂料涂覆的铝塑板，比普通铝塑板表面电阻率小，因此不易产生静电，空气中的尘埃也不易附着在其表面。

铝塑板按表面装饰效果可分为以下几种：

图 5-5 涂层装饰铝塑板

（1）涂层装饰铝塑板：在铝板表面涂覆各种装饰性涂层。普遍采用的有氟碳、聚酯、丙烯酸涂层，主要包括金属色、素色、珠光色、荧光色等颜色，如图 5-5 所示。

（2）氧化着色铝塑板：采用阳极氧化处理，拥有玫瑰红、古铜色等别致的颜色，如图 5-6 所示。

（3）贴膜装饰复合板：是将彩纹膜按设定的工艺条件，依靠黏合剂的作用，使彩纹膜覆在涂有底漆的铝板上，或直接贴在经脱脂处理的铝板上。主要品种有岗纹、木纹板等，如图 5-7 所示。

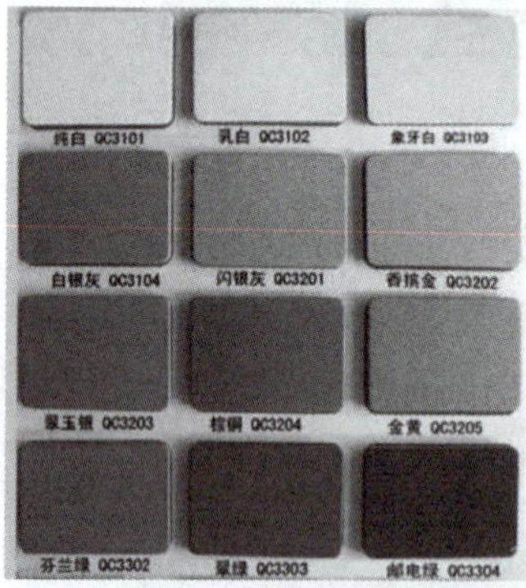

图 5-6 氧化着色铝塑板

图 5-7 贴膜装饰复合板

（4）彩色印花铝塑板：将不同的图案通过印刷技术，间接在铝塑板上复制出各种仿天然花纹，可以满足设计师的创意需求和业主的个性化选择，如图 5-8 所示。

图 5-8 彩色印花铝塑板

（5）拉丝铝塑板：采用表面拉丝处理的铝合金面板，常见的有金拉丝和银拉丝产品，给人带来不同的视觉享受，如图 5-9 所示。

图 5-9 拉丝铝塑板

（6）镜面铝塑板：铝合金薄板表面经磨光处理，宛如镜面，如图 5-10 所示。

图 5-10 镜面铝塑板

2. 铝塑板的特点

（1）超强剥离度。铝塑板采用了新工艺，将其最关键的技术指标——剥离强度提高到了极佳状态，使铝塑板的平整度、耐候性方面的性能都相应提高。

（2）材质轻易加工。铝塑板是易于加工、成型的好材料。每平方米的质量仅在 3.4～5.5 kg 左右，可减轻震灾所造成的危害，且易于搬运，更是为追求效率、争取时间的优良产品。它能缩短工期、降低成本。铝塑板可以切割、裁切、开槽、带锯、钻孔、加工埋头，也可以冷弯、冷折、冷轧，还可以铆接、螺栓连接或胶合黏结等。因其优越的施工性，只需简单的木工工具即可弯曲成弧形、直角等各种造型，可配合设计人员做出各种变化，安装简便、快捷，减少了施工成本。

(3) 防火性能。铝塑板中间是阻燃的PE塑料芯材，两面是极难燃烧的铝层。因此，它是一种安全的防火材料，符合建筑法规的耐火要求。

(4) 耐冲击性。铝塑板耐冲击性强、韧性好、弯曲不损面漆，抗冲击力强，在风沙较大的地区也不会出现因风沙造成的破损。

(5) 超耐候性。由于铝塑板采用了以KYNAR-500为基料的PVDF氟碳漆，在耐候性方面有独特的优势，无论在炎热的阳光下还是在严寒的风雪中都无损于漂亮的外观，可达20年不褪色。

(6) 彩色多样。经过化成处理及汉高皮膜技术的应用，使油漆与铝塑板间的附着力均匀一致，颜色多样，让用户的选择空间更大，尽显个性化。

(7) 易保养。铝塑板在耐污染方面有了明显的提高。我国的城市污染较为严重，板材使用几年后需要保养和清理，铝塑板自洁性好，只需用中性的清洗剂和清水即可，清洗后使板材永久如新。

5.1.2 铝塑板的应用

铝塑板本身所具有的独特性能，决定了其广泛用途。它可以用于大楼外墙、帷幕墙板、旧楼改造翻新、室内墙壁及顶棚装修、广告招牌、展示台架、净化防尘工程，是一种新型建筑装饰材料。

有些装饰工程需要采用弧形板材，如卷曲形檐板、圆形柱子等，在实际应用过程中，应采用弯板机或三轴辊弯机对铝塑板进行弯曲处理，这种弯曲工艺对芯材及板面涂料的要求非常高，例如，需要铝塑板材具有良好的抗弯性能和延伸率，在加工制作的过程中不能出现芯材断裂及面层开裂等问题。因此，在应用中，应根据建筑装饰工程的实际需求，严格控制铝塑板材的最小弯曲半径，并利用先进的加工技术和设备，保证铝塑板材的性能、规格能够满足具体应用要求。此外，我国许多大城市的污染比较严重，许多建筑工程的外墙装饰涂料三年左右就被污染，如果不及时更换，则会影响建筑装饰效果，但如果更换，则会花费大量的成本；铝塑复合幕墙能够有效地解决这种问题，尤其是彩色铝塑板，既能够提高耐候性，又能够彰显外墙装饰的个性化，这种新型装饰材料在建筑装饰行业的应用必然成为一种趋势。

铝塑板在建筑装饰工程中的用途有以下几种：

(1) 大楼外墙、帷幕墙板。

(2) 旧的大楼外墙改装和翻新。

(3) 阳台、设备单元、室内隔间。

(4) 面板、标识板、展示台架。

(5) 内墙装饰面板、顶棚、广告招牌。

5.1.3 铝塑板的鉴别

(1) 看。看铝塑板是否表面平整光滑，无波纹、鼓泡、疵点、划痕。

(2) 测。测量铝塑板是否达到国家标准的要求，内墙板3 mm，外墙板4 mm

或以上，且铝的厚度必须是0.5 mm。

(3) 折。折铝塑板一角，易断裂的不是PE材料或掺杂使假。

(4) 烧。烧铝塑板中间材料，真正的PE材料完全燃烧，掺杂使假的燃烧后有杂质。

(5) 刨。刨槽折弯时，看正面是否断裂。

(6) 滴。滴丁酮鉴别外墙板氟碳涂层，滴二甲苯鉴别内墙板涂层，5 min后擦掉试剂，看是否露底。

(7) 要。索要生产厂家质检报告、质保书、ISO9002国际质量管理体系认证证书，拥有这些的铝塑板是正规厂家生产的，可保证产品质量，同等价格比质量，同等质量比价格。

■ **课中讨论**

5.1.4 案例分析

学一学

某办公楼铝塑板幕墙工程案例如图5-11所示，其建筑高度为30 m，框剪结构，是集住宿、餐厅、办公等功能为一体的综合建筑。本工程的主要幕墙类型为框架式玻璃幕墙，建筑幕墙面积约为14 000 m^2，其中玻璃幕墙约为1 400 m^2，玻璃采用双钢化中空玻璃；铝塑板幕墙约为11 880 m^2，铝塑板厚度为4 mm，表面采用氟碳喷涂，骨架采用热镀锌角钢、铝型材。

图5-11 某办公楼铝塑板幕墙

认一认

说出下列图例中铝塑板的类别和特性。

图例 1：

图例 2：

文本

铝塑板学认说

说一说

（1）铝塑板具有哪些特点？通常分为哪几种类型？

（2）说一说铝塑板的质量鉴别方法。

■ 课后测验

5.1.5 测试题

1. 判断题

（1）防火铝塑板要选用阻燃芯材，产品燃烧性能达到难燃级（B1 级）或不燃级（A 级）。（　　）

（2）铝塑板的中间材料是 PVC，而不是 PP-R。（　　）

（3）铝塑板重量重，质地坚硬，不易加工，不方便运输。（　　）

（4）铝塑板防火阻燃，防火指标可达 B1 级，防火性能非常出色，仅次于石

材。(　　)

2. 单项选择题

(1) 以下选项中，(　　) 不是铝塑板的外观质量控制要点。

A. 平整光滑、无波纹　　B. 光泽度较高

C. 无划痕　　D. 无鼓泡、疵点

(2) 以下关于室内铝塑板的说法正确的是（　　）。

A. 上、下铝板一般采用厚度为 0.30 mm、最小厚度不小于 0.10 mm 的铝板，总厚度一般为 4 mm

B. 上、下铝板一般采用厚度为 0.30 mm、最小厚度不小于 0.10 mm 的铝板，总厚度一般为 3 mm

C. 上、下铝板一般采用厚度为 0.20 mm、最小厚度不小于 0.10 mm 的铝板，总厚度一般为 3 mm

D. 上、下铝板一般采用厚度为 0.20 mm、最小厚度不小于 0.10 mm 的铝板，总厚度一般为 4 mm

(3) 以下不属于铝塑板特性的是（　　）。

A. 彩色多样　　B. 耐冲击

C. 防火性　　D. 不易加工

答案

测试题答案

5.2 PP-R管

■ 学习目标

(1) 了解 PP-R 管的特点。
(2) 熟悉 PP-R 管的应用。
(3) 掌握 PP-R 管质量的鉴别方法。

■ 学习要求

(1) 课前完成“课前预习”的内容。
(2) 课中积极参加“课中讨论”。
(3) 课后按时完成“课后测验”的测试题。

■ 学习方法

(1) 比较学习法。在学习中善于运用对比的学习方法，针对材料特点展开横向对比与纵向对比，强化对关键知识点的梳理。

(2) 理论联系实际。利用一切条件注意观察周围已建或在建工程，了解其装饰构造及施工工艺，掌握材料的使用方法。

■ 课前预习

微课

PP-R 管性能与质量识别

扫一扫二维码“PP-R 管性能与质量识别”进行学习。

随着科学技术水平的不断进步，居民健康意识逐渐提高，我国沿用了几十年的镀锌钢管、焊接钢管、无缝钢管及铸铁管等给水排水管道材料（图 5-12），由于存在材料重量大、贮运和施工费用相对较高、长期使用容易锈蚀、使用寿命较短、卫生条件不能达到饮用标准等方面的天然缺陷，越来越难于满足居民生活的要求，并逐渐被淘汰，取而代之的是铝塑复合管、PE 管、UPVE 管、PP-R 管等各类管材，如图 5-13 所示。近年来，PP-R 管倍受人们的青睐，因其与传统使用的镀锌

图 5-12 锈蚀的铸铁管

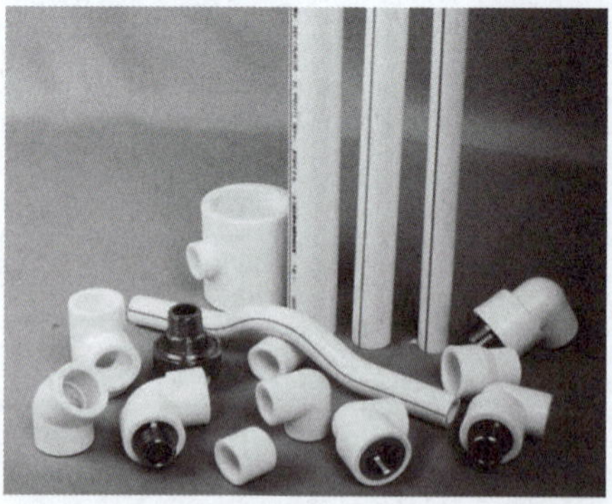

图 5-13 PP-R 水管

钢管、焊接钢管及无缝钢管等相比，有着重量轻且耐腐蚀性好、使用寿命相对较长、卫生条件能够达到饮用标准、节省材料和节约能源、环保和施工方便等优点，在建筑领域给水排水中的使用越来越广泛，也得到了广大使用者的认可和信赖。

5.2.1 PP-R 管的特点

PP-R 管是 20 世纪 90 年代中期发展起来的一种环保型管材，它由无规共聚聚丙烯经改性后挤压而成，具有优良的耐热性及较高的强度，且制作成本较低。这种管材采用热熔连接，施工工艺简单，施工质量容易得到保证，如图 5-14 和图 5-15 所示。

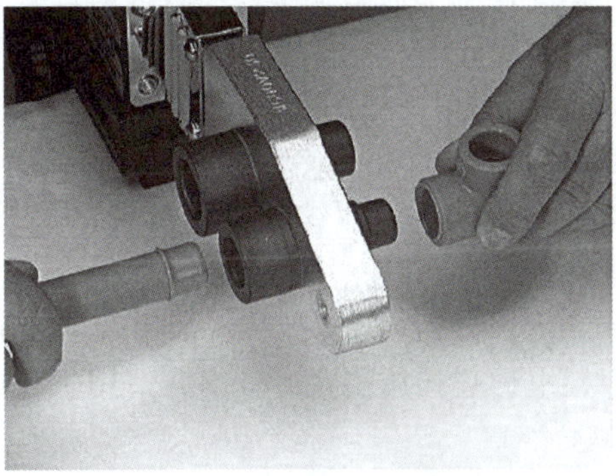

图 5-14 热熔连接 PP-R 管

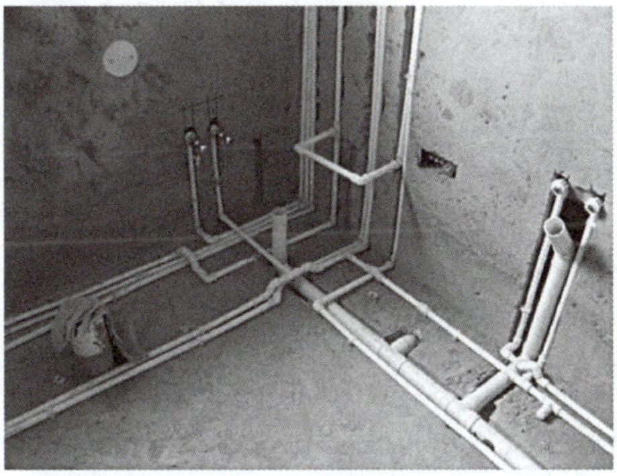

图 5-15 连接好的 PP-R 管给水线路

1. 产品规格

PP-R 管应用范围较广，因此产品规格繁多，在建筑装饰装修中常用的 PP-R 给水管一般长度为 4 m，外直径有 12 mm、14 mm、16 mm、25 mm、32 mm 等。

2. 材料特性

PP-R 管除了具有一般塑料管重量轻、耐腐蚀、不结垢等特点外，还具有以下主要特点：

（1）无毒、卫生。不仅可用于冷热水管道，还可用于纯净饮用水系统。

（2）保温节能。PP-R 管导热系数仅为钢管的 1/200。

（3）具有较好的耐热性。

（4）使用寿命长。常温下（20 ℃）使用寿命可达 100 年以上。

（5）安装方便，连接可靠。

（6）物料可回收利用。PP-R 废料经清洁、破碎后回收利用于管材、管件生产。回收料用量不超过总量的 10%，不影响产品质量。

5.2.2 PP-R 管的应用

PP-R 管广泛应用于工业和居民建筑内，主要用于以下方面：① 建筑物的冷热水系统，包括集中供热系统；② 建筑物内的供暖系统，包括地板、壁板及辐射供暖系统；③ 可直接饮用的纯净水供水系统；④ 中央（集中）空调系统；⑤ 输送或排放化学介质等工业用管道系统。

1. PP-R管道的应用形式

(1) PP-R管道的敷设方法基本上与传统的金属管相同，可采用串联（主管分支）方式布置管道。柔性塑料管道采用这种敷设方法可节约大量的材料，经济合理。

(2) 按管道敷设的走向，可分为明敷和暗敷两种。其中，暗敷方式包括直埋和非直埋两种。直埋形式包括嵌墙敷设和地坪表层内敷设；非直埋形式包括管道井、吊顶内、装饰板后敷设及地坪架空层敷设。

(3) 当管道明敷和非直埋暗敷时，应考虑管道温度变形的技术措施：直埋暗敷时，应与建筑和结构专业协调，采用相应的防护措施，必须在完成管道连接敷设后进行试压，验收合格后方能掩埋管道，并在墙面或地面明显地标出管道的位置。

(4) 建筑物外管道的安装宜采用直埋暗敷，埋地深度应根据当地冻土层的厚度来确定，但最小深度不得小于1m，管道四周应用细砂填实。

2. PP-R管道的连接方式

(1) PP-R管道的连接方式有热熔连接、电熔连接、螺纹连接、法兰连接等，应按不同的施工场合、不同的施工要求合理选择。

(2) 热熔连接和电熔连接适用于PP-R管材与管件的连接，凡采用直埋布管形式的必须采用热熔连接和电熔连接。其中，电熔连接施工成本较高，适用于管道最后连接或不方便使用施工机具的场合。

(3) 螺纹连接和法兰连接适用于PP-R管与金属管或金属用水器的连接，一般小口径管适宜用螺纹连接；大口径管适宜用法兰连接。在管道拆装较多的场合适宜用带活接头的螺纹连接或法兰连接。

3. PP-R管的施工使用要点

(1) PP-R管较金属管硬度低、刚性差，在搬运、施工及管道安装工序中应加以适当保护，避免施加不适当的外力，造成机械损伤。特别在暗敷后要标出管道位置，以避免装修时破坏管道。

(2) PP-R管在低温（5 ℃以下）存在一定脆性，在冬期施工时要特别小心，切割管材时要使用锋利的刀具缓慢切割，对已安装的管道不能重压、敲击，必要时在容易受外力的部位覆盖保护物。

(3) PP-R管长期受紫外线照射易降解老化，安装在户外或阳光直射处必须包扎深色防护物。

(4) 在安装施工中，除了PP-R管与金属管或用水器连接时用螺纹或法兰等机械连接方式外，其余场合均采用热熔连接，使管道一体化，无渗漏点。

(5) PP-R管的线膨胀系数较大［0.15 mm/（m·℃）］，在明敷或直埋暗敷布管时，必须采取防止管道热胀变形的技术措施。

(6) 管道安装后，在封管（直埋）及覆盖装饰层（非直埋）前必须进行试压，冷水管试验压力应为系统工作压力的1.5倍，但不得小于1.0 MPa；热水管试验压力应为工作压力的2.0倍，但不得小于1.5 MPa。试压时间及方法参照技术规程的规定。

(7) 在明敷或非直埋暗敷布管时，必须按规定安装支、吊架。

5.2.3 PP-R 管的鉴别

合格的 PP-R 管应符合《冷热水用聚丙烯管道系统　第 2 部分：管材》（GB/T 18742.1—2017）的要求，管件应符合《冷热水用聚丙烯管道系统　第 3 部分：管材》（GB/T 18742.2—2017）的要求，伪劣 PP-R 管道和管件的性能是无法通过上述标准的。应当指出，伪劣 PP-R 管的使用寿命仅为 1 ~5 年，而真正的 PP-R 管使用寿命均在 50 年以上。

PP-R 管的质量鉴别方法如下：

（1）看使用寿命：优质产品质保 50 年，劣质产品仅为 1 ~5 年。

（2）看热胀冷缩：好的水管在 90 ℃水温下仍可保持硬度，管子不变形温度为 112 ℃；劣质管在 60 ℃水温下就已经被软化。

（3）看韧性：好的 PP-R 管韧性好，可轻松弯成一圈不断裂；劣质管较脆，一弯即断。

（4）看外观：优质的 PP-R 管外表光滑，标识齐全，配件上也有防伪标识。

（5）测耐腐蚀度：优质的 PP-R 管材、管件的化学性质可以抵抗水中的化学元素侵蚀，同时平滑的内表面可以避免水垢的形成。

（6）测耐高压性：优质的 PP-R 管材、管件常温下承受水压力为 45 kg/cm^2。

▪ 课中讨论

5.2.4 案例分析

学一学

PP-R 水管热熔连接案例：

（1）热熔器接通电源，温度指示灯亮后方能开始操作。

（2）切割管材时必须使端面垂直于管轴线，管材切割一般使用专用管子剪，如为大管径管材，则用锯条切割，切割后断面去毛刺和毛边。

（3）管材与管件连接端面必须清洁、干燥、无油。

（4）用卡尺和合适的笔在管端测量并标绘出热熔深度，热熔深度应符合表 5-1 的规定。

表 5-1　热熔深度

PP-R 外径/mm	ϕ20	ϕ25	ϕ32	ϕ40	ϕ50	ϕ63
热熔深度/mm	14	15	16.5	18	20	24

（5）熔接弯头或三通时，按设计图要求应注意其方向，在管件和管材的直线方向上，用辅助标志标出其位置。

（6）连接时，无旋转地把管端导入加热套管内，插入到所标志的深度，同时无旋转地把管件推到加热管上，达到规定标志处。一般地，可用心中默读数字法掌握加热时间，或观察管件、管材的加热程度，当模头上出现一圈 PP-R 热熔凸缘时，即可将管材、管件从模头上取下进行下道工序。

（7）达到加热时间后（若环境温度小于5 ℃，加热时间应延长50%），立即把管材、管件从加热套与加热头上同时取下，迅速无旋转地直线均匀插入到所标深度，使接头处形成均匀凸缘。

（8）在规定时间内，刚熔接好的接头还可校正，但严禁旋转。

认一认

说出下方图例中PP-R管件的名称。

图例：

文本

PP-R 管学认说

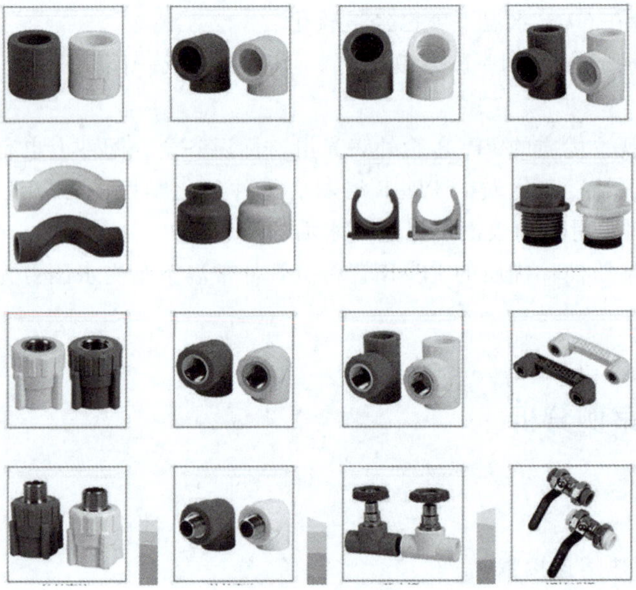

说一说

（1）PP-R管具有哪些特点？

（2）说一说PP-R管的质量鉴别方法。

■ 课后测验

5.2.5 测试题

1. 判断题

（1）质量好的水管在60 ℃水温下仍可保持硬度，管子不变形温度为90 ℃；劣质管在50 ℃水温下就已经被软化。（ ）

（2）耐高压的PP-R管材、管件常温下承受水压力为45 kg/m²。（ ）

（3）质量好的PP-R管韧性好，可轻松弯成一圈不断裂；劣质管较脆，一弯即断。（ ）

（4）PP-R 废料经清洁、破碎后回收利用于管材、管件生产。回收料用量不超过总量的 10%，不影响产品质量。(　　)

（5）伪劣的 PP-R 管使用寿命仅为 1 ~ 5 年，而真正的 PP-R 管使用寿命均在 30 年以上。(　　)

（6）PP-R 管热水管材不可用于冷水系统。(　　)

2. 单项选择题

（1）PP-R 管的一般规格是（　　）。

A. 一般长度为 3 000 mm，外直径有 12 mm、14 mm、16 mm、25 mm、32 mm 等

B. 一般长度为 4 000 mm，外直径有 12 mm、14 mm、16 mm、25 mm、32 mm 等

C. 一般长度为 4 000 mm，外直径有 8 mm、12 mm、14 mm、16 mm、25 mm 等

D. 一般长度为 3 000 mm，外直径有 8 mm、12 mm、14 mm、16 mm、25 mm 等

（2）以下关于 PP-R 管特点的说法错误的是（　　）。

A. 无毒、卫生，不仅用于冷热水管道，还可用于纯净饮用水系统

B. 使用寿命长，常温下（20 ℃）使用寿命可达 100 年以上

C. 安装不方便，但连接可靠

D. 物料可回收利用

（3）以下不属于 PP-R 管件的是（　　）。

A. 过桥弯　　B. 连体内丝弯

C. 水龙头　　D. 管堵

（4）以下关于 PP-R 管用途的说法错误的是（　　）。

A. 适用于建筑物的冷热水系统，包括集中供热系统

B. 不适用于建筑物内的供暖系统，包括地板、壁板及辐射供暖系统

C. 适用于中央（集中）空调系统

D. 适用于输送或排放化学介质等工业用管道系统

答案

测试题答案

5.3 塑胶地板

■ 学习目标

（1）了解塑胶地板的特点。

（2）熟悉塑胶地板的应用。

（3）掌握塑胶地板质量的鉴别方法。

■ 学习要求

（1）课前完成“课前预习”的内容。

（2）课中积极参加“课中讨论”。

（3）课后按时完成“课后测验”的测试题。

■ 学习方法

（1）比较学习法。在学习中善于运用对比的学习方法，针对材料特点展开横向对比与纵向对比，强化对关键知识点的梳理。

（2）理论联系实际。利用一切条件注意观察周围已建或在建工程，了解其装饰构造及施工工艺，掌握材料的使用方法。

微课 塑胶地板性能与质量识别

■ 课前预习

扫一扫二维码“塑胶地板性能与质量识别”进行学习。

半硬质聚氯乙烯块状塑胶地板简称塑胶地板，是以聚氯乙烯及其共聚树脂为主要原料，加入填料、增塑剂、稳定剂、着色剂等辅料，经压延、挤出或热压工艺所生产的单层和同质复合的半硬质块状塑胶地板，如图5-16和图5-17所示。

图5-16 塑胶地板样品（一）

图5-17 塑胶地板样品（二）

塑胶地板柔韧性好、步感舒适、隔声、保温、耐腐蚀、耐灼烧、抗静电、易清洗、耐磨损并具有一定的电绝缘性。其色彩丰富、图案多样、平滑美观、价格低廉、施工简便，是一种受用户欢迎的新型地面装饰材料，适用于家庭、宾馆、饭店、写字楼、医院、幼儿园、商场等建筑物室内和车船等地面装修与装饰。

5.3.1 塑胶地板的规格与特点

塑胶地板的主要成分为聚氯乙烯（PVC）材料。PVC 地板可以做成两种，一种是同质透心的；还有一种是复合式的，即最上面一层是纯 PVC 透明层，下面加上印花层和发泡层。PVC 地板由于其花色丰富、色彩多样而被广泛用于家居和商业的各个方面，如图 5-18 和图 5-19 所示。

图 5-18 居住空间塑胶地板应用

图 5-19 商业空间塑胶地板应用

1. 塑胶地板的规格

塑胶地板的厚度一般为 1.2～3.0 mm，常见的塑胶地板以卷为单位，每卷宽为 1.8 m 或 2 m，长为 20 m 或 30 m；也有以片为单位的，尺寸可定制。

2. 塑胶地板的特点

塑胶地板是当今世界上非常流行的一种新型轻体地面装饰材料，又称“轻体地材”。其使用非常广泛，可用于医院（如图5-20所示）、居住空间（如图5-21所示）、学校、办公楼、工厂、公共场所、超市、商业、体育场馆等各种场所。

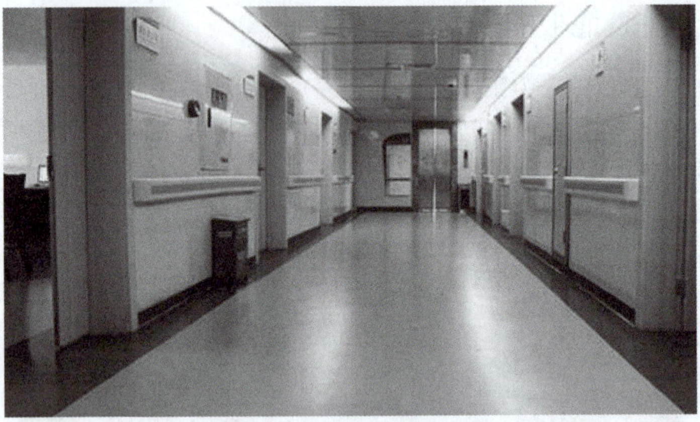

图5-20 塑胶地板在医院中的应用

图5-21 塑胶地板在居住空间的应用

（1）绿色环保，其主要原料是PVC，PVC是环保无毒的可再生资源。

（2）装饰性强，花色品种繁多，有仿石纹、仿木纹、运动场地等。

（3）超轻超薄，只有1.2～3 mm厚，每平方米质量为2～3 kg，不足普通地面材料的10%。

（4）超强耐磨，其耐磨转数可达300 000转，好的强化地板也仅有20 000转。

（5）超强抗冲击，在重物的冲击下有着良好的弹性恢复。

（6）超强防滑，在粘水的情况下脚感更涩，更不容易滑到，即越遇水越涩。

（7）防火阻燃，其防火指标可达B1级，防火性能非常出色，仅次于石材。

（8）防水防潮，其主要成分是乙烯基树脂，和水无亲和力，所以自然不怕水、不发霉。

(9) 吸声防噪，有普通地面材料无法比拟的吸声效果，其吸声可达 20 dB，所以在需要安静的环境（如医院病房、学校图书馆、报告厅、影剧院等）可选用 PVC 地板。

(10) 具有抗菌性能。

(11) 安装施工快捷。

(12) 导热保暖。

(13) 环保可再生。

(14) 耐酸碱腐蚀，可以经受恶劣环境的考验，非常适合在医院、实验室、研究所等地方使用。

5.3.2 塑胶地板的应用

塑胶地板产品种类繁多，应用广泛，主要应用于：

(1) 教育系统，包括学校、培训中心、幼儿园等。

(2) 医疗系统，包括医院、实验室、制药厂、疗养院等。

(3) 商业系统，包括商场、超市、宾馆、娱乐休闲中心、餐饮店、专卖店等。

(4) 体育系统，包括体育场馆、活动中心等。

(5) 办公系统，包括办公楼、会议室等。

(6) 工业系统，包括工厂厂房、仓库等。

(7) 交通系统，包括机场、火车站、汽车站等。

(8) 家居系统，包括家庭室内客厅、卧室、厨房、阳台、书房等。

塑胶地板在不同场景应用的厚度对照关系如下：

家居系统：耐磨层厚度为 0.15 mm、0.25 mm、0.35 mm。

商业系统、医疗系统、教育系统：耐磨层厚度为 0.25 mm、0.35 mm。

办公系统、工业系统、交通系统、体育系统：耐磨层厚度为 0.35mm。

5.3.3 塑胶地板的质量要求与鉴别

1. 塑胶地板的质量要求

(1) 外观：不允许表面有裂纹、断裂、分层，允许轻微的折皱、气泡、漏印、缺膜，套印偏差、色差、污染不明显，允许轻微图案变形。

(2) 尺寸允许偏差：长度、宽度不小于公称长度、公称宽度，厚度单个值为 ±0.20 mm，平均值为 +0.18 mm，−0.15 mm。

(3) 物理性能：纵横向加热尺寸变化小于或等于 0.40%，加热翘曲小于或等于 8 mm，色牢度大于或等于 3 级，耐磨性通用型大于或等于 1 500 转，耐用型大于或等于 5 000 转。

(4) 有害物质限量应符合《室内装饰装修材料　聚氯乙烯卷材地板中有害物质限量》(GB 18586—2001) 的规定。

2. 塑胶地板的质量鉴别

(1) 外观质量如何。若缺陷超过了国家标准规定的范围，则可认为塑胶地板是劣质的。

（2）理化性能指标是否合格。为了保证塑胶地板的使用年限及外观装饰效果，合格的产品都必须具备一定的物理化学性能，如受热后长度的变化、受压后厚度的变化及耐磨性等。

（3）规格尺寸的偏差。塑胶地板铺设时要根据设计要求进行图案排列，所以每块的尺寸都必须符合要求，若偏差过大，必然造成接缝不齐、图案变形，从而影响装饰效果。

■ **课中讨论**

5.3.4 案例分析

学一学

幼儿园塑胶地板的色彩及印制的图案，完全按照儿童身心发展特点所设计，为儿童创造缤纷室内环境的同时，其精心研发的发泡缓冲层也很柔软，具备缓冲保护的功能，可缓冲孩子们在跳落、奔跑时的冲击力，充分保护孩子们的踝关节、髋关节、膝关节等部位免受伤害，如图5-22和图5-23所示。

图5-22 幼儿园多功能厅塑胶地板

图5-23 幼儿园走廊、楼梯塑胶地板

认一认

说出下方图例中塑胶地板的适用场景。

图例：

文本

塑胶地板学认说

说一说

（1）塑胶地板具有哪些特点？

（2）说一说塑胶地板质量的鉴别方法。

■ 课后测验

5.3.5 测试题

1. 判断题

（1）塑胶地板的主要成分为聚氯乙烯材料，分为同质透心和复合型两种。（　　）

（2）塑胶地板只有 1.2 ~ 3 mm 厚，每平方米质量为 2 ~ 3 kg，不足普通地面材料的 10%。（　　）

（3）塑胶地板不适用于机场、火车站、汽车站等人流量较大的场所。（　　）

（4）塑胶地板的防火指标可达 B1 级，防火性能非常出色，仅次于石材。（　　）

（5）塑胶地板的耐磨转数可达 300 000 转，比一般强化地板耐磨度高。（　　）

（6）塑胶地板的主要原料是 PVC，PVC 是环保无毒的可再生资源。（　　）

2. 单项选择题

（1）以下关于塑胶地板特点的说法错误的是（　　）。

A. 绿色环保　　B. 超强耐磨

C. 超强防滑　　D. 防火不燃

（2）以下关于塑胶地板特点和应用的说法错误的是（　　）。

A. 超强抗冲击，可用于工业厂房

B. 装饰性差，花纹仿真效果差，不适合用于商业场所

C. 导热保暖，适用于敷设地暖的地面

D. 耐酸碱腐蚀，非常适合用于医院、实验室、研究院所等地方

（3）以下关于塑胶地板特点的说法错误的是（　　）。

A. 装饰性强　　B. 安装施工不方便

C. 超强抗冲击　　D. 防火阻燃

答案

测试题答案

(4) 以下关于塑胶地板的说法正确的是（　　）。

A. 耐磨层厚度一般有 0.35 mm、0.55 mm、0.65 mm、0.70 mm

B. 耐磨层厚度一般有 0.15 mm、0.25 mm、0.35 mm、0.55 mm

C. 耐磨层厚度一般有 0.25 mm、0.35 mm、0.55 mm、0.65 mm

D. 耐磨层厚度一般有 0.25 mm、0.35 mm、0.55 mm、0.75 mm

5.4 木塑复合板

■ 学习目标

（1）了解木塑复合板的特点。
（2）熟悉木塑复合板的应用。
（3）掌握木塑复合板质量的鉴别方法。

■ 学习要求

（1）课前完成“课前预习”的内容。
（2）课中积极参加“课中讨论”。
（3）课后按时完成“课后测验”的测试题。

■ 学习方法

（1）比较学习法。在学习中善于运用对比的学习方法，针对材料特点展开横向对比与纵向对比，强化对关键知识点的梳理。

（2）理论联系实际。利用一切条件注意观察周围已建或在建工程，了解其装饰构造及施工工艺，掌握材料的使用方法。

■ 课前预习

微课
木塑复合材料的性能与应用

扫一扫二维码“木塑复合材料的性能与应用”进行学习。

人们对家居环境的要求不断提高，对崇尚自然、返璞归真的想法也越来越明显，希望在室内装饰中更多地采用木质材料。然而人们已经逐渐意识到滥用木材对环境造成的伤害，迫切需要一种能替代传统木材，且具有多样化应用的新型绿色环保可再生的木质材料，因此木塑复合材料就在这样的需求下流行开来。木塑复合材料既具有木质纤维材料的高强度和高弹性，又具有塑料的高韧性和耐疲劳等优点，是一种既似木材又优于木材的新型代木材料，如图5-24和图5-25所示。

图5-24　木塑复合板样品（一）

图 5-25 木塑复合板庭院木平台

5.4.1 木塑复合板的特点

木塑复合板是以木屑、竹屑、麦秸、谷糠、花生壳、棉秸秆等初级生物质材料为主原料，利用高分子界面化学原理和塑料填充改性的特点，配混一定比例的塑料基料，经特殊工艺处理后加工成型的一种可逆性循环利用、形态结构多样的基础性材料，如图 5-26 和图 5-27 所示。它既保持了实木外观，又具有良好的防潮耐水、耐酸碱、抑真菌、抗静电、防虫蛀等性能，而且生态环保，防火性能高，无污染、无公害、可循环利用。

图 5-26 木塑复合板样品（二）

图 5-27 木塑复合板样品（三）

（1）绿色环保。木塑复合材料不含甲醛、苯及其他污染物。

（2）装饰效果好。木塑复合材料表面光滑、平整、坚固，并可压制出立体图案和其他形状，加入各种着色剂或覆膜，能够生产色彩绚丽、颜色多样的各种仿木效果制品。

（3）稳定性好。木塑复合材料外观类似木质材料，且比木材稳定性好，不会产生裂缝、翘曲等缺陷，且无木材疤痕。

（4）加工性能好。有类似木材的二次加工性，可切割、粘贴，可用五金连接件固定，安装方便。

（5）防水、阻燃、耐虫蛀、耐腐蚀、耐老化。即便是用于户外，长期暴露于风雨中，也不易变形，寿命长。

（6）能重复使用和回收再利用。木塑复合材料比塑料硬度高，具有热塑性塑料的加工性，也可生物降解。

（7）价格便宜，经济实惠。木塑复合材料具备实木的很多特性，但相对于实木装饰材料，木塑复合材料的价格便宜，经济实惠。

5.4.2 木塑复合板的应用

1. 木塑装饰线条和装饰板

木塑装饰线条和装饰板具备木制装饰线条和装饰板的所有安装性能，并且不含有甲醛和苯等污染物，同时，可印刷出各类树种的材色及木纹，具有装饰性，木材质感强，免除了色差的烦恼，让室内充满自然的气息，营造了温馨的居室环境，如图 5-28 ~ 图 5-30 所示。

图 5-28 木塑复合护墙板

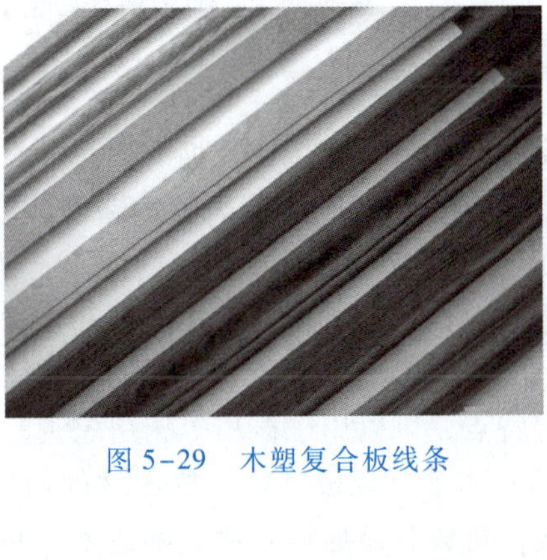

图 5-29 木塑复合板线条

2. 木塑地板

在国际上被视为世纪创新科技的高分子木塑地板，将健康舒适、绿色环保、时尚美观、安装便捷集于一身。木塑复合地板性能良好，防潮耐水，耐酸碱，防蛀，免漆，无味，抑真菌，抗静电，深受装饰企业和业主的欢迎，成为建筑和园林工程的主要用材，如图 5-31 所示。

3. 木塑墙板和吊顶

木塑墙板和吊顶具有快装结构，安装省时省力，并可在其表面施以多种色彩或

图 5-30 木塑复合护墙板应用

图 5-31 木塑复合板园林木平台

覆以多种自然材质膜，使其拥有逼真的自然材质视感。

4. 橱柜、卫浴、桌凳类等木塑家具

（1）木塑复合板具有优良的防水、防虫蛀性能，且不易变形，可以大量用于浴室浴缸台架、面盆台架、换衣柜和换衣凳等卫浴家具。

（2）木塑复合板具有优良的防水性能、耐阻燃性、表面耐油污、易清理和无毒害等特点，可以用于橱柜等厨房家具。

（3）木塑复合板具有天然木材的质感和美丽的木纹，以及较木材低的弯曲变形温度，可较容易地得到弯曲的造型，并且可用五金件连接，这些都使木塑家具的设计获得了更大的空间。

5.4.3 木塑复合板的质量要求与鉴别

1. 看木塑复合板侧面

质量好的木塑复合板侧面光滑，光泽油亮，有明显油润感，无细小裂纹；质量差的木塑复合板侧面粗糙，光泽暗淡，无油润感。

2. 看木塑复合板正面

质量好的木塑复合板正面光滑，光泽油亮，木粉颗粒细小且尺寸均匀；质量差的木塑复合板正面粗糙，光泽暗淡，木粉颗粒较大，大小不一，分布不均。

3. 看木塑复合板切面

质量好的木塑复合板切面质感紧实，光泽油亮，木粉颗粒细小且分布均匀；质量差的木塑复合板切面质感松散，光泽暗淡，木粉颗粒较大，大小不一，且明显看到木质纤维。

■ 课中讨论

5.4.4 案例分析

学一学

2010 年，上海世博会芬兰馆（图 5-32）建筑面积为 3 000 m^2，形如冰壶，它的设计灵感来源于芬兰经强急流冲击数百年才能形成的壶穴和中国福建“永定土楼”。整个芬兰馆的垂直承重结构由钢材制成，水平结构由木质框架元件组成，而外部则使用了富有现代气息的鳞状花纹纸塑复合板。

“冰壶”的鱼鳞外墙采用了一种新型材料：以标签纸和塑料的边角余料为主要原料，表面坚硬耐磨，水分含量低，自重轻，不褪色。“冰壶”顶部的碗状开口设计，可促进自然通风，且能铺设太阳能电池板，为展馆制冷等设备提供电力；雨水也可进行回收再利用。另外，“冰壶”是按照永久性建筑的标准来设计的。世博会后，“冰壶”可被方便地拆卸，然后异地重建，后续利用。

图 5-32 2010 年上海世博会芬兰馆

认一认

说出下方图例中木塑复合材料的类型及特点。

图例：

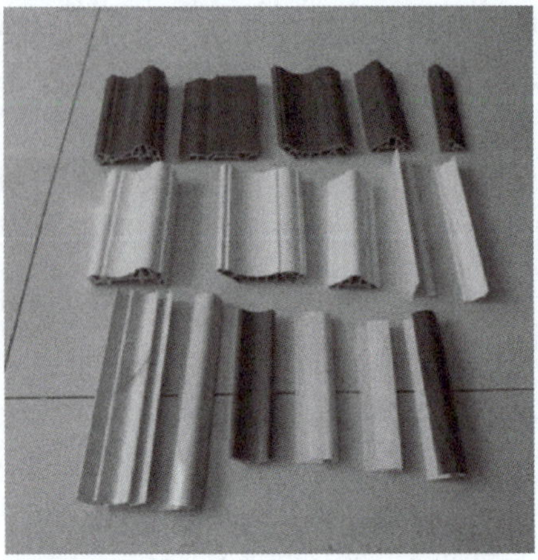

说一说

（1）木塑复合板具有哪些特点？

（2）说一说木塑复合板的质量鉴别方法。

文本

木塑复合板学认说

■ 课后测验

5.4.5 测试题

1. 判断题

（1）木塑复合板是以木屑、竹屑、麦秸、谷糠、花生壳、棉秸秆等初级生物质材料为主原料。（　　）

（2）木塑复合板含甲醛、苯及其他污染物，仅适用于室外装饰。（　　）

（3）木塑复合材料外观类似木质材料，且比木材稳定性好，但仍然会产生裂缝、翘曲等缺陷，但无木材疤痕。（　　）

（4）木塑复合板防水、阻燃、耐虫蛀、耐腐蚀、耐老化。即便是用于户外，长期暴露于风雨中，也不易变形，寿命长。（　　）

（5）木塑复合板不适合作仿木地板，不如强化地板耐磨度高。（　　）

（6）木塑板材是环保无毒的可再生资源。（　　）

2. 单项选择题

（1）以下关于木塑复合板的特点说法错误的是（　　）。

A. 绿色环保、可再生　　B. 可回收利用

C. 防腐、防虫蛀　　D. 耐火性差、可燃烧

（2）以下关于木塑复合板的特点和应用说法错误的是（　　）。

A. 防潮耐水，耐酸碱，防蛀，免漆

B. 无味，抑真菌，抗静电

C. 导热保暖，适用于敷设地暖的地面

D. 不含有甲醛和苯等污染物

(3) 以下关于木塑复合板的特点说法错误的是（　　）。

A. 装饰性差，不能够生产色彩绚丽、颜色多样的各种仿木效果制品

B. 安装施工不方便

C. 能重复使用和回收再利用

D. 防火阻燃

(4) 以下关于木塑复合板的说法错误的是（　　）。

A. 木塑复合材料可加工制成木塑装饰线条和装饰板

B. 木塑复合材料可加工制成木塑地板

C. 木塑复合材料可加工制成木塑墙板吊顶

D. 木塑复合材料不可加工制成木塑桌椅等家具

答案

测试题答案

模块 6

建筑涂料

6.1 外墙乳胶漆

■ 学习目标

（1）了解外墙乳胶漆的特点。

（2）熟悉外墙乳胶漆的应用。

（3）掌握外墙乳胶漆质量的鉴别方法。

■ 学习要求

（1）课前完成“课前预习”的内容。

（2）课中积极参加“课中讨论”。

（3）课后按时完成“课后测验”的测试题。

■ 学习方法

（1）比较学习法。在学习中善于运用对比的学习方法，针对材料特点展开横向对比与纵向对比，强化对关键知识点的梳理。

（2）理论联系实际。利用一切条件注意观察周围已建或在建工程，了解其装饰构造及施工工艺，掌握材料的使用方法。

■ 课前预习

扫一扫二维码“外墙乳胶漆”进行学习。

微课

外墙乳胶漆

外墙乳胶漆是一种多用于室外的合成树脂乳液涂料，属有机涂料。它是以合成树脂乳液为基料，加入颜料、填料及各种助剂配制而成的水性涂料。乳胶漆按涂料的质感可分为薄质类乳液涂料、厚质类乳液涂料及彩色砂壁状涂料等。

6.1.1 外墙乳胶漆的特点

外墙乳胶漆能够装饰和保护建筑物面，使建筑物外貌整洁美观，从而达到美化城市环境的目的，同时能起到保护建筑物外墙的作用，延长其使用寿命，如图 6-1

所示。外墙乳胶漆的特点如下。

图 6-1 外墙乳胶漆装饰效果图

1. 装饰性好

外墙乳胶漆色彩丰富，选择多样化，保色性好，能较长时间保持良好的装饰性能。

2. 耐水性好

外墙长期暴露在大气中，要经常受到雨水的冲刷，因而外墙乳胶漆必须具有很好的耐水性能。

3. 耐沾污性好

大气中的灰尘和其他物质沾污涂层后，涂层会失去原来的美观效果，因而外墙乳胶漆必须不易被这些物质沾污或沾污后易清洗。

4. 耐候性好

暴露在大气中的涂层受诸多天气环境因素的影响和作用，一般的涂层会出现开裂、剥落、脱粉、变色等现象，使其失去原有的装饰性和保护性。因此，外墙乳胶漆涂层要求在规定的年限内不能发生上述破坏现象，并必须具备良好的耐候性能。

5. 附着性好

外墙要承受大气中各种物质的干扰，因此，外墙乳胶漆的附着性能要比内墙的要求高很多。

6.1.2 外墙乳胶漆的应用

乳胶漆是水分散性涂料，它是以合成树脂乳液为基料，填料经过研磨分散后并加入各种助剂精制而成的涂料。乳胶漆按特点及适用范围分为内墙乳胶漆、外墙乳胶漆、其他特种漆等。外墙乳胶漆主要有以下系列。

1. 哑光漆

该产品耐候性、耐紫外线较佳，干燥快、涂膜坚韧、遮盖力强、防霉、防水，具有时尚色彩，适用于饭店、医院、学校、公寓、住宅楼、民用住房、寺庙、写字楼的外装饰。

2. 丝光漆

涂膜平整光滑、质感细腻，具有丝绸光泽、较好的耐紫外线性能、较强的耐沾污性和优良的附着力，而且防霉防藻、流平性好、施工方便，是宾馆、公寓、住宅楼、寺庙、写字楼、商业楼、旅游景点等理想的外墙装饰材料。

3. 有光漆

光泽度高、耐紫外线佳，同时有较强的附着力和抗沾污性，并且防霉防藻，是高档宾馆、公寓、寺庙、住宅楼、别墅、写字楼最为理想的外墙装饰材料。

4. 高光漆

具有保色性好、抗粉化、高耐候性、强遮盖力、高附着力、高防霉抗菌性能，并耐雨水冲刷、不变色、光亮如瓷，是专为水泥基墙面而研制的一种理想的外墙用面漆。

外墙乳胶漆的应用如图 6-2 所示。

图 6-2　外墙乳胶漆的应用

6.1.3　外墙乳胶漆的鉴别

1. 看

要看商家出示的乳胶漆质量报告，特别是进口乳胶漆，往往具有两份证书，一份是进口涂料备案书，另一份是进口涂料专项检测报告。这两份报告都具备国家资质，很难被伪造。

2. 掂分量

将油漆桶提起来，正规品牌乳胶漆晃动一般听不到声音，如果很容易晃动出声音，则证明乳胶漆黏度不足。

3. 闻气味

一桶未开封的乳胶漆被打开，如果迎面而来的是一股很清淡、清新的味道，则这种乳胶漆产品是很好的，有的产品还可能含有一丝奶香味；而次品会形成一层很薄的膜，易碎，具有辛辣气味。

4. 搅拌

在开封的乳胶漆桶中用木棍随意搅拌一下，附着于木棍的乳胶漆不容易断线，很黏稠，呈扇形，说明这种乳胶漆的质量过关。

5. 手摸

用手指沾取一点乳胶漆，两只手指相互搓揉，没有夹杂颗粒，很平滑、细腻；待干后，用清水很难洗掉，说明乳胶漆的质量很好。一般而言，对于那些掺假的、以次充好的乳胶漆产品来说，往往是不可能有这样的手感的。

文本

外墙乳胶漆学认说

■ 课中讨论

6.1.4 案例分析

学一学

外墙乳胶漆广泛应用于建筑外墙面，它最重要的特点是抗紫外线照射，即使长时间照射也不会变色。此外，外墙乳胶漆还具备良好的耐水性、自洁性，涂膜坚硬平整，污垢一洗就掉。

外墙乳胶漆一般用于外墙，也可用于高湿度场所，如卫生间、洗浴中心、室内游泳馆等私人或公共空间，如图 6-3 ~ 图 6-5 所示。

图 6-3 乳胶漆在建筑外墙的应用

图 6-4 乳胶漆在卫生间的应用

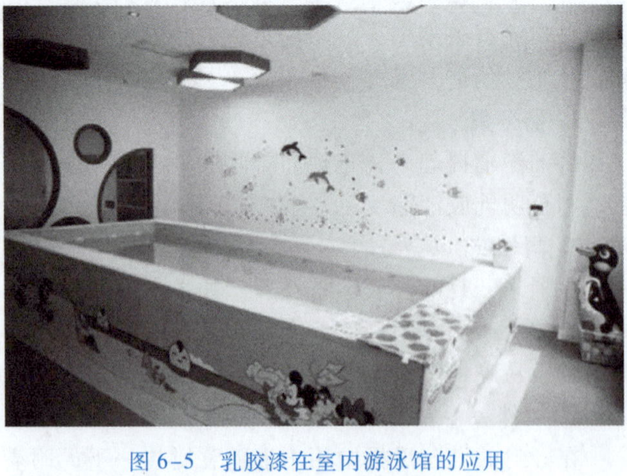

图 6-5 乳胶漆在室内游泳馆的应用

认一认

说出下列图例中包含的外墙乳胶漆。

图例1：

图例2：

图例3：

说一说

外墙涂料应具有哪些特点？通常分为哪几种类型？

■ 课后测验

6.1.5 测试题

1. 判断题

(1) 乳胶漆又称合成树脂乳液涂料，属无机涂料。(　　)

(2) 乳胶漆的漆膜有“呼吸”的特性，特别适用于内、外墙面。(　　)

(3) 内墙乳胶漆的附着性能比外墙的要求要高很多。(　　)

(4) 涂料流平性越好，越容易流挂。(　　)

（5）水溶性树脂类其主要成膜物质为水溶性聚乙烯醇，是加入增稠剂、保湿助剂、细填料、增硬剂等配置而成的。（　　）

2. 多项选择题

（1）建筑涂料按主要成膜物质的化学成分分为（　　）。

A. 有机涂料　　B. 无机涂料

C. 复合涂料　　D. 特种涂料

（2）建筑涂料中主要的有害物质包含（　　）。

A. 游离甲醛　　B. 一氧化碳

C. 苯和二甲苯　　D. 有机挥发化合物

（3）水性漆包括（　　）。

A. 水溶性漆　　B. 水稀释性漆

C. 油脂漆　　D. 水分散性漆

（4）溶剂型外墙涂料应具备（　　）。

A. 涂膜与外墙表面附着良好

B. 涂膜耐候性良好

C. 涂膜具有良好的耐温度变化性能

D. 不阻隔水汽等物质

（5）外墙涂料可分为（　　）。

A. 乳液型　　B. 溶剂型

C. 水溶性　　D. 酸性

答案

测试题答案

6.2 真石漆

■ 学习目标

（1）了解真石漆的特点。
（2）熟悉真石漆的应用。
（3）掌握真石漆质量的鉴别方法。

■ 学习要求

（1）课前完成“课前预习”的内容。
（2）课中积极参加“课中讨论”。
（3）课后按时完成“课后测验”的测试题。

■ 学习方法

（1）比较学习法。在学习中善于运用对比的学习方法，针对材料特点展开横向对比与纵向对比，强化对关键知识点的梳理。

（2）理论联系实际。利用一切条件注意观察周围已建或在建工程，了解其装饰构造及施工工艺，掌握材料的使用方法。

■ 课前预习

微课
真石漆

扫一扫二维码“真石漆”进行学习。

真石漆又称合成树脂乳液砂壁状建筑涂料，其装饰效果酷似大理石、花岗石。它是以合成树脂乳液为主要黏结剂，以沙粒和石粉为骨料，采用喷涂方法施工于建筑物外墙，形成粗面涂层的厚质涂料，简称砂壁状建筑涂料。通俗地说，真石漆就是一种由基料、天然石粉或微粒、助剂聚合而成，涂覆于墙面的涂覆物。主要采用各种颜色的天然石粉配制而成，干结固化后坚硬如石，看起来像天然真石一样，如图 6-6 所示。

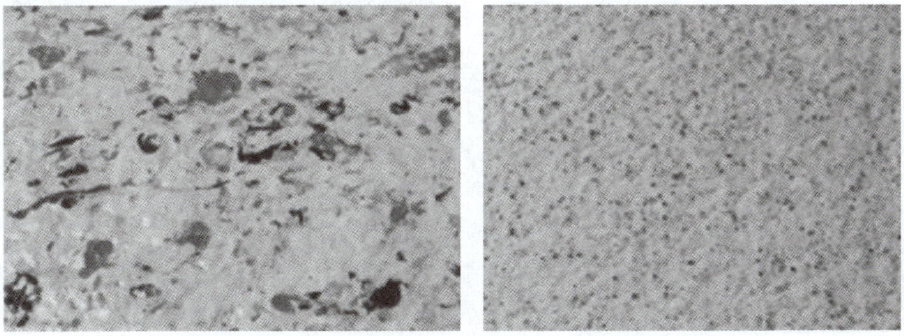

图 6-6　真石漆

6.2.1 真石漆的特点

真石漆与瓷砖相比具有不同的装饰效果，防渗漏、防脱落；与干挂石及幕墙相比，成本低；与氟碳漆相比，施工简便。真石漆具有以下特点。

1. 装饰性好

真石漆具有自然色泽，有天然石材的质感，各种线格设计能够提供各种立体形状的花纹结构，从视觉上彰显整个建筑的高雅与庄重之美。

2. 适用面广

真石漆可用于水泥砖墙、泡沫、石膏、铝板、玻璃等多种基面，且可以随建筑物的造型任意涂装。

3. 水性环保

真石漆采用水性乳液，无毒、环保，符合人们对环保的要求。

4. 耐污性好

真石漆具有卓越的抗污性能。90% 污物难以附着，雨水冲刷过后，亮丽如新，更易清洁。

5. 附着性好

外墙采用石材干挂将加载上千吨额外负担。真石漆用料 4 ~ 5 kg/m^2，仅占石材质量的 1/30，附着力强，有效保障了安全。

6. 抗裂性好

真石漆厚质具有弹性，对基层裂缝有良好的追随性，抗裂性好。

6.2.2 真石漆的应用

（1）应用范围：广泛应用于追求石质感，且成本控制在适中范围的中档外墙装饰。

（2）组成方案：无色丙烯酸封闭底漆、喷涂真石漆、保洁罩面剂。

（3）施工方案：处理基层→滚涂无色丙烯酸封闭底漆→喷涂真石漆两遍→滚涂或喷涂保洁罩面剂两遍。

真石漆装饰效果如图 6-7 所示。

图 6-7 真石漆装饰效果

6.2.3 真石漆的鉴别

1. 看水润程度

打开包装桶，看里面的真石漆湿料乳液含量是否充足。只有含量充足，才能充分包裹彩砂，提高真石漆的品质。

2. 看搅拌后状态

搅拌之后，看湿料是否均匀，如果湿料过度干燥，则说明体系设计不太合理，可能会影响施工流程及上墙质感。

3. 看是否挂手

湿料越黏手，说明涂料乳液含量越高，乳液黏性越强，品质等级越高。

4. 看清洗的难易程度

不易清洗的湿料说明黏性更好，渗透力更强，耐水性更好，真石漆施工中附着力会更强。

主涂料及涂层体系的要求如表 6-1 所示。

表 6-1 主涂料及涂层体系的要求

序号	项目			技术要求	
				内墙型	外墙型
1	主涂料	容器中状态		搅拌后无结块，呈均匀状态	
2	主涂料	施工性		施涂无障碍	
3	主涂料	干燥时间（表干）/h		≤4	
4	主涂料	初期干燥抗裂性		3 h 无裂纹	
5	主涂料	低温稳定性（3 次循环）		不变质	
6	主涂料	热贮存稳定性（15 d）		无结块、霉变、凝聚及组成物的变化	
7	主涂料	吸水量（2 h）/g		—	≤2.0
8	主涂或涂层体系	耐水性		—	96 h 无异常
9	主涂或涂层体系	耐碱性		48 h 无异常	96 h 无异常
10	主涂或涂层体系	涂层耐温变性（5 次循环）		—	无异常
11	主涂或涂层体系	耐沾污性/级		—	≤2
12	主涂或涂层体系	黏结强度/MPa	标准状态	≥0.60	
			冻融循环（5 次循环后）	—	≥0.40
13	主涂或涂层体系	耐人工气候老化性		—	600 h 图层不开裂、不起鼓、不剥落，粉化 0 级；变色≤1 级
14	主涂或涂层体系	柔韧性①		直径 50 mm 无裂纹	

注：监测报告中注明是否配套使用底涂料和面涂料。

① 有柔韧性要求时测试。

■ 课中讨论

6.2.4 案例分析

学一学

文本

真石漆学认说

（1）真石漆案例1如图6-8所示。

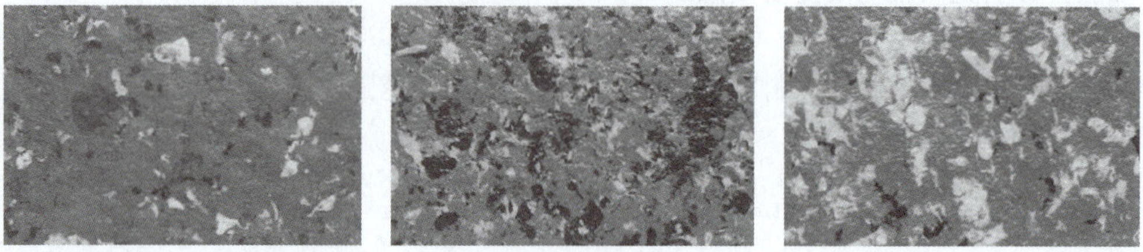

图6-8 真石漆案例1

（2）真石漆案例2如图6-9所示。

图6-9 真石漆案例2

认一认

说出下列图例中包含的真石漆并分析其类型。

图例1：

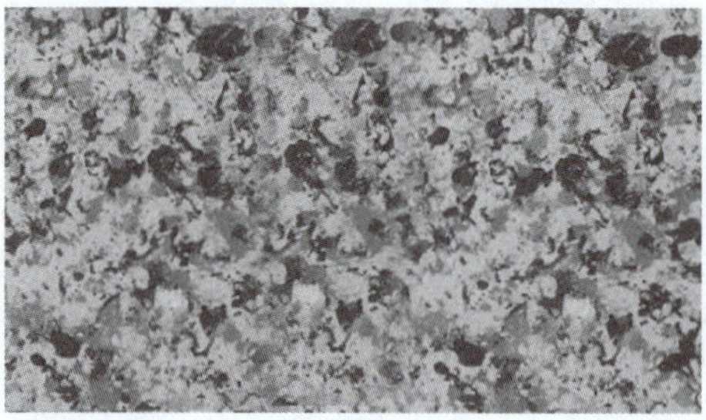

图例2：

说一说

真石漆具有哪些特点？

■ 课后测验

6.2.5 测试题

1. 判断题

（1）真石漆主要采用各种颜色的天然石粉配制而成，应用于建筑外墙的仿石材效果，因此又称液态石。（　　）

（2）真石漆不适用于玻璃、石膏等基面。（　　）

（3）真石漆采用水性乳液，符合对环保的要求。（　　）

（4）真石漆在喷涂时，覆盖厚实可避免涂层表面成膜后出现裂缝。（　　）

（5）真石漆中间层由骨料、黏结剂（基料）、各种助剂和溶剂组成。（　　）

2. 多项选择题

（1）真石漆的耐水性测试中，主要看试板是否具有（　　）等现象。

A. 起鼓　　B. 开裂

C. 耐温　　D. 剥落

（2）颜色的三原色为（　　）。

A. 黄　　B. 绿

C. 红　　D. 蓝

答案

测试题答案

6.3 硅藻泥

■ 学习目标

（1）了解硅藻泥的特点。

（2）熟悉硅藻泥的应用。

（3）掌握硅藻泥质量的鉴别方法。

■ 学习要求

（1）课前完成“课前预习”的内容。

（2）课中积极参加“课中讨论”。

（3）课后按时完成“课后测验”的测试题。

■ 学习方法

（1）比较学习法。在学习中善于运用对比的学习方法，针对材料特点展开横向对比与纵向对比，强化对关键知识点的梳理。

（2）理论联系实际。利用一切条件注意观察周围已建或在建工程，了解其装饰构造及施工工艺，掌握材料的使用方法。

■ 课前预习

微课

硅藻泥

扫一扫二维码“硅藻泥”进行学习。

硅藻泥是一种以硅藻土为主要原料的内墙环保装饰壁材。硅藻泥是由硅藻沉积而成的天然物质，经过特殊设备烧制该硅藻土，以蒸发掉杂质并将其用于“硅藻土壁材料”等原材料。其主要成分为蛋白石，富含多种有益矿物质，其表面为稳定的多孔结构，单位面积孔隙率是活性炭的 5 000 ~ 6 000 倍。硅藻泥具有消除甲醛、甲苯等有害物质，净化空气、调节湿度、释放负氧离子、防火阻燃、杀菌除臭等功能。

6.3.1 硅藻泥的特点

1. 防火阻燃

硅藻泥由无机材料组成，因此不燃烧，即使发生火灾，也不会冒出任何对人体有害的烟雾。当温度上升至 1 300 ℃时，硅藻泥只是出现熔融状态，不会产生有害气体等烟雾。

2. 呼吸调湿

随着不同季节及早晚环境空气温湿度的变化，硅藻泥可以吸收或释放水分，自动调节室内空气湿度，使之达到相对平衡，如图 6-10 所示。

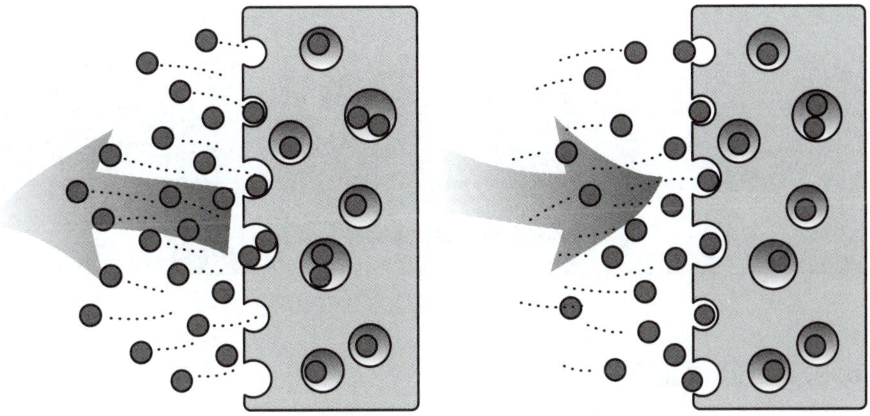

图 6-10 硅藻泥释放/吸收作用调解湿度

3. 吸声降噪

由于硅藻泥自身的分子多孔结构，因此它具有很强的降低噪声功能，可以有效地吸收对人体有害的高频音段，并衰减低频噪声。其功效相当于同等厚度水泥砂浆和石板的 2 倍以上，同时能够缩短 50% 的余响时间，创造宁静的生活环境。

4. 保温隔热

硅藻泥的主要成分硅藻土的热传导率很低，能够防止室内温度上升。其本身是理想的保温隔热材料，具有非常好的保温隔热性能，其隔热效果是同等厚度水泥砂浆的 6 倍。硅藻泥能够反射紫外线、可见光、红外线，在夏季的冷却过程中反射冷线，提高冷却效率；冬天加热时反射热线，提高加热效率，可以在夏天降温，在冬天变暖，在一定程度上调节室内温度、节约能源，从而节省了空调和供暖成本，如图 6-11 所示。

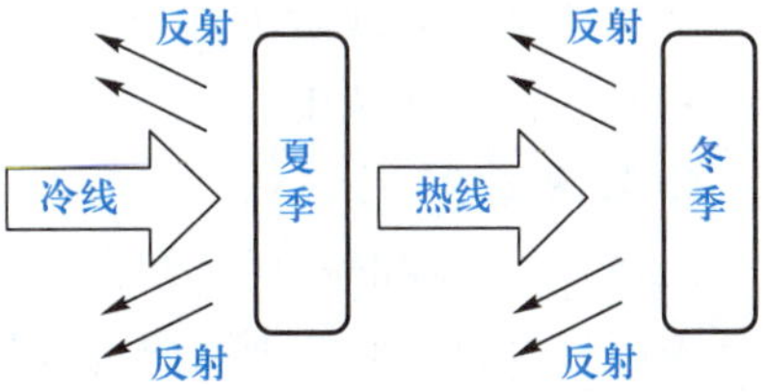

图 6-11 硅藻泥保温隔热性能

5. 色彩柔和

硅藻泥选用无机矿物颜料调色，色彩柔和。当生活在涂覆硅藻泥的居室里时，墙面反射光线自然柔和，人不容易产生视觉疲劳。同时硅藻泥墙面颜色持久，使用高温着色技术，不褪色，墙面长期如新，增加了墙面的寿命，减少墙面装饰次数。

6. 天然环保

硅藻土的原料是浮游植物化石。大多数家庭墙纸是由化学产品制成的，由于使用墙纸和油漆装饰，越来越多的人出现诸如化学敏感性的症状。借助硅藻土工匠的手工艺以及天然材料的质感，可使其在墙上变得栩栩如生。硅藻泥的天然 pH 值为中性，并且是水性的，只需要掺和水就可以施工，掺和了灰泥的硅藻泥呈弱碱性，具有一定的杀菌和调节室内二氧化碳的作用。

6.3.2 硅藻泥的应用

（1）应用范围：广泛应用于追求石质感而控制成本在适中范围的中档外墙装饰。

（2）施工方案：施工前墙面检查（开裂、基地各部位衔接处、防水腻子、霉点锈斑等）→施工中根据设计师效果图保证质量→施工后检查缝隙、拼花等。

硅藻泥室内装饰效果如图 6-12 所示。

图 6-12 硅藻泥室内装饰效果

6.3.3 硅藻泥的鉴别

1. 看比重

越轻越好。如果掺有大量石材，比重就很大，感觉很重，说明硅藻泥含量低。

2. 吸水试验

呼吸功能是硅藻泥最基本的功能，而吸水越快越多，说明硅藻泥呼吸功能越好；如果吸水很少，则说明硅藻土含量低或硅藻土微孔被堵塞，其硅藻泥呼吸功能较差。

优质的硅藻泥对同一个点的墙面喷射可达 40 次以上，迅速吸收水分，无任何水渍，墙体表面无脱落、无花色、不开裂。

3. 喷火试验

好的硅藻泥可以防火阻燃，是保温隔热材料，耐 1 000 ℃以上高温；遇火难燃，不发烟，没有异味。

4. 吸附试验

向盛有硅藻球的玻璃瓶和空瓶中分别吹入烟雾，观察硅藻泥的吸附效果，优质的硅藻泥具有极强的物理吸附性和离子交换功能。

■ 课中讨论

文本

硅藻泥学认说

6.3.4 案例分析

学一学

（1）硅藻泥案例 1 如图 6-13 所示。

图 6-13 硅藻泥案例 1

（2）硅藻泥案例 2 如图 6-14 所示。

图 6-14 硅藻泥案例 2

认一认

说出下列图例中包含的硅藻泥并分析其类型。

图例 1：

图例 2：

说一说

说一说硅藻泥与内墙乳胶漆的区别。

■ 课后测验

6.3.5 测试题

1. 判断题

（1）添加人工合成颜料不得降低硅藻泥装饰壁材的功能。(　　)

（2）硅藻泥装饰壁材及配套材料，均应有产品质量合格证明和产品检验报告。(　　)

（3）硅藻泥装饰壁材的施工环境温度宜低于 5 ℃。(　　)

（4）通过观察检查的方式，检验硅藻泥装饰壁材的颜色、图案是否符合设计要求。(　　)

（5）硅藻泥装饰壁材涂层与其他装饰材料衔接处应吻合、界面应清晰。(　　)

2. 多项选择题

（1）硅藻泥装饰壁材应（　　）。

A. 涂饰均匀　　B. 粘贴牢固

C. 漏涂透底　　D. 返锈花底

（2）优质的水性液态硅藻泥壁材涂层不得（　　）。

A. 泛碱　　B. 流坠

C. 质感一致　　D. 开裂

答案

测试题答案

6.4 木器漆

■ 学习目标

（1）了解木器漆的特点。

（2）熟悉木器漆的应用。

（3）掌握木器漆质量的鉴别方法。

■ 学习要求

（1）课前完成“课前预习”的内容。

（2）课中积极参加“课中讨论”。

（3）课后按时完成“课后测验”的测试题。

■ 学习方法

（1）比较学习法。在学习中善于运用对比的学习方法，针对材料特点展开横向对比与纵向对比，强化对关键知识点的梳理。

（2）理论联系实际。利用一切条件注意观察周围已建或在建工程，了解其装饰构造及施工工艺，掌握材料的使用方法。

■ 课前预习

扫一扫二维码“木器漆”进行学习。

木器漆是指用于木制品上的一类树脂漆，有硝基漆、聚酯漆、聚氨酯漆、水性漆等。

微课

木器漆

6.4.1 木器漆的特点

1. 硝基漆

硝基漆是一种较为常见的木器及装修用涂料。硝基漆的主要成膜物是以硝化棉为主，配合醇酸树脂、改性松香树脂、丙烯酸树脂、氨基树脂等软硬树脂共同组成。

2. 聚酯漆

聚酯漆又称不饱和聚酯漆，它是一种多组分漆，是以聚酯树脂为主要成膜物制成的一种厚质漆。

聚酯漆的优点如下：

（1）聚酯漆不但色彩十分丰富，而且漆膜厚度大，喷涂两三遍即可完全把基层的材料覆盖。

（2）聚酯漆的漆膜综合性能优异，因为有固化剂的作用，使漆膜的硬度更高，坚硬耐磨，丰富度高，耐湿热、干热、酸碱油、溶剂以及多种化学药品，绝缘性很高。

（3）清漆色浅，透明度、光泽度高，保光、保色性能好，具有很好的保护性和装饰性。

聚酯漆的缺点如下：

（1）配漆后活化期短，必须在 20～40 min 内完成，否则会胶化而报废。

（2）其修补性能也较差，损伤的漆膜修补后有印痕。聚酯漆在施工过程中需要进行固化，固化剂的比例占油漆总量的三分之一，其主要成分是 TDI（甲苯二异氰酸酯），这些处于游离状态的 TDI 会变黄，不仅会使家私漆面变黄，也会使邻近的墙面变黄。

（3）聚酯漆的柔韧性差，受力时容易脆裂，一旦漆膜受损不易修复，故搬迁时应注意保护家具。

3. 聚氨酯漆

聚氨酯漆即聚氨基甲酸酯漆，其漆膜强韧，光泽丰满，附着力强，耐水耐磨、耐腐蚀性强。聚氨酯漆广泛用于高级木器家具，也可用于金属表面。其缺点主要有遇潮起泡、漆膜粉化等。与聚酯漆一样，聚氨酯漆同样存在着变黄的问题。

4. 水性漆

水性漆是以水作为稀释剂的漆，它包括水溶性漆、水稀释性漆和水分散性漆（乳胶涂料）三种。

水性漆的优点如下：

（1）使用起来很方便，不容易出现气泡等油性漆常见的问题。

（2）水性木器漆危害低、污染小。

（3）因为是水溶性涂料，没有毒，所以环保。

（4）水性木器漆不容易变黄，有很好的耐水性。

（5）可防锈，不用担心遇到水后就生锈的问题，并且很耐高温，可以放置很热的物品在上面；可与乳胶漆等其他油漆同时使用。

（6）用于户外的水性木器漆防霉性、耐候性好。

水性漆的缺点如下：单组分水性漆在硬度、耐高温等性能上和双组分油性漆还是有一定差距的。

木器漆装饰效果如图 6-15 和图 6-16 所示。

图 6-15　木器漆装饰效果（一）

图 6-16 木器漆装饰效果（二）

6.4.2 木器漆的应用

木器漆施工方便、性能稳定、附着力好、耐热耐烫、耐化学品性能好、手感舒适、丰满度好、硬度足，是室内外装修用高档油漆。

1. 水性木器漆

（1）应用领域：用于各类木质材质产品。

（2）施工方式：辊涂、喷涂、静电喷涂。

（3）硬度：单组分达到 1 H，双组分达到 2 H。

（4）干燥条件：空气相对湿度≤50%，温度为 25 ℃。

2. 水性家具漆

（1）应用领域：用于各类木质材质产品。

（2）施工方式：辊涂、喷涂、静电喷涂。

（3）硬度：单组分达到 1 H，双组分达到 2 H。

（4）干燥条件：空气相对湿度≤50%，温度为 25 ℃。

3. 户外木器漆

（1）应用领域：木栈道、花架栅栏、木亭、户外座椅等。

（2）施工方式：辊涂、喷涂、刷涂。

6.4.3 木器漆的质量鉴别

1. 黏度

黏度是水性木器漆的重要性能指标。要求应基于水性木器漆的类型，如清漆、清哑光涂料、白漆等。如果清哑光涂料的黏度太小，则无光泽粉末易于沉淀，甚至形成坚硬的底部。施工时不易混合，涂漆膜的亮度均匀，影响效果。

2. 固体含量

涂料的固体含量可以定量确定水性木器漆中成膜物质的含量。对于用户而言，这也是涂层成本的重要指标。

3. 细度

细度是涂料产品的重要性能。它对涂层的储存稳定性，特别是对涂膜的外观有很大的影响。除了树脂本身的细度之外，消光粉、颜料、填料、悬浮液和水性树脂涂层的分散性差也会降低涂层的细度。

4. 光泽

光泽是涂料涂膜的重要检测指标。通常聚氨酯涂料要高于丙烯酸乳液。

5. 铅笔硬度

铅笔硬度是一种评估涂层的硬度和韧性以及涂层对基材附着力的方法。它还反映了涂层的耐刮擦性。

6. 柔韧性

柔韧性是评估涂层在不损坏基材的情况下变形的能力。

7. 附着力

评估涂层与基材之间或涂层与涂层之间的附着力。

8. 耐磨性

评估涂层的抗摩擦性，它是地板类木器漆的重要检测指标。

9. 耐冲击性

在外力的快速作用下，涂层不具有破裂或破裂的能力。

10. 有害物质限制

水性木器漆中可能含有有害物质，包括三苯（苯、甲苯、二甲苯）、卤代烃、甲醛和甲醛的缩聚物、重金属（汞、铅、镉、铬）。

11. 挥发性物质

与溶剂型木器漆相比，水性木器漆的最大优点是挥发性化合物的总量低，因此必须严格检测其挥发性化合物总量是否超标。

木器漆质量检测参考指标如表 6-2 所示。

表 6-2 木器漆质量检测参考指标

项目			指标
在容器中状态			搅拌后均匀，无硬块
细度/μm		≤	40
干燥时间/h ≤	表干		8
	实干		24
贮存稳定性	结皮性（24 h）		不结皮
	沉降性［（50±2）℃，7 d］		无异常
涂膜外观			正常
光泽（60°），单位值			商定
硬度（擦伤）		≥	B
附着力/级（划格间距 2 mm）		≤	1
耐干热性/级［（70±2）℃，15 min］		≤	2
耐水性（24 h）			无异常
耐碱性（50 g/L $NaHCO_3$ 溶液，1 h）			无异常
耐醇性（8 h）			无异常

续表

项目		指标
耐污染性（1 h）	醋	无异常
	茶	无异常
挥发性有机化合物（VOC）含量[①]/（g/L） ≤		450
苯含量[①]，ω（%） ≤		0.1
甲苯、二甲苯、乙苯含量总和[①]，ω（%） ≤		1.0
卤代烃含量[①,②]，ω（%） ≤		0.1
可溶性重金属含量/（mg/kg） ≤	铅 Pb	90
	镉 Cd	75
	铬 Cr	60
	汞 Hg	60

注：① 按产品明示的施工配比混合测定，如稀释剂的使用量为某一范围时，应按照产品施工配比规定的最大稀释比例混合后进行测定。

② 包括二氯甲烷、1，1-二氯乙烷、1，2-三氯甲烷、1，1，1-三氯乙烷、1，1，2-三氯乙烷、四氯化碳。

■ 课中讨论

文本

木器漆学认说

6.4.4 案例分析

学一学

木器漆案例如图 6-17 所示。

图 6-17 木器漆案例

认一认

说出下列图例中包含的木器漆并分析其类型。

图例 1：

图例 2：

说一说

说一说双组分水性木器漆的性能特点。

■ 课后测验

6.4.5 测试题

1. 判断题

（1）聚酯漆又称不饱和聚酯漆，它是一种单组分漆，是以聚酯树脂为主要成膜物制成的一种厚质漆。(   )

（2）单组分水性木器漆比双组分水性木器漆有着更好的综合性能。(   )

（3）木器漆光泽不均匀，一般可以建议喷涂均匀一些。(   )

（4）刨花板、纤维板表面毛细管孔径较大，一般要预先做好底涂。(   )

2. 多项选择题

（1）水性木器漆主要由（   ）组成。

A. 树脂/乳液　　B. 助剂

C. 颜料、填料　　D. 水

（2）户外木器漆的性能特点是（   ）。

A. 耐候性好　　B. 耐水性好

C. 耐黄变　　D. 施工方便

答案

测试题答案

6.5 防水涂料

学习目标

(1) 了解防水涂料的特点。

(2) 熟悉防水涂料的应用。

(3) 掌握防水涂料质量的鉴别方法。

学习要求

(1) 课前完成“课前预习”的内容。

(2) 课中积极参加“课中讨论”。

(3) 课后按时完成“课后测验”的测试题。

学习方法

(1) 比较学习法。在学习中善于运用对比的学习方法，针对材料特点展开横向对比与纵向对比，强化对关键知识点的梳理。

(2) 理论联系实际。利用一切条件注意观察周围已建或在建工程，了解其装饰构造及施工工艺，掌握材料的使用方法。

课前预习

扫一扫二维码“防水涂料”进行学习。

微课
防水涂料

涂刷在建筑物表面上，经溶剂或水分的挥发或两种组分的化学反应形成一层薄膜，使建筑物表面与水隔绝，从而起到防水、密封的作用，这些涂刷的黏稠液体称为防水涂料。

防水涂料的种类如下。

1. 溶剂型涂料

这类涂料种类繁多，质量也好，但是成本高，安全性差，使用不是很普遍，如图 6-18 所示。

2. 水乳型及反应型高分子涂料

这类涂料在工艺上很难将各种补强剂、填充剂、高分子弹性体均匀分散于胶体中，只能用研磨法加入少量配合剂，反应型聚氨酯为双组分，易变质，成本高，如图 6-19 所示。

3. 塑料型改性沥青

这类产品能抗紫外线，耐高温性好，但断裂延伸性略差，如图 6-20 所示。

6.5.1 防水涂料的特点

1. 固体含量

由于涂料涂刷后靠其中的固体成分形成涂膜，因此固体含量多少与成膜厚度及涂膜质量密切相关。

图 6-18 溶剂型涂料

图 6-19 水乳型及反应型高分子涂料

图 6-20 塑料型改性沥青

2. 耐热度

耐热度是指防水涂料成膜后的防水薄膜在高温下不发生软化变形。

3. 柔性

柔性是指防水涂料成膜后的膜层在低温下保持柔韧的性能。

4. 不透水性

不透水性是指防水涂料在一定水压（静水压或动水压）和一定时间内不出现渗漏的性能。

5. 延伸性

防水涂料成膜后必须具有一定的延伸性，以适应由于温差、干湿等因素造成的基层变形，保证防水效果。

6.5.2 防水涂料的应用

（1）应用范围：

① 室内外水泥混凝土结构及砂浆砖石结构的墙面、地面。

② 卫生间、浴室、厨房、阳台、水池的地面和墙面防水。

③ 用于铺贴石材、瓷砖、木地板、墙纸、石膏板之前的抹底处理，可达到防止潮气和盐分污染的效果。

（2）施工要点：

① 应在 5 ℃以上的温度条件下施工，预计 24 h 内降水不宜施工。

② 涂刷应横竖交叉进行，间隔时间为 4 h。

③ 涂层如有特殊要求，可考虑增加面层涂刷遍数。

④ 施工时，空气湿度特别大，且气温低，干燥时间应适当延长。

⑤ 如施工工地温度较高，拌料时可适当增加水量，以降低施工黏度。

防水涂料的应用如图 6-21 ~ 图 6-23 所示。

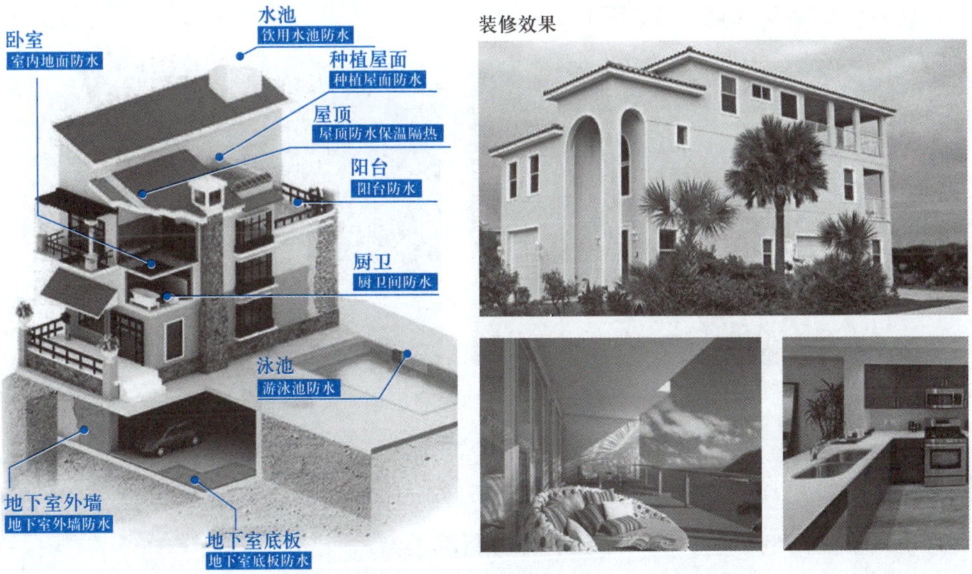

图 6-21 防水涂料的应用

图 6-22 防水涂料用于屋顶

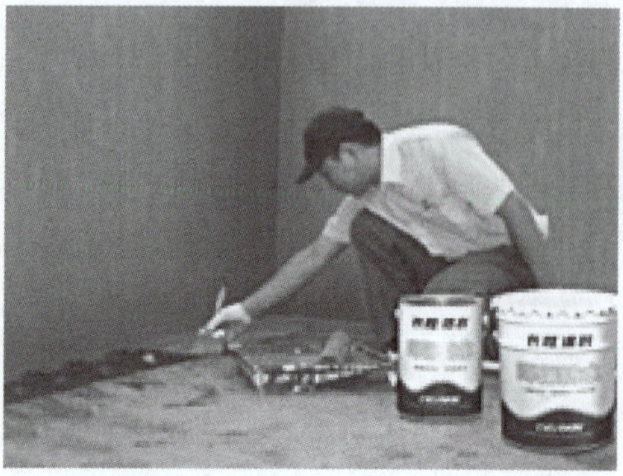

图 6-23 防水涂料用于卫生间

6.5.3 防水涂料的鉴别

(1) 涂层施工完成后，刚性保护层施工前。应对涂膜防水层进行全面细致的检查，对检查发现的气孔、刮痕、刺破、损坏处应立即进行修补，完成后的防水层不得渗漏。

(2) 检查各涂层间不得有砂眼。

(3) 已完工的防水层，养护 7 d 后，有条件时应进行 24 h 闭水试验，也可在雨后或淋水 24 h 后检查是否有渗漏。

文本

防水涂料学认说

■ 课中讨论

6.5.4 案例分析

学一学

防水涂料案例如图 6-24 所示。

图 6-24 防水涂料案例

认一认

说出下列图例中包含的防水涂料并分析其类型。

图例 1：

图例 2：

说一说

说一说防水涂料的性能特点。

■ 课后测验

6.5.5 测试题

1. 判断题

(1) 涂刷防水涂料对基层一般没有含水率要求。(　　)

(2) 涂刷防水涂料时要均匀，不能漏刷。(　　)

(3) 防水涂料由于涂刷后靠其中的固体成分形成涂膜，因此固体含量多少与成膜厚度及涂膜质量无关。(　　)

(4) 助剂是涂料的一个重要组成部分，能单独自己成膜。(　　)

(5) 防水涂料成膜后的防水薄膜在高温下不发生软化变形。(　　)

2. 多项选择题

(1) 建筑涂料的特殊功能一般是指（　　）。

A. 装饰效果　　B. 防水

C. 防毒　　D. 吸声

(2) 防水涂料按涂料状态和形式分为（　　）。

A. 乳液型　　B. 溶剂型

C. 反应型　　D. 改性沥青

答案

测试题答案

模块 7

装饰木材

7.1 普通人造板材

■ 学习目标

（1）了解普通人造板材的特点。

（2）熟悉普通人造板材的应用。

（3）掌握普通人造板材质量的鉴别方法。

■ 学习要求

（1）课前完成“课前预习”的内容。

（2）课中积极参加“课中讨论”。

（3）课后按时完成“课后测验”的测试题。

■ 学习方法

（1）比较学习法。在学习中善于运用对比的学习方法，针对材料特点展开横向对比与纵向对比，强化对关键知识点的梳理。

（2）理论联系实际。利用一切条件注意观察周围已建或在建工程，了解其装饰构造及施工工艺，掌握材料的使用方法。

■ 课前预习

微课

颗粒板的识别与选购

扫一扫二维码“颗粒板的识别与选购”进行学习。

木材是人类在建筑及装饰领域中应用最多的、历史最悠久的材料之一。木材具有很多优良特性，木质装饰材料迄今为止仍然是建筑装饰领域中应用最多的材料。

人造板材是目前在建筑装饰工程中使用量最大的一类木质装饰材料。凡是以木材为主要原料或以木材加工过程中剩下的边角碎料、木屑、纤维等废料进行加工处理而制成的板材，通常称为“人造板材”。这类板材与天然木材相比，其板面宽，表面平整光洁，无结疤，不翘曲、开裂，经加工处理后还具有防水、防火、防腐等性能。常见的人造板材根据基层材质的不同可分为胶合板、细木工板、密度板、颗粒板等种类。

7.1.1 胶合板

胶合板是用原木旋切成薄片，再用胶黏剂按奇数层数，以各层纤维互相垂直的方向黏合热压而成的人造板材，如图 7-1 所示。按胶合板的层数可分为三夹板、五夹板、七夹板和九夹板，最多可达到 13 层，其中以三夹板和五夹板最常用。胶合板的厚度有 2.4 mm、3 mm、3.5 mm、4 mm、5.5 mm、6 mm，自 6 mm 起按 1 mm 递增。普通胶合板幅面尺寸如表 7-1 所示。

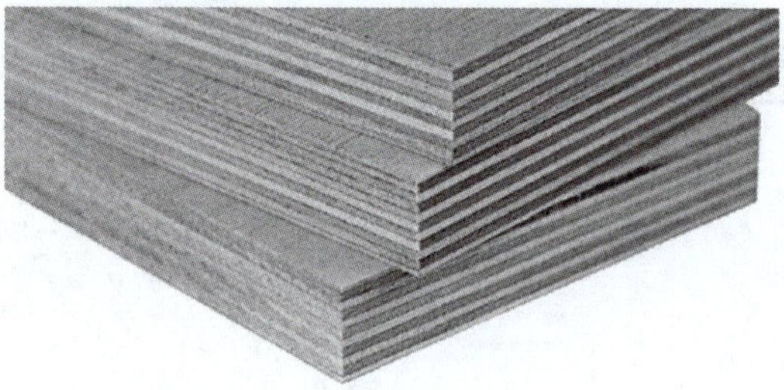

图 7-1 胶合板

表 7-1 普通胶合板幅面尺寸

宽度/mm	长度/mm				
	915	1 220	1 830	2 135	2 440
915	915	1 220	1 830	2 135	—
1 220	—	1 220	1 830	2 135	2 440

胶合板的特点有幅面较大、强度较高；收缩性小、不易起翘和开裂；表面平整，容易加工。

胶合板使用广泛，可用于各种墙面装饰板材的基层衬板以及柜体家具的背板、边板制作等。

7.1.2 细木工板

细木工板俗称大芯板，是由两片单板中间胶压拼接木板而成，如图 7-2 所示。细木工板的两面胶黏单板的总厚度不得小于 3 mm；中间木板是由优质天然的木板方经热处理（即烘干室烘干）后，加工成一定规格的木条（材质一般有杨木、桐木、杉木、柳安、白松等），然后由拼板机拼接而成。其详细尺寸如表 7-2 所示。

图 7-2 细木工板

细木工板的特点有强度硬度大；结构稳定，耐热胀冷缩；板面平整，易于加工。

表 7-2 细木工板的规格尺寸

长度/mm						宽度/mm
915	1 220	1 520	1 830	2 138	2 440	
915	—	—	1 830	2 135	—	915
—	1 220	—	1 830	2 135	2 440	1 220

细木工板可用于家具、门窗套、墙面造型、地板等装饰构造的基材或框架部分。

7.1.3 密度板

密度板又称纤维板，是以木质纤维或其他植物纤维材料为主要原料，经破碎、浸泡、研磨成木浆，再加入一定的胶料，经热压成型、干燥等工序制成的一种人造板材，如图 7-3 所示。按纤维板的体积密度不同可分为硬质纤维板、中密度纤维板和软质纤维板三种。常用规格（长×宽）为 2 440 mm×1 220 mm，厚度规格为 6 mm、9 mm、12 mm、15 mm、18 mm 等。

图 7-3 密度板

密度板的特点与应用如下：硬质纤维板的强度高、耐磨、不易变形，可代替木板用于墙面、顶棚、地板、家具等；中密度纤维板表面光滑、材质细密、性能稳定、边缘牢固，且板材表面的再装饰性能好，主要用于隔断、地面、家具等；软质纤维板结构松软，强度较低，但吸声性和保温性好，主要用于吊顶等。

7.1.4 颗粒板

颗粒板（学名刨花板）是由木材碎料（木刨花、锯末等类似材料）或其他非木材植物碎料（亚麻屑、甘蔗渣、麦秸、稻草等类似材料），施加胶黏剂后在热力和压力作用下胶合成的人造板，又称碎料板，如图 7-4 所示。其规格大小和密度板相同。

图 7-4 颗粒板

颗粒板的特点有板面平整，力学强度高；保温、隔热性能好；内部为交叉错落的颗粒状结构，握钉力强；造价比密度板便宜；甲醛含量比大部分人造板材低，是最环保的人造板材之一。

颗粒板可用于护墙板、木门及全屋定制家具的制作。

■ 课中讨论

7.1.5 案例分析

学一学

图 7-5 某星级酒店卫生间玻璃镜墙面

(1) 普通人造板材应用案例 1（胶合板）：由于胶合板幅面较大、强度较高、收缩性小、表面平整、容易加工，因此它在工程中应用广泛，可用于各种墙面装饰板材（如铝塑板、木饰面、玻璃板材等）的基层衬板以及柜体家具的背板、边板制作等，如图 7-5～图 7-8 所示。

图 7-6 卫生间玻璃镜墙面（细部构造）

图 7-7 某餐厅墙体木饰面

图 7-8 某商场烤漆玻璃墙面

(2) 普通人造板材应用案例 2（密度板）：密度板内部材质均匀、板面平整、强度高、再装饰性能好（混油工艺首选基材），因此被广泛用于镂空雕花隔断、吊顶以及各类成品家具、成品门的制作，如图 7-9～图 7-11 所示。

图 7-9 镂空雕花隔断

图 7-10 镂空雕花吊顶

图 7-11 镂空雕花电视背景墙

（3）普通人造板材应用案例 3（颗粒板）：颗粒板有较高的物理强度，加工性能好，握钉力强，甲醛含量低，同时造价便宜，是全屋定制企业最受欢迎的家具板材，如图 7-12 和图 7-13 所示。

图 7-12 颗粒板的内部质地

图 7-13 颗粒板在整体衣柜中的使用

文本

普通人造板材学认说

认一认

说出下列图例中所用的板材类型。

图例 1：

图例 2：

图例 3：

图例 4：

说一说

(1) 说一说图例 3 与图例 4 中两种板材的区别。

(2) 人造板材的环保标准是怎样界定的？

■ **课后测验**

7.1.6 测试题

1. 判断题

(1) 胶合板的组合层数一般为偶数。(　　)

（2）细木工板又称大芯板，是一种常见的人造木质板材。（ ）

（3）密度板板面平整细腻，是油漆涂料的首选基材。（ ）

（4）密度板是由植物纤维压制而成，比颗粒板更加环保。（ ）

2. 单项选择题

（1）以下关于胶合板特性的说法错误的是（ ）。

A. 幅面大，强度较高　　B. 不易起翘、开裂

C. 表面平整，易加工　　D. 价格最便宜，经济实用

（2）人造板材的常用规格为（ ）。

A. 2 000 mm×1 000 mm　　B. 2 400 mm×1 200 mm

C. 2 440 mm×1 220 mm　　D. 3 000 mm×1 200 mm

（3）（ ）是以木质纤维或其他植物纤维材料为主要原料，经破碎、浸泡、研磨成木浆，再加入一定的胶料，经热压成型、干燥等工序制成的一种人造板材。

A. 胶合板　　B. 细木工板

C. 密度板　　D. 颗粒板

（4）E1 级板材的甲醛释放量不得大于（ ）。

A. 1.5 mg/L　　B. 0.5 mg/L

C. 2.5 mg/L　　D. 5 mg/L

3. 多项选择题

（1）以下选项中，（ ）可以用密度板料加工而成。

A. 隔断　　B. 吊顶

C. 强化地板　　D. 成品家具

（2）以下关于颗粒板的说法正确的是（ ）。

A. 保温隔热性好　　B. 握钉力强

C. 造价比密度板低　　D. 甲醛多，不环保

答案

测试题答案

7.2 功能性人造板材

■ 学习目标

(1) 了解功能性人造板材的特点。

(2) 熟悉功能性人造板材的应用。

(3) 掌握功能性人造板材质量的鉴别方法。

■ 学习要求

(1) 课前完成“课前预习”的内容。

(2) 课中积极参加“课中讨论”。

(3) 课后按时完成“课后测验”的测试题。

■ 学习方法

(1) 比较学习法。在学习中善于运用对比的学习方法，针对材料特点展开横向对比与纵向对比，强化对关键知识点的梳理。

(2) 理论联系实际。利用一切条件注意观察周围已建或在建工程，了解其装饰构造及施工工艺，掌握材料的使用方法。

■ 课前预习

视频

吸声板

扫一扫二维码“吸声板”观看视频。

扫一扫二维码“防腐木”观看视频。

随着我国房地产行业的迅猛发展，以及人们日益提高的生活水平和居住需求，人造板材的生产正朝着环保性、功能性的方向发展。功能性人造板，顾名思义，是具备一定功能性、功效性的人造板产品，如阻燃板、吸声板、防腐木等。作为新型的人造木质板材，它们有着独特的优势，如今已被广泛地应用在家具制造及建筑业中。

视频

防腐木

7.2.1 阻燃板

阻燃板又称耐火板或防火板，学名为热固性树脂浸渍纸高压层积板，它是由原纸（钛粉纸、牛皮纸）经过三聚氰胺与酚醛树脂的浸渍工艺，高温高压制成。阻燃板是一种表面装饰用耐火建材，有着丰富的表面色彩、纹路及特殊的物理性能，广泛用于室内装饰、家具、橱柜、实验室台面、外墙等领域。其主要性能特征如下：

(1) 耐火阻燃，使用安全。

(2) 板面色泽鲜艳，能仿制各种花纹。

(3) 耐光照性好，永不褪色。

（4）耐高温性好，接触高温后基本不会被烫伤。

阻燃板按照贴面材质的不同，可分为以下种类：

（1）木纹贴面阻燃板：采用仿木色纸，其表面纹理可以多种多样，如油漆面、刷木纹、横纹、真皮木纹等，风格最为自然温馨，如图 7-14 所示。

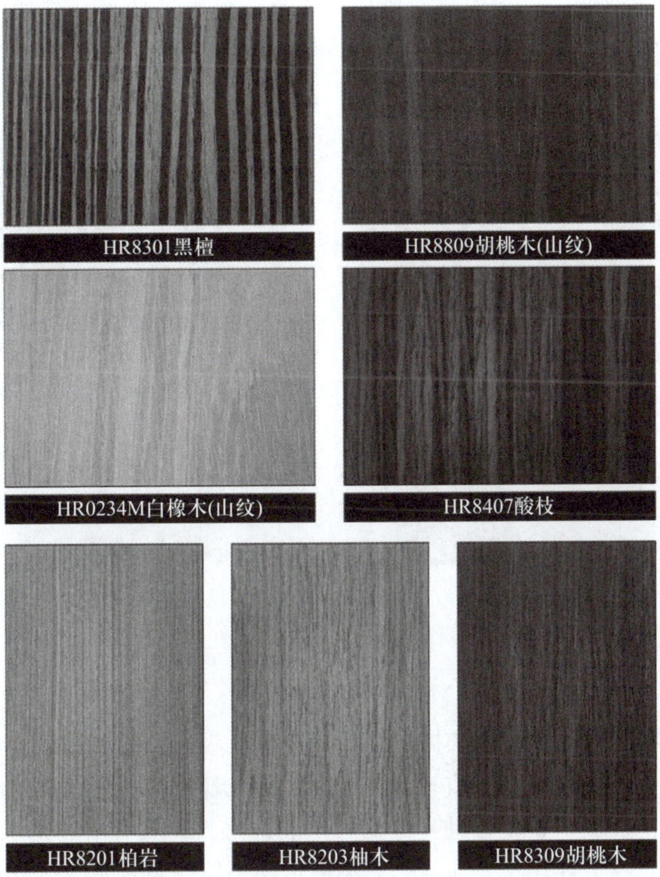

图 7-14 木纹贴面阻燃板

（2）素色贴面阻燃板：纯色耐火板，价格相对便宜实惠，如图 7-15 所示。

图 7-15 素色贴面阻燃板

（3）金属贴面阻燃板：表面由铝合金或其他金属复合在阻燃板上，一般用于厨房或高档场所，其价格是普通木纹耐火板的1～3倍，加工工艺更加复杂，如图7-16所示。

（4）石材贴面阻燃板：精挑细选、难得一见的高级石材，针对一片片的珍贵石材纹路进行精细扫描，运用最新数码印刷技术，突破以往尺寸规格限制，制作成1∶1大尺寸仿真石纹阻燃板，如图7-17所示。

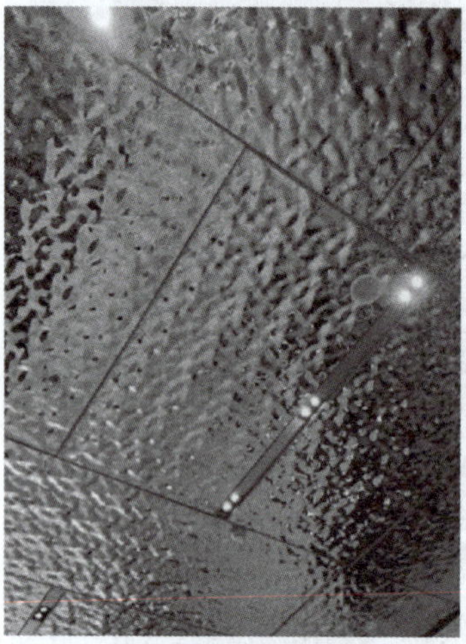

图7-16 金属贴面阻燃板

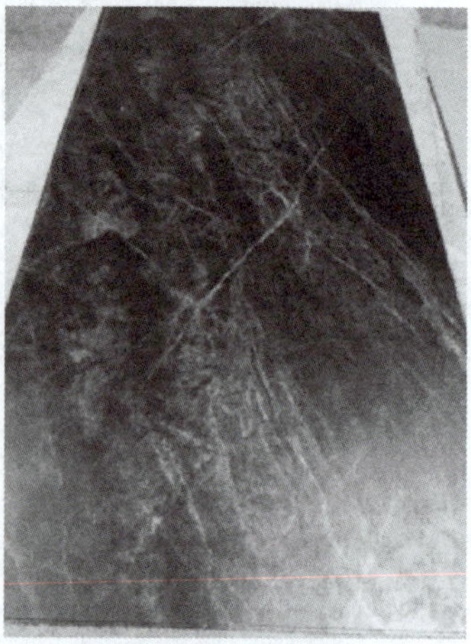

图7-17 石材贴面阻燃板

7.2.2 吸声板

吸声板是指板状的具有吸声减噪作用的材料。吸声板表面有很多小孔，声音进入小孔后便会在内壁中反射，直至大部分声波的能量被消耗转变成热能，由此达到隔声降噪的功能。吸声板是一种良好的吸声装饰材料，具有吸声降噪、绿色环保、外形美观等优点，主要用于音乐厅、影剧院、图书馆、录音室、体育馆、酒吧等对声学环境要求比较高的室内场所。其主要性能特征如下：

（1）科技性：多种材质根据声学原理合理配合，具有出色的吸声降噪性能，对中、高频吸声效果尤佳。

（2）艺术性：既有天然木质纹理，古朴自然；又有体现现代节奏的明快亮丽的风格，产品的装饰性极佳，可根据需要饰以天然木纹、图案等多种装饰效果，提供良好的视觉享受。

（3）环保性：所有材料符合国家环保标准，甲醛含量极低，产品还具有天然木质的芳香。具有木质最高的防火等级B1，这点已经国家权威部门检测通过。

（4）简易性：标准化模块设计，采用插槽、龙骨结构，安装简便、快捷。

（5）规范性：用全自动计算机控制设备，大规模标准化生产，既能提高生产能力，也能保证产品质量。

吸声板按照制作材料可分为以下种类：

（1）槽木吸声板：根据声学原理精致加工而成，它是一种在密度板的正面开槽、背面穿孔的狭缝共振吸声材料，如图 7-18 所示。

(2) 孔木吸声板：它是一种在密度板的正面、背面都开圆孔的吸声材料，如图 7-19 所示。

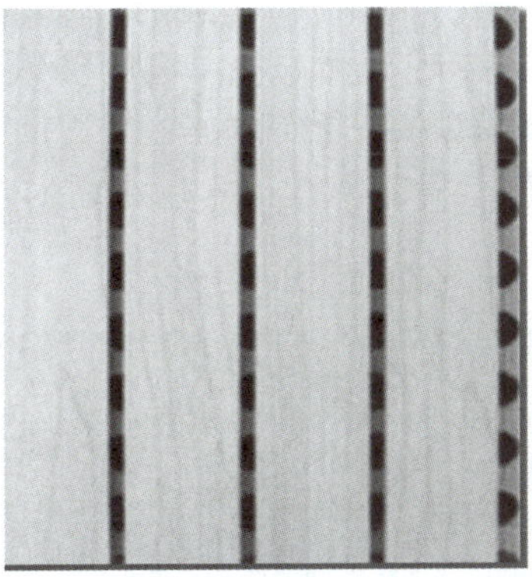

图 7-18 槽木吸声板

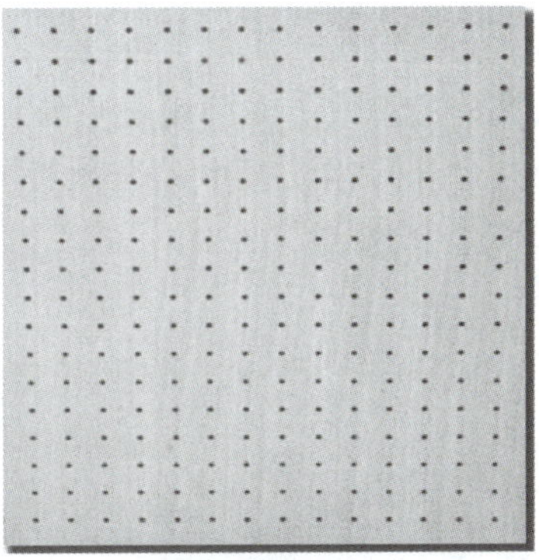

图 7-19 孔木吸声板

(3) 木丝吸声板：用选定种类的晾干木料刨成细长木丝，经化学浸渍（三防）稳定处理后，木丝表面浸有水泥浆再加压制成水泥木丝板，如图 7-20 所示。

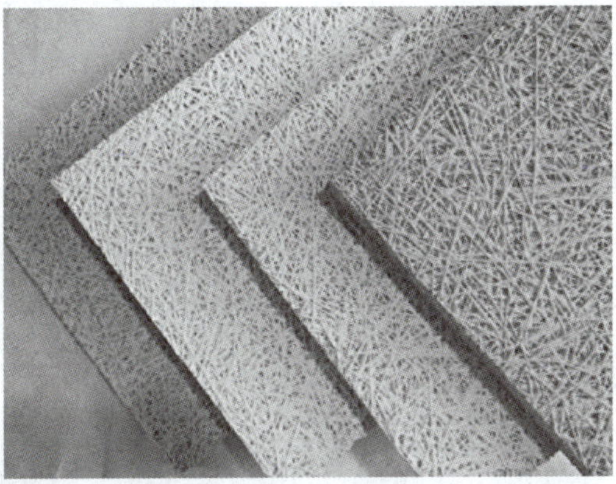

图 7-20 木丝吸声板

7.2.3 防腐木

防腐木是将普通木材经过人工添加化学防腐剂之后，使其具有防腐蚀、防潮、防真菌、防虫蚁、防霉变及防水等特性。它能够直接接触土壤及潮湿环境，经常用于户外地板、工程、景观、防腐木花架等，供人们歇息和欣赏自然美景，是户外地板、园林景观、木秋千、娱乐设施、木栈道等的理想材料，深受园艺设计师的青睐。随着科学技术的发展，防腐木已经非常环保，故也经常用于室内装修、地板及家具中，室内装修设计师也非常喜欢防腐木。

按照木材区分，防腐木可分为以下种类：

(1) 俄罗斯樟子松。俄罗斯樟子松能直接采用高压渗透法做全断面防腐处理，其优秀的力学表现及美丽的纹理深受设计师及工程师喜爱。俄罗斯樟子松防腐木应用范围极广，木栈道、亭院平台、亭台楼阁、水榭回廊、花架围篱、步道码头、儿童游戏区、花台、垃圾箱、户外家具等室外环境、亲水环境及室内外结构均可使用。由于其独特的防腐工艺，所有的建筑作品都可以长期保存，如图7-21所示。

（2）北欧赤松。质量上乘的北欧赤松经过特殊防腐处理后，具有防腐烂、防白蚁、防真菌的功效。专门用于户外环境，并且可以直接用于与水体、土壤接触的环境中，是户外园林景观中木制地板、围栏、桥体、栈道及其他木制小品的首选材料，如图7-22所示。

图7-21 俄罗斯樟子松

图7-22 北欧赤松

（3）碳化木。碳化木是在不含任何化学剂条件下应用高温对木材进行同质碳化处理，使木材表面具有深棕色的美观效果，并拥有防腐及抗生物侵袭的作用，其含水率低、不易吸水、材质稳定、不变形、完全脱脂不溢脂、隔热性能好、施工简单、涂刷方便、无特殊气味，是理想的室内及桑拿浴室材料，成为卫浴装饰新的流行趋势；防腐烂、抗虫蛀、抗变形开裂、耐高温性能，也使其成为户外泳池景观的理想材料，如图7-23所示。

图7-23 碳化木

▪ **课中讨论**

7.2.4 案例分析

学一学

（1）功能性人造板材应用案例1（阻燃板）：西班牙卢戈市礼堂采用阻燃板搭配双层幕墙结构，随着天光的变换和观看的角度产生无穷的变化，如图7-24和图7-25所示。

图 7-24 西班牙卢戈市礼堂（外围走廊）

图 7-25 西班牙卢戈市礼堂（演播大厅）

（2）功能性人造板材应用案例 2（吸声板）：法国巴黎 Bondy 广播合唱礼堂采用孔木吸声板占据了整个室内墙面，加上混凝土顶棚上点缀的吸声板，营造了大厅内极佳的音响氛围，如图 7-26 和图 7-27 所示。

图 7-26 法国巴黎 Bondy 广播合唱礼堂（正面）

图 7-27 法国巴黎 Bondy 广播合唱礼堂（侧面）

（3）功能性人造板材应用案例 3（防腐木）：南阳市白河湿地公园的休闲凉亭和亲水平台采用防腐木。由于防腐木较强的防腐性与耐水性，使它能够直接接触土壤及潮湿环境，经常用于户外地板、工程、景观等处，供人们歇息和欣赏自然美景，是户外地板、园林景观、木秋千、娱乐设施、木栈道等的理想材料，如图 7-28 和图 7-29 所示。

图 7-28 休闲凉亭

图 7-29 亲水平台

认一认

功能性人造板材学认说

说出下列图例中所用的人造板材类型。

图例 1：

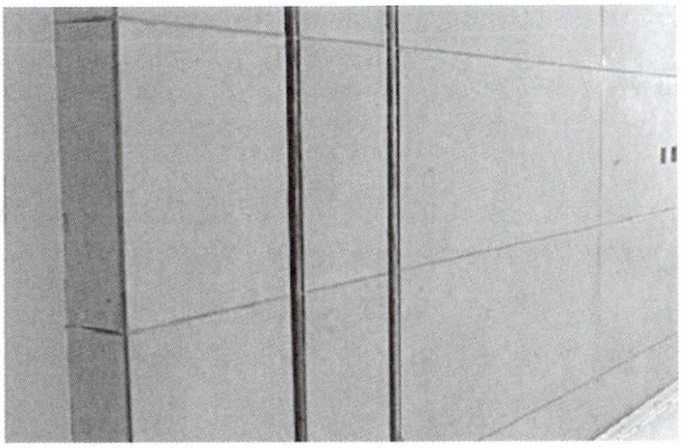

图例 2：

图例 3：

说一说

图例 3 的场景中为何能够使用防腐木？

■ 课后测验

7.2.5　测试题

1. 判断题

（1）室内防火安全要求比较高的公共场所常用阻燃板作饰面板材。（　　）

（2）防腐木由天然木材制作，性能不稳定，容易受潮变形。（　　）

（3）学校的教室、图书馆、体育馆的室内墙面适合用吸声板作装饰。（　　）

（4）防腐木有较强的防腐性与耐水性，使它能够直接接触土壤及潮湿环境，经常用于户外地板、工程、景观等处。（　　）

2. 单项选择题

（1）以下关于阻燃板特性的说法错误的是（　　）。

A. 不耐光照，容易褪色　　B. 耐火阻燃，使用安全

C. 色彩鲜艳，款式多样　　D. 耐高温性强

（2）对声学环境要求比较高的室内场所常用（　　）装饰墙面。

A. 防腐木　　B. 吸声板

C. 玻璃板　　D. 不锈钢板

（3）（　　）是一种在密度板的正面开槽、背面穿孔的狭缝共振吸声材料。

A. 木丝吸声板　　B. 矿棉吸声板

C. 孔木吸声板　　D. 槽木吸声板

（4）以下选项中，（　　）呈深棕色。

A. 俄罗斯樟子松　　B. 北欧赤松

C. 芬兰松　　D. 碳化木

3. 多项选择题

（1）木质吸声板的类型主要有（　　）。

A. 实木吸声板　　B. 木丝板

C. 孔木吸声板　　D. 槽木吸声板

（2）防腐木可用于（　　）。

A. 亲水平台　　B. 户外凉亭

C. 楼梯栏杆　　D. 建筑外墙

答案

测试题答案

7.3 木地板

■ 学习目标

（1）了解木地板的特点。

（2）熟悉木地板的应用。

（3）掌握木地板质量的鉴别方法。

■ 学习要求

（1）课前完成“课前预习”的内容。

（2）课中积极参加“课中讨论”。

（3）课后按时完成“课后测验”的测试题。

■ 学习方法

（1）比较学习法。在学习中善于运用对比的学习方法，针对材料特点展开横向对比与纵向对比，强化对关键知识点的梳理。

（2）理论联系实际。利用一切条件注意观察周围已建或在建工程，了解其装饰构造及施工工艺，掌握材料的使用方法。

■ 课前预习

扫一扫二维码“木地板的识别与选购”进行学习。

扫一扫二维码“竹地板”进行学习。

微课

木地板的识别与选购

微课

竹地板

木地板是指用木材制成的地板。随着经济的发展和居民生活水平的提高，木地板以其脚感舒适、装饰效果自然温馨、风格高贵典雅、保温性能优良等突出的优点，成为地面装饰的首选材料，其市场需求量也越来越大。目前，国内市场的木地板主要分为实木地板、实木复合地板、强化木地板、竹地板和软木地板等类别。

7.3.1 实木地板

实木地板又称原木地板，它是以天然实木为原材料，不经过任何黏结处理，用机械设备直接切割加工而成的地板。它基本上保留了天然木材的特点，具有木材自然生长的纹理，是热的不良导体，能起到冬暖夏凉的作用，脚感舒适，使用安全，是卧室、客厅、书房等地面装修的理想材料，也是所有木地板中档次最高的类别。实木地板与其他地面材料相比，有以下独特的优点：

（1）美观自然：木材是天然的，其年轮、纹理往往能够构成一幅美丽的画面，给人一种回归自然、返璞归真的感觉，无论是色彩还是质感都独树一帜，广受人们喜爱。

（2）无污染：木材是最典型的双绿色产品，本身没有污染源，有的木材有芳香酊，会发出有益健康、安神的香气；实木地板在生产过程中不会添加任何人造胶黏材料。

（3）质轻而高强：一般木材通常都能浮于水面上，除少数例外。用木材作为建材与金属建材、石材相比，便于运输、铺设。据实验结果显示，松木的抗张力为钢铁的3倍、混凝土的25倍、大理石的50倍，抗压力为大理石的4倍。尤其是作为地面材料（木地板），更能体现出其优点。

（4）容易加工：木材可以任意锯、刨、削、切乃至于钉，所以在建材方面更能灵活运用，发挥其潜在作用；而金属、混凝土、石材等因硬度之故，没有此功能，所以用料时也会造成浪费或出现不切合实际的情况。

（5）保温性好：木材不易导热，混凝土的导热率非常高，钢铁的导热率为木材的200倍。

（6）调节湿度：木材可以吸湿和蒸发。人体在大气中最适宜的湿度为60%～70%，木材有助于将湿度维持在人体适宜的范围内。

（7）不易结露：由于木材保湿，调湿的性能比金属、石材和混凝土强。所以当天气湿润或温度下降时，不会产生表面结成水珠似的出汗现象。当木材作为木地板时，不会因为地面滑而造成不必要的麻烦。

（8）缓和冲击：木材与人体的冲击、抗力都比其他建筑材料柔和、自然，有益于人体的健康，可保护老人和小孩的居住安全。

实木地板具有以下缺点：

（1）难保养：实木地板对安装的要求较高，一旦安装得不好，会造成一系列的问题。由于实木地板的稳定性不够好，室内环境过于潮湿或干燥时，容易出现起拱、翘曲或变形等问题。并且铺装好之后还要经常打蜡、上油，否则地板表面的光泽很快就会消失，至少需要每2～3个月保养一次，保养费用昂贵。

（2）价格高：由于实木地板对树种的要求相对较高，例如柚木、檀木、枫木、橡木、山毛榉、花梨木等都属于高档木材原料，因此实木地板一直维持着较高的价位。现在市场上稍微好点的、质量较有保障的实木地板价格也在200元/m^2以上。

实木地板按外形加工可分为平口实木地板、企口实木地板、拼花实木地板、实木马赛克等，如图7-30～图7-33所示。拼花实木地板通常采用阔叶树种的硬木

图7-30 平口实木地板

材，经过干燥处理并加工成一定尺寸的小木条，拼成一定图案的地板材料。实木马赛克以天然木材为原料，以马赛克的形式展示木材的质感，是一种较新型的材料，但其价格比较昂贵，还未广泛使用。

图 7-31 企口实木地板

图 7-32 拼花实木地板

图 7-33 实木马赛克

7.3.2 实木复合地板

实木复合地板又称多层实木地板，它是以优质阔叶材作表层，以软质速生材或针叶材作基层，经高温高压制成的多层结构板材，如图 7-34 所示。与传统的实木地板相比，它用少量的优质木材就可以起到实木地板的装饰效果，由于结构的改变，使其使用性能和抗变形能力有所提高，有较好的稳定性。实木复合地板具有以下优点：

(1) 坚硬耐磨：坚硬的表层具有耐磨性能，能承受不同程度的摩擦而不会受损。

(2) 防潮稳定：板材性能稳定，不易受潮变形。

(3) 耐污性好：表面不易沾染污渍，方便清洁，比实木地板更易打理。

(4) 保温隔热：多层木质结构使其保温性能更佳，适合搭配地暖使用。

(5) 防火阻燃：燃烧的烟头在地板上烧尽，地板丝毫无损。

实木复合地板的缺点如下：其环保性存在一定隐患。实木复合地板的独特结构是其性能出众的重要原因。同时，这样的结构也使得它在生产过程中不可避免地用到大量的胶水，实木复合地板的每一层都是用胶水黏合的。目前市场上的实木复合地板分为3层和多层（5层或7层）。层数越多，所用胶水的量就越大。

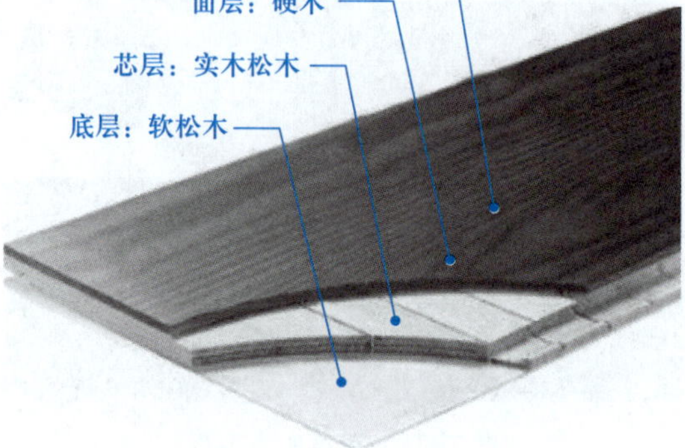

图7-34 实木复合地板结构

7.3.3 强化木地板

强化木地板（又称浸渍纸层压木质地板）是以一层或多层专用纸浸渍热固性氨基树脂，铺装在刨花板、中密度板、高密度板等人造板材基层表面，背面加防潮层，正面加耐磨层，经热压而成的地板，如图7-35所示。

图7-35 强化木地板结构

强化木地板具有以下优点：

（1）耐污、易清洁：先进的制造工艺使污垢很难进入，所以很容易清理。

（2）耐磨、抗冲击：多以高密度纤维板作为芯材，使其耐磨、抗冲击、抗重压。

（3）防腐稳定：中、高密度木质纤维板专用基材和特殊环保化学添加剂赋予了板材防腐、防虫、防潮稳定等优良性能。

（4）保温隔热：可作为地暖工程的常用地面铺设材料。

（5）价格低廉：生产成本低于大部分实木地板和复合地板，价格仅为实木地板的1/4。

强化木地板具有以下缺点：

（1）舒适性差：强化地板的厚度通常不到 10 mm，且所用材料都是人造的，因此舒适性（脚感）自然差一点。

（2）不够环保：强化地板在制作过程中必须用到胶水，因此甲醛含量成为衡量强化地板质量的重要标准。《室内装饰装修材料人造板及其制品中甲醛释放量》（GB/T 18580—2017）中规定，强化地板中甲醛释放量必须小于或等于 1.5 mg/L。

（3）装饰档次略低：其外观、纹理、色泽不如实木地板自然逼真。

7.3.4 竹地板

竹地板是以天然的竹子为原材料，经制材、脱水防虫、高温高压碳化处理，再经压制、胶合、成型、开槽、砂光、油漆等工序精制加工而成。竹地板与木地板相比最大的特点是色泽匀称，其表面硬度及稳定性均优于实木地板，如图 7-36 所示。

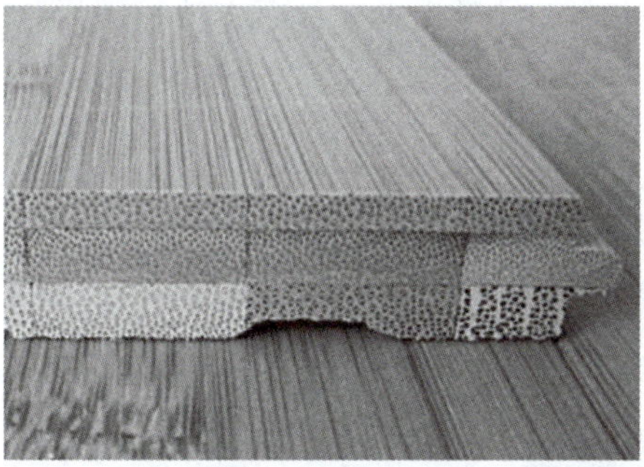
图 7-36 竹地板

竹地板具有以下优点：

（1）硬度高：竹地板选料要求高，一般要选用 6 年以上竹龄的优质竹做材料。

（2）绿色环保：采用无公害胶黏剂拼合，进口无毒 UV 漆进行板面处理，纯属绿色环保产品。

（3）防虫、防霉：经过脱糖、脱脂等多道特殊工艺处理，具有超强防虫蛀、防霉功能。

（4）弹性好：经过大型液压机热压成型，板体弹性好，脚感舒适。

（5）施工方便：铺设可用龙骨，也可不用龙骨，省时省工，快捷方便。

（6）保温隔热：适合地暖工程面层铺设。

竹地板具有以下缺点：

（1）受湿度影响易变形：竹地板虽然经干燥处理，减少了尺寸的变化，但因其竹材是自然型材，所以它还会随气候干湿度变化而变形。因此在使用中，北方地区干燥季节，特别是开暖气时，室内需要通过不同方法调节湿度，如采用加湿器或在暖气上放盆水等；南方地区黄梅季节，要开窗通风，保持室内干燥，否则可能出现变形。

（2）防裂能力弱：竹地板相对实木地板更容易出现裂缝。

7.3.5 软木地板

软木地板并非真正的木材，它是从栓皮栎（属阔叶树种，俗称橡树）树干剥取的树皮层，因为其质地轻软，故而称为软木，如图 7-37 所示。软木地板独特的内部结构，决定了它极好的柔韧性。

软木地板具有以下优点：

（1）质地柔软，脚感舒适：对老人和小孩的意外摔倒，可提供极大的缓冲作用，光着脚走在软木地板上，会比走在实木地板或复合地板上感觉温暖得多。

（2）经久耐用：软木地板的使用寿命非常长，表层独有的耐磨层，至少使用 20 年不会出现开裂、破损。

（3）绿色环保：软木地板是实实在在的环保产品，不但产品本身是绿色无污染的，而且由于软木的原材料具有再生性，每棵树 9 年才可采剥一次，因此对森林资源也没有破坏。

（4）无虫害：软木地板主要以树皮为原料，无任何喜食木材的虫害。

（5）吸声降噪：其独有的吸声效果非常适用于卧室、会议室、图书馆、录音棚等场所。

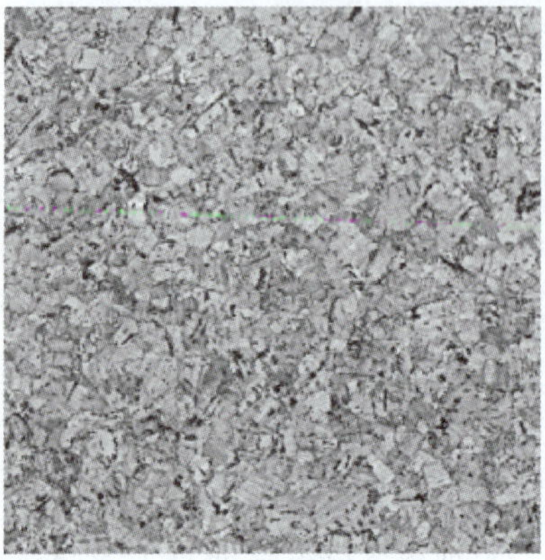

图 7-37 软木地板

软木地板具有以下缺点：

（1）价格稍贵：与实木地板相当，由于软木资源在国内较稀缺，目前销售的大多是进口产品。

（2）容易藏污垢，不易打理。

■ **课中讨论**

7.3.6 案例分析

学一学

（1）木地板应用案例 1（实木地板）：在当今社会，人们对于居室生活的舒适度要求越来越高，实木地板以其自然温馨的风格、舒适的脚感和良好的保温隔热性能，逐渐成为卧室地面装修的首选材料，无论是欧式风格、新中式风格还是简约风格，都可随意搭配，如图 7-38～图 7-40 所示。

图 7-38 新中式风格卧室

图 7-39 美式风格卧室

图 7-40 简约风格卧室

（2）木地板应用案例 2（强化木地板）：西西弗书店采用美式风格设计，整个室内以原木色为主色调，温暖的木材能使阅读者在此卸下外界物质忙碌的包袱，有种回归大自然的温馨之感，令人充分地沉浸在书的海洋之中，如图 7-41 和图 7-42 所示。

（3）木地板应用案例 3（软木地板）：软木质地柔软，脚感舒适，对老人和小孩的意外摔倒，可提供极大的缓冲作用，光着脚走在软木地板上，会比走在实木地板或复合地板上感觉温暖得多。软木地板是实实在在的环保产品，不但产品本身是绿色无污染的，而且由于软木的原材料具有再生性，每棵树 9 年才可采剥一次，因此对森林资源也没有破坏。其独有的吸声效果使其非常适用于卧室、会议室、图书馆、录音棚等场所，如图 7-43 和图 7-44 所示。

图 7-41　书店门口

图 7-42　书店内部地面装饰

图 7-43　软木地板在客厅中的应用

图 7-44 软木地板在卧室中的应用

认一认

说出下列图例中的木地板类型。

图例 1：

图例 2：

图例 3：

说一说

说一说以上图例中三种地板的区别。

■ 课后测验

7.3.7 测试题

1. 判断题

(1) 实木地板是最环保的一类木地板。( )

(2) 在市场上，实木复合地板的价格普遍比实木地板贵。( )

(3) 竹地板虽然经干燥处理，减少了尺寸的变化，但因其竹材是自然型材，所以它还会随气候干湿度变化而变形。( )

(4) 软木地板表面有较好的耐污性，不易藏污纳垢，方便清理。( )

2. 单项选择题

(1) 以下关于实木地板特性的说法错误的是 ( )。

A. 外形最为美观自然　　B. 脚感舒适

C. 保温隔热　　D. 坚硬耐磨，不需保养

(2) 以下选项中，( ) 是用树皮加工而成的。

A. 软木地板　　B. 实木地板

C. 实木复合地板　　D. 强化木地板

(3) ( ) 又称浸渍纸层压木质地板，它是以一层或多层专用纸浸渍热固性氨基树脂，铺装在刨花板、中密度板、高密度板等人造板材基层表面，背面加防潮层，正面加耐磨层，经热压而成的地板。

A. 实木地板　　B. 实木复合地板

C. 强化木地板　　D. 竹地板

(4) 以下选项中，( ) 的弹性最好，脚感最舒适。

A. 软木地板　　B. 实木地板

C. 实木复合地板　　D. 强化木地板

3. 多项选择题

(1) 实木地板的品种包括 ( )。

A. 平口实木地板　　B. 企口实木地板

C. 拼花实木地板　　D. 实木马赛克

(2) 强化木地板的缺点主要有 ( )。

A. 脚感差　　B. 甲醛含量稍高

C. 价格昂贵　　D. 外观不如实木地板好看

答案

测试题答案

模块 8

金属装饰材料

金属材料是具有光泽、延展性、导电性、导热性等性质的材料。建筑中常用的金属材料主要有钢、铁、铝、铜及其合金材料等。由于金属材料的轻质高强、经久耐用和特有的现代建筑的表现力，其已被广泛地应用于高层、超高层和大跨度建筑中。

8.1 断桥铝合金门窗

■ 学习目标

（1）了解断桥铝合金门窗的特点。

（2）熟悉断桥铝合金门窗的应用。

（3）掌握断桥铝合金门窗质量的鉴别方法。

■ 学习要求

（1）课前完成“课前预习”的内容。

（2）课中积极参加“课中讨论”。

（3）课后按时完成“课后测验”的测试题。

■ 学习方法

（1）比较学习法。在学习中善于运用对比的学习方法，针对材料特点展开横向对比与纵向对比，强化对关键知识点的梳理。

（2）理论联系实际。利用一切条件注意观察周围已建或在建工程，了解其装饰构造及施工工艺，掌握材料的使用方法。

■ 课前预习

扫一扫二维码“断桥铝合金门窗”进行学习。

微课

断桥铝合金门窗

微课
断桥铝合金门窗性能

扫一扫二维码“断桥铝合金门窗性能”进行学习。

铝属于有色金属中的轻金属，呈银白色，熔点为 660 ℃，密度为 2.7 g/cm^3（是钢密度的 1/3 左右）。铝的化学性质活泼，和氧的亲和能力强。在自然状况下暴露，表面易生成一层致密、坚固的氧化铝薄膜，可以阻止铝的继续氧化，从而起到保护作用。铝具有良好的导电性和导热性，被广泛地用于制造导电材料和导热材料；铝具有良好的延展性和塑性，其伸长率可达 50%，易于加工成板、管、线及箔等。但铝的强度和硬度较低，可用冷加工的方法加工制品。铝在低温环境中塑性、韧性和强度会下降。

为了提高铝的实用价值，改变铝的某些性能，在铝中加入一定量的铜、镁、锰、硅、锌等元素制成铝合金。

铝加入合金元素后，既保持了铝重量轻的特点，同时也提高了机械性能，屈服强度可达 210 ~ 500 MPa，抗拉强度可达 380 ~ 550 MPa，是一种典型的轻质高强材料。其耐腐蚀性能较好，同时低温性能好。铝合金更易着色，有较好的装饰性。铝合金的缺点主要是弹性模量小，约为钢材的 1/3，刚度较小，容易变形；线膨胀系数大，约为钢材的 2 倍；耐热性差、可焊性也较差。

铝合金门窗是由经表面处理的铝合金型材，经下料、打孔、铣槽、攻丝和组装等工艺，制成门窗框构件，再与玻璃、连接件、密封件和五金配件组装成门窗，如图 8-1 所示。铝合金门窗因加工简单、维修费用低、性能好、美观等优点，在现代建筑中被广泛应用。铝合金门窗的具体特点如下：

（1）重量轻、强度高。

（2）性能好。其气密性、水密性好，有一定的保温、隔热、隔声能力，特别适用于南方地区的建筑。

（3）耐久性好，使用维修方便。铝合金门窗不需要涂漆，不褪色，不脱落，表面不需要维修。

（4）装饰性好。铝合金门窗框料型材表面可氧化着色处理，可着银白色、古铜色、暗红色、黑色等柔和的颜色或带色的花纹，可涂装聚丙烯酸树脂装饰膜使表面光亮。

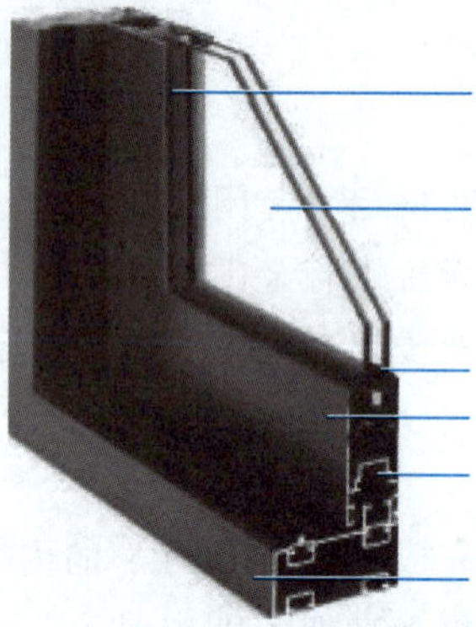

图 8-1 铝合金窗断面图

（5）加工简单。铝合金门窗的加工、制作、装配都可在现场完成，加工简单方便。

铝合金门窗的系列名称是以铝合金门窗框的厚度构造尺寸来区别各种门窗的称谓，如平开窗框厚度构造尺寸为 50 mm，即称为 50 系列铝合金平开窗，通常有 50、60、70、90 系列。铝合金门窗设计通常采用定型产品，选用时应根据不同地区、不同气候、不同环境、不同建筑物和不同使用要求，选用不同的门窗框系列。

由于铝材的导热性使铝合金型材的保温、隔热性能并不高，为改善铝合金门窗型材的保温隔热性能，对原铝合金门窗型材进行改造形成断桥铝合金门窗型材。断桥铝合金型材就是在传统的铝合金门窗型材基础上把原来的一体性型材一分为二（图 8-2），增强隔热条阻隔铝的热传导，然后再通过机械复合的手段将分开的两部分连接在一起。隔热铝合金门窗型材增强了铝合金门窗的保温、隔热、隔声性能。

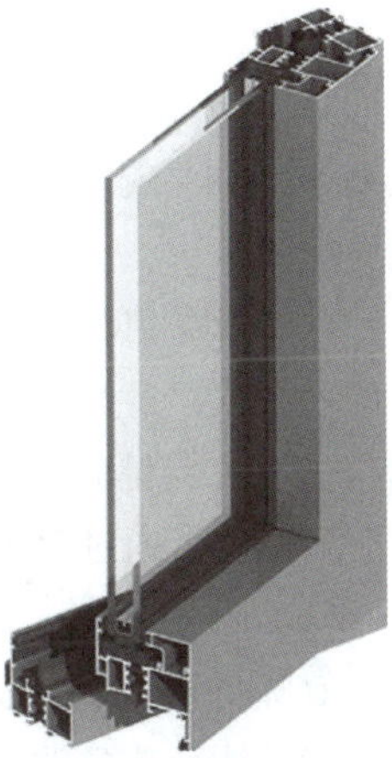

图 8-2 隔热铝合金窗型材断面

8.1.1 断桥铝合金门窗的特点

断桥铝合金门窗采用隔热断桥铝型材和中空玻璃，具有节能、隔声、防噪、防尘、防水等功能，如图 8-3 所示。

断桥铝合金门窗的导热系数为 3 W/(㎡ · K) 以下，比普通门窗热量散失减少一半，降低取暖费用 30% 左右，隔声量达 29 dB 以上，水密性、气密性良好，均达到国家 A1 类窗标准。

图 8-3 断桥铝合金门窗

1. 产品型号

在门窗系列中有 55 系列、60 系列、65 系列、70 系列等型号。其主要区别是材料不同，窗户玻璃不同。70 系列的型材框架厚度为 7 cm，玻璃为六道密封设计，同时玻璃的厚度也有不同程度的提高。70 系列可以安装更厚的中空玻璃。

2. 断桥铝合金门窗的优点

（1）降低热量传导：采用隔热断桥铝合金型材，其导热系数为 1.8 ~ 3.5 W/(m^2 · K)，大大低于普通铝合金型材［导热系数为 140 ~ 170 W/(m^2 · K)］；采用中空玻璃结构，其导热系数为 2.0 ~ 3.59 W/(m^2 · K)，大大低于普通铝合金型材［导热系数为 6.69 ~ 6.84 W/(m^2 · K)］，有效降低了通过门窗传导的热量。

（2）防止冷凝：带有隔热条的型材内表面的温度与室内温度接近，降低室内水分因过饱和而冷凝在型材表面的可能性。

（3）节能：在冬季，带有隔热条的窗框能够减少 1/3 的通过窗框散失的热量；在夏季，如果是在有空调的情况下，带有隔热条的窗框能够更多地减少能量的损失。

（4）保护环境：通过隔热系统的应用，能够减少能量的消耗，同时减少了由于空调和暖气产生的环境辐射。

（5）有益健康：人体与环境交换热量取决于室内空气温度、空气流动速度和室外空气温度。通过门窗调节室内温度，使其不低于 12 ~ 13 ℃，以达到最舒适的环境。

（6）降低噪声：采用厚度不同的中空玻璃结构和隔热断桥铝型材空腔结构，能够有效降低声波的共振效应，阻止声音的传递，可以降低噪声 30 dB 以上。

（7）颜色丰富多彩：采用阳极氧化、粉末喷涂、氟碳喷涂表面处理后，可以生产不同颜色的铝型材，经滚压组合后，使隔热铝合金门窗产生室内、室外不同颜色的双色窗户。

8.1.2 断桥铝合金门窗的应用

断桥铝合金门窗自问世以来，就以其优良的性能得到广大用户的青睐，并取得了良好的经济效益和社会效益。断桥铝系列产品先后在北京、河北、新疆、山东等地的工程中使用。根据用户反馈信息表明：断桥铝合金门窗是一种真正的节能环保产品。断桥铝合金门窗的开发和研制得到了住建部铝门窗幕墙委员会、北京市住建委和有关部门的大力支持。

断桥铝合金门窗之所以得到各界的重视和支持，是因为产品本身潜藏着巨大的社会效益。通过理论计算，断桥铝合金门窗节能达到 50% 左右。使用断桥铝合金门窗无老化问题之忧、无气体污染之困扰。在建筑达到寿命周期后，门窗可以回收利用，不会为下一代产生环境污染。所以断桥铝合金门窗被确定为“绿色环保”产品。

断桥铝合金门窗的应用如图 8-4 所示。

图 8-4 断桥铝合金门窗的应用

8.1.3 断桥铝合金门窗的鉴别

在断桥铝合金门窗的选用过程中，要注意以下几个方面的鉴别和选用技巧。

1. 型材

(1) 型材型号。

型材型号不同，主要会影响到隔声效果。型材越厚，隔声效果越好，但并不是非要选择最厚的型材，够用就好。

如果小区比较安静，窗户不是很大，直接选择60系列的型材即可；如果房子在临街处、路边等噪声比较严重的地方，可以选择70系列、72系列的型材，甚至更厚的型材。

(2) 型材壁厚。

型材壁厚有1.4 mm、1.6 mm、1.8 mm等几种，如图8-5所示，壁越厚，门窗越结实，但是不用刻意去选择壁厚，国家标准规定的厚度是≥1.4 mm，有的小厂家出产的门窗，厚度只有1.2～1.3 mm，低于国家标准，这样的我们就不要选择。

2. 玻璃

(1) 玻璃层数。

玻璃的层数影响隔声和保温效果，断桥铝合金门窗通常标配的都是双层中空玻璃，如图8-6所示，如果周围比较吵，可以选择厚一点的型材，如果还是比较吵，可以再加一层玻璃，多加一层玻璃可以降噪5～10 dB，价格增加50～80元/m^2。

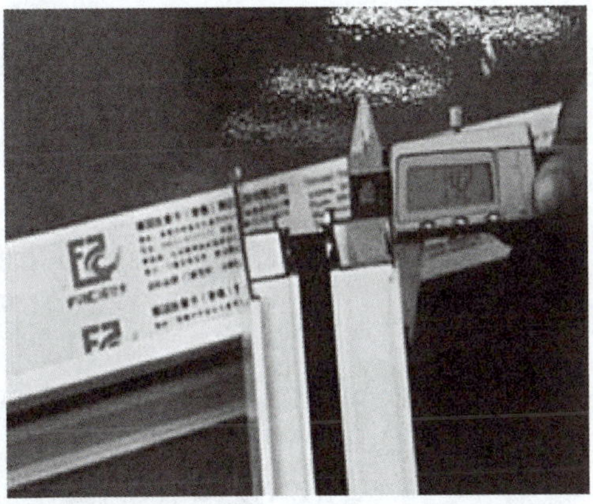

图8-5 断桥铝合金门窗型材壁厚

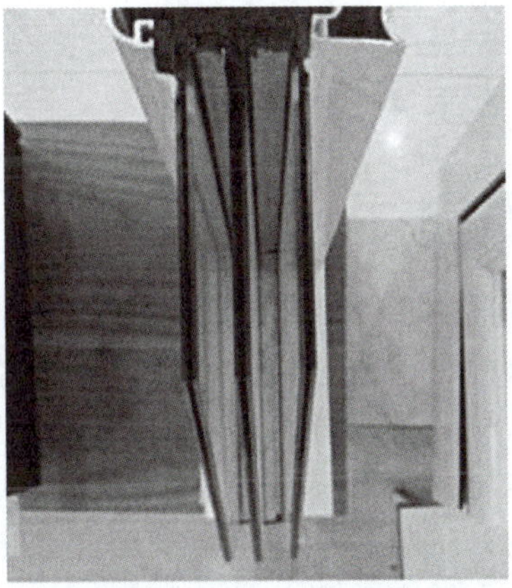

图8-6 断桥铝合金门窗断面

(2) 玻璃材质。

玻璃主要有普通玻璃、浮法玻璃、钢化玻璃和静音玻璃四种。

现在门窗用普通玻璃的比较少，因为它所含的杂质比较多，显得不干净，且透光度差些。

浮法玻璃是普通玻璃的升级版，更纯净，透光度好，所以显得很亮堂，是目前门窗玻璃的主流选择。

钢化玻璃的强度大，距离地面 90 cm 以下的位置或者一扇窗户的面积超过 1.5 m^2 的，必须要选择钢化玻璃，这样才能保证安全。

如果房子挨着地铁或火车道，列车在经过时，有可能和窗户发生低频共振，这时建议选择静音玻璃。

3. 密封条

密封条用在窗框和窗户之间，以及玻璃与型材之间，起到密封、减震的作用。如果没有密封条，或者密封条已老化，窗户就会关不严，下雨时会漏水，关窗户时噪声大。

4. 五金

五金配件是断桥铝合金门窗非常重要的一个部分，直接影响到将来的使用体验，如果窗户下沉、开关费劲，窗户的密封性就会变差，使用者的心理感受会受到直接影响。

5. 纱窗

光有窗户，没有纱窗是万万不行的。纱窗可以防止小昆虫、小动物飞进屋里，没有纱窗是很影响舒适度的。纱窗主要有以下种类：

（1）隐形纱窗。

（2）固定可拆卸纱窗（内开）。

（3）平开可拆卸纱窗（内开）。

（4）隐形防盗纱窗（内开）。

（5）金刚网纱窗（内开）。

■ **课中讨论**

文本

断桥铝合金门窗学认说

8.1.4 案例分析

学一学

隔热断桥铝合金门窗是在传统铝合金门窗基础上为了提高保温性能而推出的改进型门窗，通过增强尼龙隔条将铝合金型材分为内外两部分，阻隔了铝的热传导，如图 8-7 所示。增强尼龙隔条的材质和质量直接影响到隔热断桥铝合金门窗的耐久性。隔热断桥铝合金门窗的突出优点是强度高、保温隔热性好、刚性好、防火性好、采光面积大、耐大气腐蚀性好、综合性能高、使用寿命长、装饰效果好。使用高档断桥铝型材的铝合金门窗，是高档建筑的首选产品。新型断桥材质采用双穿条式工艺，用增强尼龙将铝窗框的

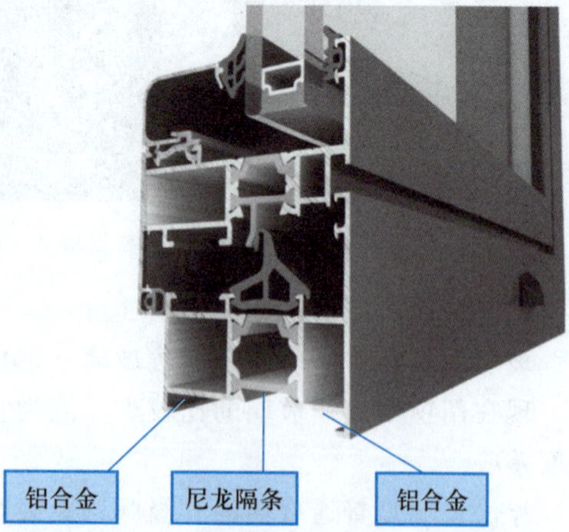

图 8-7 隔热断桥铝合金门窗结构

内外隔离以绝内外能量的交流，具有良好的保温性和密封性。

认一认

通过下列图片了解铝合金门窗的应用

图例 1：

图例 2：

图例 3：

说一说

说一说断桥铝合金门窗有哪些优点。

课后测验

8.1.5 测试题

1. 判断题

(1) 断桥铝合金门窗型号 70 系列是指型材框架厚度为 7 cm。( )

(2) 断桥铝合金门窗型材越厚，隔声效果越好。( )

2. 多项选择题

(1) 断桥铝合金门窗常见的型材壁厚有（ ）。

A. 1.4 mm　　B. 1.6 mm

C. 1.8 mm　　D. 3.8 mm

(2) 断桥铝合金门窗的常用产品型号有（ ）。

A. 55 系列　　B. 60 系列

C. 65 系列　　D. 70 系列

(3) 断桥铝合金门窗的玻璃主要有（ ）。

A. 普通玻璃　　B. 浮法玻璃

C. 钢化玻璃　　D. 静音玻璃

答案

测试题答案

8.2 铝合金扣板

学习目标

（1）了解铝合金扣板的特点。

（2）熟悉铝合金扣板的应用。

（3）掌握铝合金扣板质量的鉴别方法。

学习要求

（1）课前完成“课前预习”的内容。

（2）课中积极参加“课中讨论”。

（3）课后按时完成“课后测验”的测试题。

学习方法

（1）比较学习法。在学习中善于运用对比的学习方法，针对材料特点展开横向对比与纵向对比，强化对关键知识点的梳理。

（2）理论联系实际。利用一切条件注意观察周围已建或在建工程，了解其装饰构造及施工工艺，掌握材料的使用方法。

课前预习

微课

铝扣板的特性和分类

扫一扫二维码“铝扣板的特性和分类”进行学习。

铝合金装饰板属于现代较为流行的建筑装饰板材，具有重量轻、不燃烧、耐久性好、施工方便、装饰效果好等优点，适用于公共建筑室内外墙面和柱面的装饰。当前的产品规格有开放式、封闭式、波浪式、重叠式条板和藻井式、内圆式、龟板式块状吊顶板。颜色有本色、金黄色、古铜色、茶色等。表面处理方法有烤漆和阳极氧化等形式。近年来在装饰工程中用得较多的铝合金板材有以下几种。

1. 铝合金花纹板及浅花纹板

铝合金花纹板是采用防锈铝合金坯料，用特殊的花纹轧辊轧制而成，如图 8-8 和图 8-9 所示，其花纹美观大方，凸筋高度适中，不易磨损，防滑性好，防腐蚀性强，便于冲洗，通过表面处理可以得到各种不同的颜色，花纹板材平整，便于安装，广泛应用于现代建筑墙面装饰和楼梯踏板等处。

铝合金浅花纹板是以冷却硬化后的铝材作为基质，表面加以浅花纹处理后得到的装饰板。其花纹精巧别致，色泽美观大方，同普通铝合金板相比，其刚度高出20%，抗污垢、抗划伤、抗擦伤能力均有所提高，可作为外墙装饰板材。

2. 铝合金扣板

铝合金扣板是合金铝板通过模压成型等加工工艺轧制而成，形状有条形、方形、格栅等，品种多样，色彩丰富。它具有质轻、易清洗、外形美观、耐久、耐腐蚀、安装简单、施工方便等优点，其装饰效果简洁明快、洗练、冷漠，富于空间感和力度感。铝合金扣板广泛应用于公共建筑的公共空间吊顶和居住建筑的厨房、卫生间吊顶，如图 8-10～图 8-12 所示。

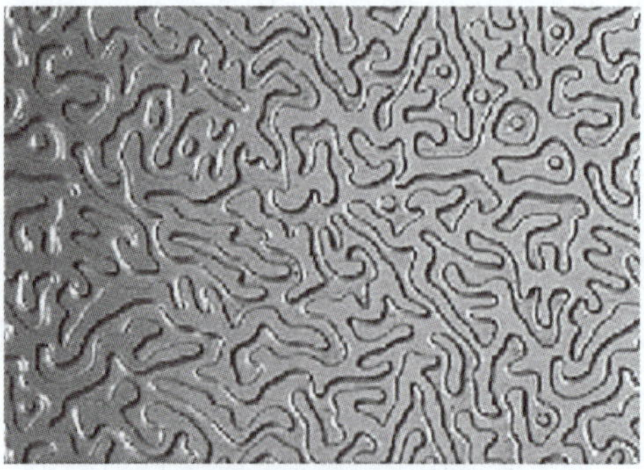

图 8-8 铝合金花纹板

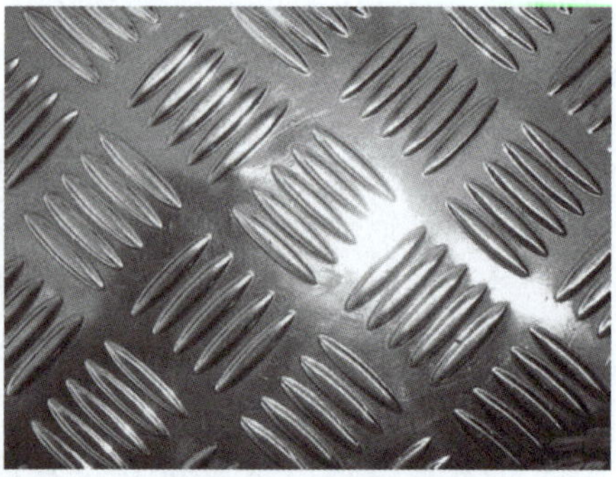

图 8-9 铝合金条纹板

图 8-10 铝合金方形扣板

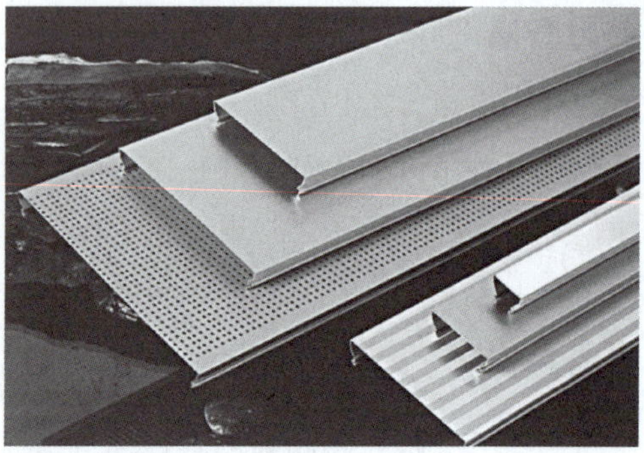

图 8-11 铝合金条形扣板

3. 铝合金穿孔板

铝合金穿孔板是用各种铝合金平板经机械穿孔而成。孔型根据需要有圆孔、方孔、长圆孔、长方孔、三角孔、大小组合孔等。和其他铝合金板相比，其显著特点是降低噪声并兼容装饰，如图 8-13 所示。

图 8-12 铝合金格栅

图 8-13 铝合金穿孔板

4. 铝合金龙骨

龙骨是指罩面板装饰中的骨架材料。罩面板装饰主要用于墙面、隔墙和吊顶等。龙骨可分为隔墙龙骨和吊顶龙骨两类。隔墙龙骨一般作为室内隔墙或隔断龙骨，吊顶龙骨用作室内吊顶骨架。建筑装饰中常用的龙骨材料有轻钢龙骨、铝合金龙骨和木龙骨。

铝合金龙骨属于铝合金挤压件。铝合金龙骨分为主龙骨、次龙骨和修边角，断面有 T 形和 L 形，具有质轻、不生锈、不腐蚀、美观、防火、安装简单等优点，可用于室内吊顶的骨架、隔断骨架等，如图 8-14 和图 8-15 所示。

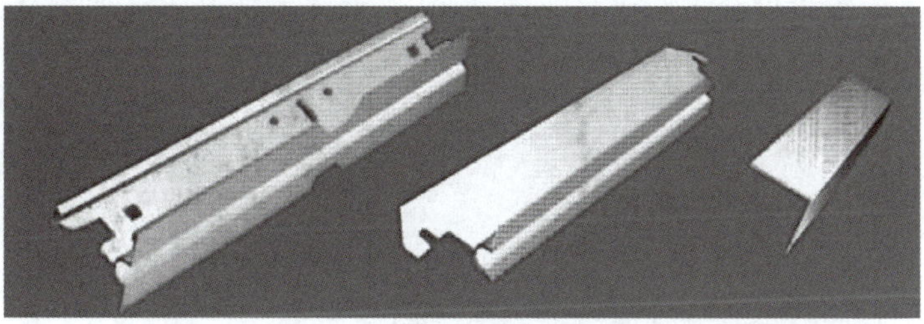

图 8-14　铝合金龙骨

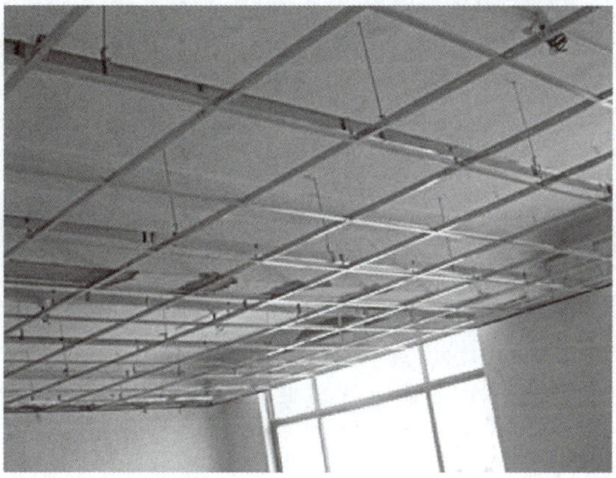

图 8-15　铝合金吊顶龙骨

5. 铝合金幕墙板材

铝合金幕墙板材主要有铝单板、铝塑板和铝蜂窝板三种。

(1) 铝单板。

铝单板一般采用 2 ~4 mm 厚的纯铝板或铝合金板，表面一般经过铬化处理后，再喷涂氟碳涂料。铝单板主要由面板、加强筋和角码等部件组成，如图 8-16 所示。铝单板重量轻、强度高、色彩多样、易清洁、耐久性和耐腐蚀性好、安装施工方便快捷，并可回收再利用，有利于环保。

(2) 铝塑板。

铝塑板由三层组成，表层和底层由铝合金构

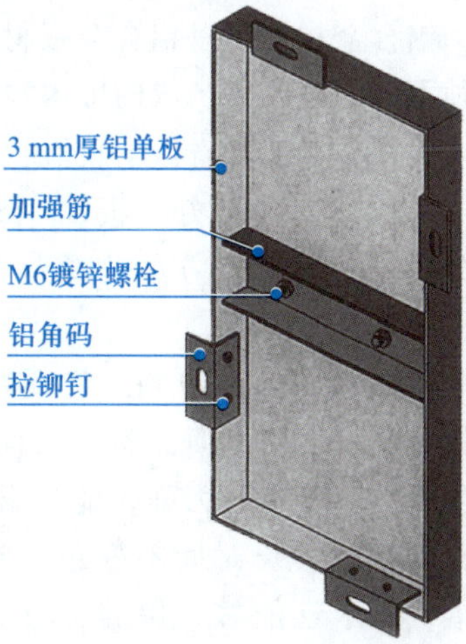

图 8-16　铝单板构造

成，中间层由合成塑料构成，表面喷涂氟碳涂料或聚酯涂料，厚度为3 mm、4 mm、5 mm、6 mm或8 mm，常见规格为1 220 mm×2 440 mm。铝塑板自重轻、防水、防火、防蛀虫、耐酸碱、耐摩擦、易清洗，施工方便，色彩丰富，装饰效果佳，常用于建筑内外墙面、广告牌等。

（3）铝蜂窝板。

铝蜂窝板是以表面涂覆耐候性极佳的装饰涂层的高强度合金铝板作为面，底板与铝蜂窝芯经高温高压复合制造而成的复合板材。其特点是重量轻、强度高、色彩丰富、易清洁、耐久性和耐腐蚀性好、安装施工方便，可用于建筑内外墙面、吊顶、隔断等。上海世博会主题馆是我国2010年上海世博会永久保留建筑之一，其南北立面采用铝蜂窝板、穿孔铝单板，如图8-17所示。

图8-17 上海世博会主题馆

8.2.1 铝合金扣板的特点

铝合金扣板是以铝合金板材为基底，通过开料、剪角、模压成型后，表面覆以各种不同的涂层而制成的金属顶棚装饰材料，如图8-18所示。

铝合金扣板具有以下特点：

（1）外观效果好。板面平整，棱线分明，表面加工方法及颜色种类多样，可选择范围广。

（2）耐腐蚀、防潮。优质的铝合金扣板一般采用优质涂料，板面平整，无色差，涂层附着力强，能耐酸、碱、盐雾的侵蚀，长时间不变色，涂料不脱落，防水性能好，保养方便，用水冲洗便洁净如新。

图8-18 铝合金扣板

（3）重量轻，强度高。体积大小相同的情况下，铝合金扣板重量远比其他金属材料轻。

（4）优良的加工性能。铝合金扣板可以用普通的木材和金属加工工具进行剪、锯、铣、冲、压、折、弯等加工成型，能准确完成设计造型要求。

（5）施工方便。任何规格大小的铝合金扣板都有相配套的金属龙骨连接固定，每件板均可独立拆装，方便施工和维护。如需调换和清洁吊顶面板时，可用磁性吸盘或专用拆板器快速取板。

8.2.2 铝合金扣板的分类

（1）按照形状的不同，可分为条形板和方形板，如图 8-19 和图 8-20 所示。方形板的常见规格有 300 mm×300 mm、400 mm×400 mm、500 mm×500 mm、600 mm×600 mm；条形板的宽度通常有 100 mm、150 mm、200 mm，长度一般为 3 m、4 m 两种。板材的厚度基本在 0.3～0.9 mm 之间。

图 8-19 条形板

图 8-20 方形板

（2）按照材质的不同，可分为以下几种类型：

① 普通铝合金扣板：镁、锰的含量较少，强度、刚度及抗氧化能力较弱，价格相对便宜。

② 铝镁合金扣板：抗氧化能力强。同时含有部分锰，具有一定的强度和刚度。

③ 铝锰合金扣板：强度和刚度均优于铝镁合金，但抗氧化能力要弱于铝镁合金。

④ 钛铝合金扣板：不仅具备前两者的优点，还具有抗酸碱性强的特点，是在厨房、卫生间长期使用的最佳材料，价格也最贵。

（3）按照表面加工工艺的不同，可分为以下几种类型：

① 喷涂板。喷涂板属于最早在市场出现的种类，如图 8-21 所示。其制作工艺是在铝扣板上喷涂聚酯粉末，经过高温烤化形成漆面。缺点是色彩单一，附着力不是很强，也容易变色。

② 滚涂板。滚涂板（图 8-22）是国内引进的高科技配合高性能的滚涂加工工艺的产品，可有效地控制板材的精度和平整度。它是在铝合金扣板基础材质表面进

行脱脂和化学处理，滚涂优质涂料干燥固化而成，在抗氧化能力和表面花色多样性方面比较有优势。

图 8-21 喷涂板

图 8-22 滚涂板

③ 覆膜板。覆膜板（图 8-23）是在铝合金扣板基础上面覆一层高光膜或幻彩膜，其光泽鲜艳、容易擦洗，表面晶莹亮丽、长久不变色，韧性手感，环保防潮、防腐、易清洗、重量轻、防火性能好，价格也稍高。相对于其他工艺，覆膜工艺具有手感好的特点和可供选择的多彩面的表面花色，改变了金属板冰冷、单一的表面感觉。

④ 阳极氧化板。阳极氧化板（图 8-24）是利用电解原理在普通铝材的表面形成一层氧化膜，这层氧化膜的抗氧化能力非常强，而且不易沾灰尘，不易沾油烟，氧化膜可保持永久不脱落。由于阳极氧化板在处理工艺和基础材质上的高要求，使其在市面上备受青睐，当然这种板材的价格相对较高。

图 8-23 覆膜板

图 8-24 阳极氧化板

8.2.3 铝合金扣板的选用

铝合金扣板作为吊顶的重要材料，越来越广泛地应用于装修中。市场上的铝合金扣板产品鱼龙混杂，十分考验消费者的辨别能力。铝合金扣板的选用有以下注意事项：

（1）看厚度：厚度达 0.6 mm 即可，如图 8-25 所示。

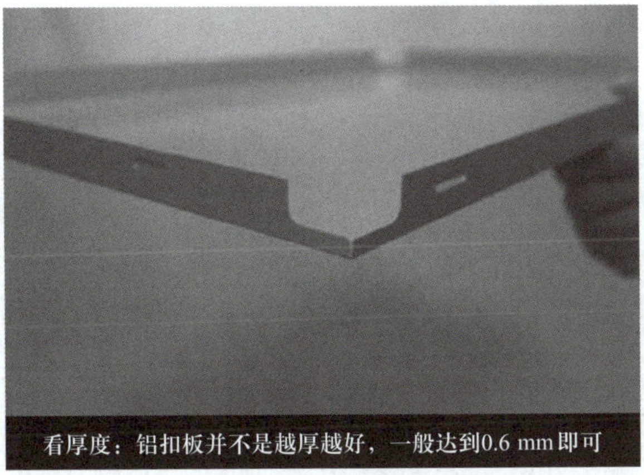

图 8-25 铝合金扣板厚度选用

许多消费者都存在选购误区，认为铝合金扣板越厚越好，其实不然。有的商家吹嘘其板材厚度达到 0.8 mm，一是利用消费者不知行情，求大求厚的心理；二是掩盖其技术缺陷。如果采用原料不纯、品质不过关的铝材做铝合金扣板，板子没办法均匀地拉薄，反而不可能把铝合金扣板做得很薄，只能往厚做。

选购时，判断铝合金扣板厚度最直接的方法是看产品的规格说明，长度、厚度等信息在产品说明上一目了然。再者，可以通过肉眼和手感判断铝合金扣板的厚度。此外，有的产品没有达到规定厚度，厂家在铝合金扣板表面多喷了一层涂料使厚度达标，消费者要仔细地辨别。

（2）选工艺：表面处理很关键，如图 8-26 所示。

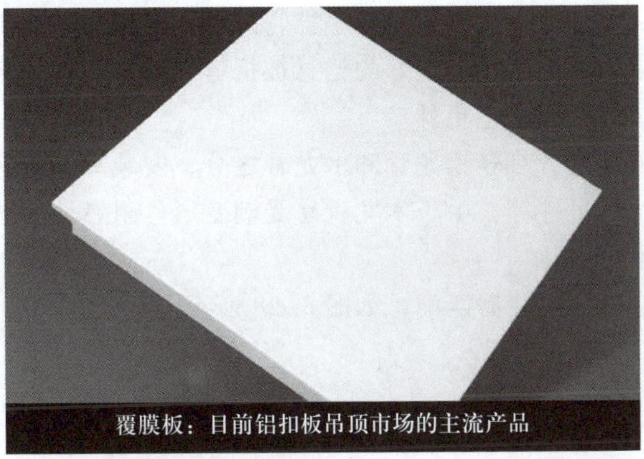

图 8-26 铝合金扣板表面处理

铝合金扣板的表面处理可分为喷涂、滚涂、覆膜等几种形式。其中，喷涂板存在使用寿命短、容易出现色差等缺点；滚涂板具有表面均匀、光滑，无漏涂、缩孔、划伤、脱落等特点；覆膜板表面是一层 PVC 膜，具有表面粘贴牢固，无起皱、划伤、脱落、漏贴等优点。

选购时，可通过手感判断铝合金扣板表面是否光滑细腻。此外，选购覆膜板时更要小心，由于覆膜板工艺要求高，若是人工直接在铝合金扣板上贴膜，一旦温度变化过大，表层容易脱落。

（3）挑材质：钛铝合金材质好，如图 8-27 所示。

图 8-27 铝合金扣板材质选用

铝合金扣板的材质分为钛铝合金、铝镁合金、铝锰合金和普通铝合金等类型。铝镁合金最大的优点是抗氧化能力好；铝锰合金的强度和刚度均优于铝镁合金，但抗氧化能力要低于铝镁合金；普通铝合金材料由于镁、锰的含量较少，其强度、刚度及抗氧化能力均弱于前两者；钛铝合金扣板不仅具备前两者的优点，而且还具有抗酸碱性强的特点，是在厨房、卫生间长期使用的最佳材料。

鉴别铝合金扣板材质的优劣，除了观察板材薄厚是否均匀外，还要看铝合金扣板的弹性和韧性。可选取一块样板，用手把它折弯。若铝材质地不好，很容易被折弯，且不会恢复原来的形状；质地好的铝材被折弯之后，会在一定程度上反弹。

（4）架龙骨：镀锌面质量更佳。

铝合金扣板吊顶龙骨有轻钢龙骨和木龙骨之分，安装方式有轻钢龙骨加木龙骨或者轻钢龙骨加丝杆吊件等。由于木龙骨易受潮变形且阻燃性欠佳，一般建议采用轻钢龙骨加丝杆吊件安装。

（5）比售后：电器安装需匹配，如图 8-28 所示。

图 8-28 铝合金扣板电器安装

铝合金扣板是半成品，需要专业的安装才能使用，可以说是“三分质量，七分安装”。初次安装时，铝合金扣板可根据电器的形状进行切割。但在电器维修时，由于电器和铝合金扣板是不同商家的产品，若电器需要更换不同尺寸的产品，而铝合金扣板维修人员未及时到场重新切割铝合金扣板，会导致维修进度延误。

■ **课中讨论**

文本

铝合金扣板学认说

8.2.4 案例分析

学一学

铝扣板常用于洗手间和厨房的装饰，洗手间和厨房作为家居生活中的重要场所，在吊顶的选择上要求很高，而铝扣板的环保特性也非常合适于这两个空间的装修，如图 8-29、图 8-30 所示。此外，铝扣板还非常的轻薄，所以运输和安装起来都非常的方便。

图 8-29 铝扣板在厨房的应用

图 8-30 铝扣板在洗手间的应用

厨房油烟很大，洗手间非常潮湿，所以对于吊顶材料的要求很高。铝扣板具有非常出色的耐腐蚀性，能够抵御各种油烟和紫外线的侵蚀，所以是洗手间和厨房的理想吊顶材料。

认一认

说出下列图例中的铝合金扣板类型。

图例1：

图例2：

图例3：

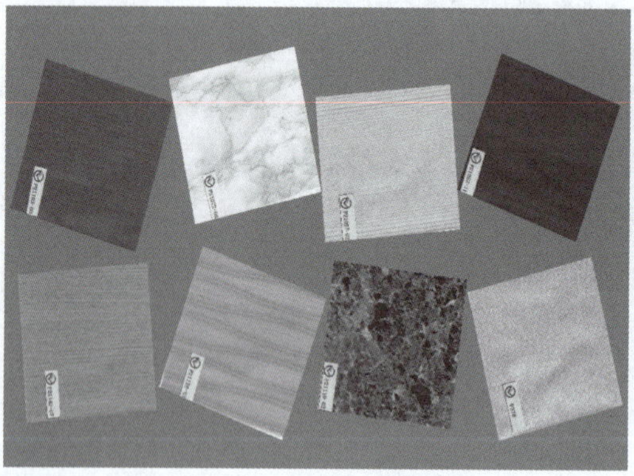

图例4：

说一说

（1）铝合金扣板有哪些特点？

（2）铝合金扣板的选用技巧有哪些？

■ 课后测验

8.2.5 测试题

1. 判断题

（1）按照形状的不同，铝合金扣板可分为条形板和方形板。（   ）

（2）铝镁合金板的抗氧化能力好，同时含有部分锰，具有一定的强度和刚度。（   ）

2. 多项选择题

（1）按照表面加工工艺的不同铝合金扣板可分为（   ）。

A. 喷涂板　　B. 滚涂板

C. 覆膜板　　D. 阳极氧化板

(2) 方形板的常见规格有（　　）。

A. 300 mm×300 mm　　B. 400 mm×400 mm

C. 500 mm×500 mm　　D. 600 mm×600 mm

答案

测试题答案

8.3 彩色不锈钢板

学习目标

（1）了解彩色不锈钢板的特点。

（2）熟悉彩色不锈钢板的应用。

（3）掌握彩色不锈钢板的选用技巧。

学习要求

（1）课前完成“课前预习”的内容。

（2）课中积极参加“课中讨论”。

（3）课后按时完成“课后测验”的测试题。

学习方法

（1）比较学习法。在学习中善于运用对比的学习方法，针对材料特点展开横向对比与纵向对比，强化对关键知识点的梳理。

（2）理论联系实际。利用一切条件注意观察周围已建或在建工程，了解其装饰构造及施工工艺，掌握材料的使用方法。

课前预习

微课

彩色不锈钢板

扫一扫二维码“彩色不锈钢板”进行学习。

铁矿石经过冶炼后得到铁，铁再经过精炼成为钢。钢是对含碳量在2%以下的铁碳合金的统称。钢材具有较高的抗拉强度和较好的塑性、韧性，具有优良的可加工性，可焊、可铆、可制成各种形状的型材和零件，广泛地应用于建筑中。钢及其制品成为建筑中必不可少的重要材料。

现代建筑的发展中，暴露、展示建筑结构的技术美已成为建筑设计流派中的一派（高技派），如香港汇丰银行等。钢型材又成为展示结构美、材料美的重要材料。

装饰用钢材主要有不锈钢钢板及其制品、彩色涂层钢板、塑料复合镀锌钢板及轻钢龙骨等。

1. 不锈钢的特性

不锈钢是指在钢中加入以铬元素为主加元素的合金钢，除铬外，不锈钢中还含有镍（Ni）、锰（Mn）、钛（Ti）、硅（Si）等元素。这些元素能够影响不锈钢的强度、塑性、韧性和耐腐蚀性。

耐腐蚀性是不锈钢诸多性能中最显著的特性之一（顾名思义，不锈钢是不易生锈的钢）。不锈钢的耐腐蚀性原因是铬的性质比较活泼，在不锈钢中，铬首先与环境中的氧化物生成一层与钢基体牢固结合的致密氧化膜层（称为钝化膜），它能使合金钢得到保护，不致生锈。事实表明，铬含量越高，钢的耐腐蚀性越好。

不锈钢的另一特性是表面光泽度高。不锈钢的表面经加工后，特别是抛光后，可以获得镜面效果，光线的反射比可以达到90%以上。

不锈钢膨胀系数大，约为碳钢的1.3～1.5倍，但导热系数只有碳钢的1/3，不锈钢的韧性及延展性均较好，常温下亦可加工。

不锈钢分为铬不锈钢、镉镍不锈钢和高锰低铬不锈钢等。

2. 不锈钢制品

(1) 不锈钢板。

不锈钢板是不锈钢制品中应用最多的为板材，一般为薄材，厚度多小于2.0 mm。装饰不锈钢板材通常按照板材的反光率分为镜面或光面板、压光板和浮雕板三种类型。镜面板表面光滑光亮，光线的反光率可达90%以上，表面可形成独特的映像效果，常用于室内墙面或柱面，如图8-31所示。为保护镜面板表面在加工和施工过程中不受侵害，常在其上加一层塑料保护膜，待竣工后再揭去。压光板的光线反射率为50%以下，其光泽柔和，可用于室内外装饰。浮雕板的表面是经辊压、研磨、腐蚀或雕刻而形成浮雕纹路，一般蚀刻深度在0.015～0.5 mm，这样使得浮雕板不但具有金属光泽，而且富有立体感。

图8-31 不锈钢包柱

(2) 彩色不锈钢板。

彩色不锈钢板是用化学镀膜、化学浸渍等方法对普通不锈钢板进行表面处理后制得，如图8-32所示。其表面具有光彩夺目的装饰效果，具有蓝、灰、紫红、青、绿、金黄、橙及茶色等多种色彩和很高的光泽度，色泽会随光照角度的改变而产生变幻的色调效果。彩色不锈钢板又分为喷砂板、压纹板和拉丝板，如图8-33～图8-35所示。

彩色不锈钢板无毒，耐腐蚀、耐高温、耐摩擦和耐候性好，其色彩面层能在200 ℃以下或弯曲180°时无变化，色层不剥离，色彩经久不褪，耐烟雾腐蚀性能超过一般不锈钢。彩色不锈钢板的加工性能好，可弯曲、可拉伸、可冲压等，耐腐蚀性超过一般的不锈钢，耐磨和耐刻划性能相当于箔层镀金的性能。彩色不锈钢板适用于建筑物的电梯厢板、厅堂墙板，顶棚、门、柱等处。

图 8-32 彩色不锈钢板

图 8-33 不锈钢喷砂板

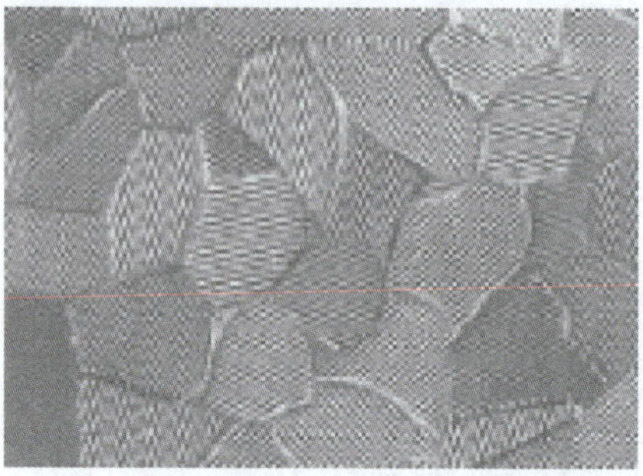

图 8-34 不锈钢压纹板

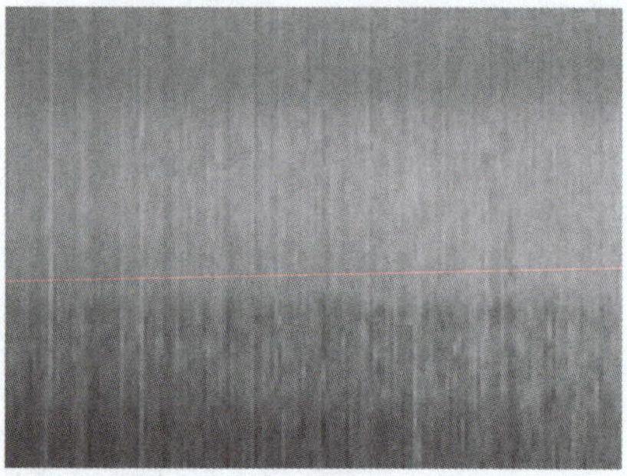

图 8-35 不锈钢拉丝板

（3）不锈钢型材。

不锈钢型材有等边不锈钢角材、等边不锈钢槽材、不等边不锈钢角材和不等边不锈钢槽材、方管、圆管等，可用作压条、拉手和建筑五金等，如图 8-36 和图 8-37 所示。

图 8-36 不锈钢管件

图 8-37 不锈钢栏杆、扶手

3. 彩色涂层钢板、彩色压型钢板和塑料复合镀锌钢板

(1) 彩色涂层钢板。

彩色涂层钢板（俗称彩钢板），是以优质冷轧钢板、热镀锌钢板或镀铝锌钢板为基板，经过表面脱脂、磷化、铬酸盐处理转化，涂覆有机涂层后经烘烤制成，如图 8-38 所示。彩色涂层钢板具有质轻、色彩丰富、良好的耐腐性和加工简单等特性，可用作各类建筑物的内外墙板、吊顶、屋面板和壁板等。彩色涂层钢板在用作围护结构和屋面板时，往往与岩棉板、聚苯乙烯泡沫板等绝热材料制成复合板材，从而达到绝热和装饰的双重要求。

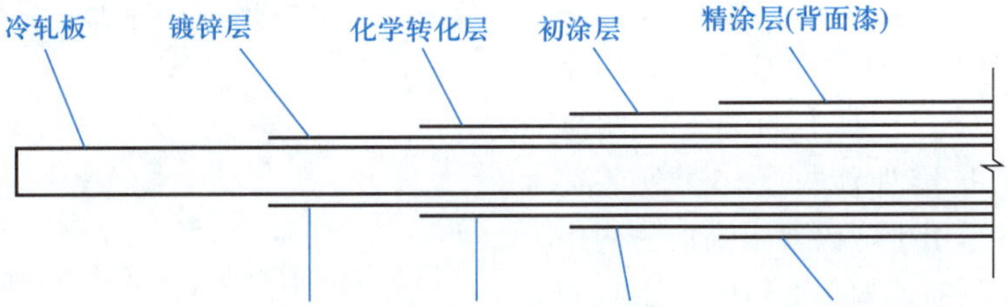

图 8-38 彩色涂层钢板的结构

(2) 彩色压型钢板。

彩色压型钢板是以镀锌钢板为基材，经过成型机轧制成各种异形断面，表面涂敷各种耐腐蚀涂层或烤漆而成的轻型复合板材，也可以采用彩色涂层钢板直接压制成型。这种板材的基材厚度只有 0.5～1.2 mm，属于薄型钢板，但是经轧制等加工成压型钢板后（断面为 V 形、U 形、梯形或波形等），使钢板的抗弯强度大大提高，如图 8-39 所示。

彩色压型钢板具有重量轻、波纹平直坚挺、抗震性好、耐久性强、易加工、施工方便、表面色彩鲜艳丰富、美观大方等特点，广泛应用于各类建筑物的内外墙面、屋面和吊顶等处，也用作轻型夹心板材的面板等。

图 8-39 彩色压型钢板

(3) 塑料复合镀锌钢板。

塑料复合镀锌钢板是在钢板表面上覆一层 0.2 ~ 0.4 mm 的半硬质聚氯乙烯塑料膜而成。具有绝缘性好、耐磨损、耐冲击和耐潮湿，良好的延展性及加工性，弯曲 180°塑料层不会脱离钢板等特性。复合塑料膜后不仅改变了钢板面貌，还可在其上绘制图案和艺术条纹，如木纹、布纹、皮革纹和大理石纹等。塑料复合镀锌钢板可用作地板、门板、顶棚等，如图 8-40 所示。

图 8-40 塑料复合镀锌钢板

4. 轻钢龙骨与铁艺

(1) 轻钢龙骨。

轻钢龙骨是以冷轧钢板（钢带）、镀锌钢板（钢带）或彩色喷塑钢板（钢带）为原料，采用冷弯工艺加工而成的薄壁型钢，经组合装配而成的一种金属骨架。有 U 形、C 形、T 形及 L 形龙骨之分。它具有自重轻、刚度大、防火、抗震性能好、加工安装简便等特点，适用于防火要求高的室内吊顶或隔墙、隔断，如图 8-41 和图 8-42 所示。

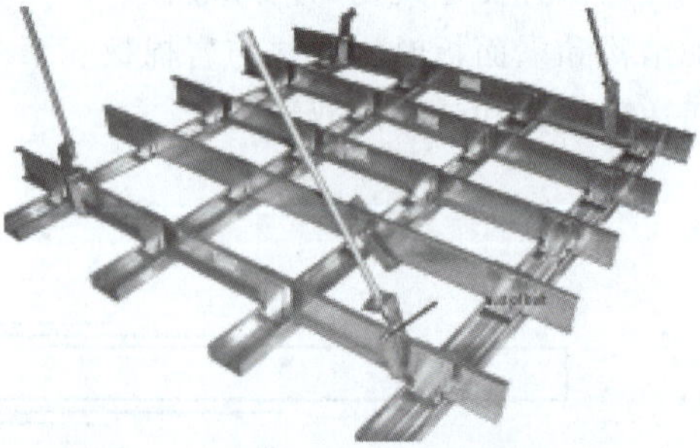

图 8-41 轻钢龙骨吊顶构造示意图

图 8-42 轻钢龙骨吊顶实景

（2）铁艺。

铁艺，顾名思义，是指铸铁的艺术。铸铁是碳含量大于2%的铁碳合金。其成分除碳外，还含有一定数量的硅、锰、硫、磷等化学元素和一些杂质。铸铁又称生铁，其成本低廉，铸造性能和使用性能良好。

铁艺有着悠久的历史，西方从中世纪开始，已将铁艺和阳台栏杆、大门、院墙的围栏、室内的楼梯扶手、门把手、门锁、壁炉架等融为一体。但不知从何时开始，铁艺被历史的激流淘汰了，铁匠这一古老的职业也逐渐不见了。随着社会的发展，返璞归真的思潮成为一种新的时尚，作为古老的、传统艺术装饰风格的铁艺艺术，被注入新的内容和生命，有着古朴、典雅、粗犷的艺术风格，铁艺又被人们应用在建筑内外部装饰中，如图8-43和图8-44所示。

图8-43 铁艺栏杆

图8-44 铁艺楼梯

铁艺是指生铁熔化后被倒入沙模，而后又被加工成所需的形状。为防止铁艺表面锈蚀，通常对铁艺制品表面进行以下处理：

① 非金属保护层：在铁艺制品表面涂装一层或数层有机和无机化合物，如油漆、塑料、橡胶、沥青、珐琅、耐酸材料、防锈油等。

② 金属保护层：在铁艺制品表面镀上一层不易锈蚀的金属或合金，如锌、锡、镍、铬、铜、钛等。

③ 化学保护层：用化学和电化学方法使铁艺制品表面形成一层非金属膜的保护层，如表面发黑、发蓝、磷酸盐处理等。

8.3.1 彩色不锈钢板的特点

彩色不锈钢既具有金属特有的光泽和强度，又具有色彩纷呈、经久不变的颜色。彩色不锈钢板不但保持了原色不锈钢的物理、化学、机械性能，而且比原色不锈钢具有更强的耐腐蚀性能。

彩色不锈钢板是在不锈钢板上进行技术性和艺术性加工，使其表面成为具有各种绚丽色彩的不锈钢装饰板，其颜色有蓝、灰、紫、红、青、绿、金黄、橙、茶色等。

彩色不锈钢板具有抗腐蚀性强、机械性能较高、彩色面层经久不褪色、色泽随光照角度不同会产生色调变幻等特点，而且彩色面层能耐 200℃ 的温度，耐盐雾腐蚀性能比一般不锈钢好，耐磨和耐刻划性能相当于箔层涂金的性能。当弯曲 90℃ 时，彩色层不会损坏。

8.3.2 彩色不锈钢板的应用

彩色不锈钢板可用作厅堂墙板、顶棚、电梯厢板、车厢板、建筑装潢、招牌等装饰。采用彩色不锈钢板装饰墙面，不但坚固耐用，美观新颖，而且具有强烈的时代感。

不锈钢镜面板又称镜面板，用研磨液通过抛光设备在不锈钢板面上进行抛光，使板面光度像镜子一样清晰，如图 8-45 所示。不锈钢镜面板主要用于建筑装潢、电梯装潢、工业装潢、设施装潢等不锈钢系列产品。

图 8-45 镜面板

不锈钢拉丝就是不锈钢表面像丝状的纹理，是不锈钢的一种加工工艺。其表面是哑光的，仔细看上面有一丝一丝的纹理，但是摸不出来，比一般亮面的不锈钢耐磨，看起来更上档次一些，如图 8-46 所示。

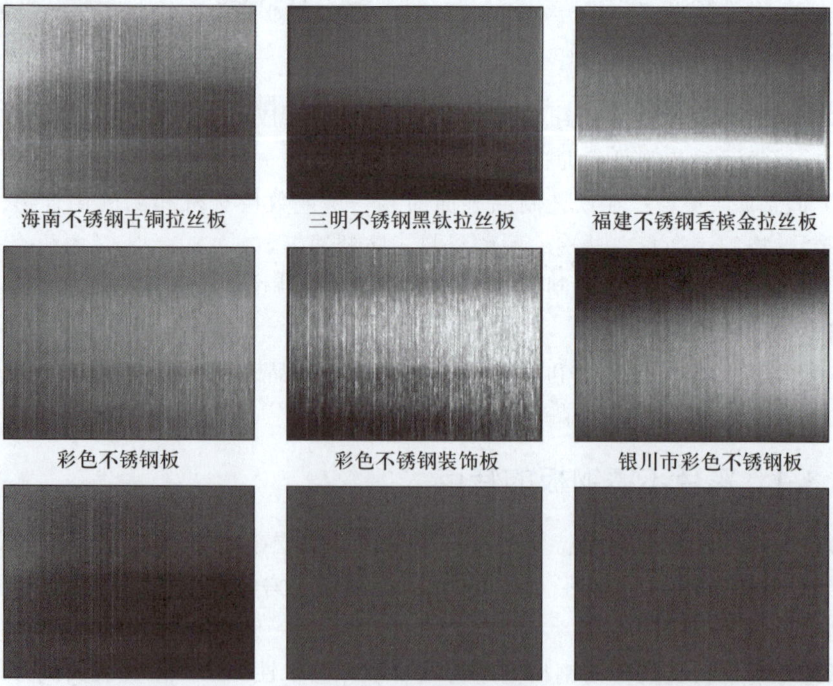

海南不锈钢古铜拉丝板　三明不锈钢黑钛拉丝板　福建不锈钢香槟金拉丝板

彩色不锈钢板　彩色不锈钢装饰板　银川市彩色不锈钢板

不锈钢钛金板　佛山不锈钢青古铜拉丝板　彩色不锈钢青板

图 8-46 不锈钢拉丝板

压纹板，又称压花板、蚀刻板，是指通过机械设备在不锈钢板上进行压纹加工，使板面出现凹凸图纹。目前，市场上已经有很多压纹板，常见的有镀钛花纹、冰竹纹、仿立方格纹、纺竹纹、水纹、石纹等，如图 8-47 所示。

图 8-47　不锈钢压纹板

压纹板是通过先进的成套全自动生产设备轧制成型，款式多样，立体感强，材质表里如一，有防锈、不开裂、不刮花、不透漏、易清洗的优良特性，是电梯、橱柜面板的理想选择。压纹板主要优点有耐看、耐用、耐压、耐磨、装饰效果强。

喷砂板是指用锆珠粒通过机械设备在板面进行加工，使板面呈现细微珠粒状砂面，并经过复杂的工艺过程使喷砂板表面具有绚丽的色彩，增添了赏心悦目的美感，如图 8-48 所示。

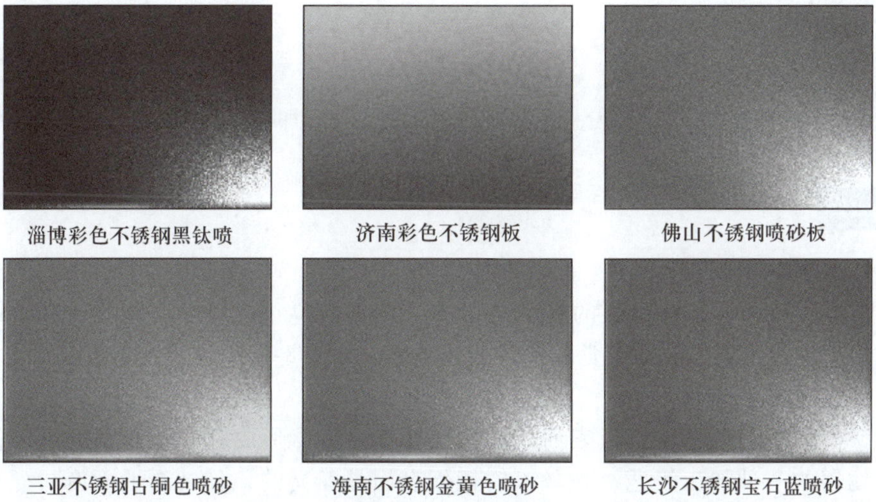

图 8-48　不锈钢喷砂板

不锈钢喷砂板可供广大用户选择的颜色有浅金黄色、金黄色、宝石蓝、黑枪色、咖啡色、幼彩色、锆金色、青铜色、玫瑰色。不锈钢喷砂板既保留了不锈钢板优良的机械性能和耐腐蚀性能，又具有丰富多彩的美丽色泽，为本色不锈钢板增添了赏心悦目的美感，同时不锈钢喷砂板还具有优于基体的耐腐蚀等性能，因此在现代社会生活和国民经济的各个领域中得到了广泛的应用。

8.3.3 彩色不锈钢板的选用技巧

1. 观察金属表面

因为彩色不锈钢板主要用于建筑装饰装修，所以观赏性就显得尤其重要。消费者在验货时，需要严格把关，观察表面是否存在色差、划伤、砂眼、脱皮、水痕等问题。

2. 辨别表面着色工艺

不锈钢表面着色工艺会影响价格的高低。水镀着色给人不真实、不精致的感觉，就像是喷涂上去的，还会产生废水的污染，价格较低。真空镀着色相对比较环保，不会产生有毒或有污染的物质，因而价格比较高。

3. 贴膜的质量

彩色不锈钢板的表面通常会贴一层保护膜，以保证表面的光洁度，且可避免受硬物的划伤。质量不好的保护膜，放久了会出现粉化现象，难以撕开，或是撕开后在表面会黏住很多的胶水。验货时，建议撕开较大的面积查验贴膜的质量。

4. 分辨材质

市面上彩色不锈钢板常用的材质有 201、304、316 等型号。在这些型号中，316 的耐腐蚀性最好，而最差的是 201，价格上差别也比较大。因此，部分不良商家常会用 201 代替 304 和 316。还有一些商家会用水镀着色工艺来代替真空离子镀着色工艺，导致很多建筑装饰装修工程安装不锈钢板时，表面出现颜色脱落、生锈甚至断裂的问题。

■ **课中讨论**

文本

彩色不锈钢板学认说

8.3.4 案例分析

学一学

1. 仿铜不锈钢板

仿铜不锈钢板具有很强的视觉冲击力，还具有厚重、自然、渊博、和谐的质感，给人一种稳重安心的感觉和岁月的厚重感，如图 8-49、图 8-50 所示。

2. 拉丝不锈钢板

拉丝不锈钢板是将钢板表面经过拉丝处理之后，形成许多丝线状的纹理，这是不锈钢的一种加工工艺。拉丝不锈钢板表面是亚光的，仔细看上面有一丝一丝的纹理，但是用手摸不出来，比一般亮面的不锈钢耐磨，看起来档次更高一些，如图 8-51 所示。

图 8-49 仿铜不锈钢板在商业建筑中的应用

图 8-50 仿铜不锈钢板边框

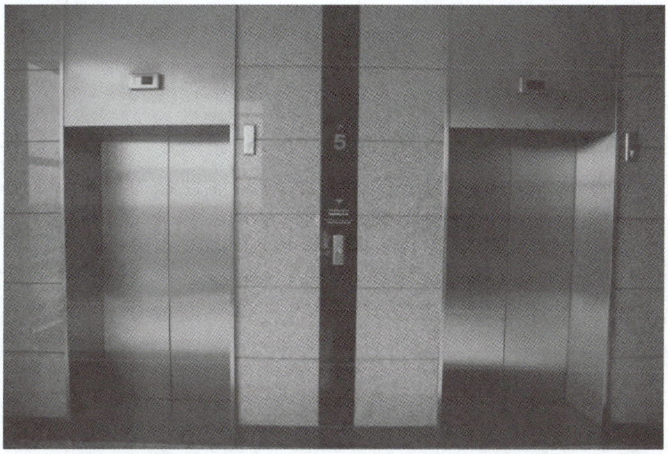

图 8-51 拉丝不锈钢板在电梯中的应用

认一认

说出下列图中彩色不锈钢板类型。

图例 1：

图例 2：

图例 3：

说一说

彩色不锈钢板有哪些应用？

■ 课后测验

8.3.5 测试题

1. 判断题

（1）压纹板，又称压花板、蚀刻板。（ ）

（2）彩色不锈钢板常用的材质中，316 的耐腐蚀性最好。（ ）

（3）彩色不锈钢板的表面通常会贴一层保护膜，以保证表面的光洁度，且可避免受硬物的划伤。（ ）

（4）彩色不锈钢板常用的材质中，201 的耐腐蚀性最好。（ ）

2. 多项选择题

（1）彩色不锈钢板的特性包括（ ）。

A. 抗腐蚀性强　　B. 机械性能较高

C. 彩色面层经久不褪色　　D. 色泽随光照角度不同会产生色调变幻

（2）市面上彩色不锈钢板常用的材质有（ ）。

A. 201　　B. 304

C. 316　　D. 210

答案

测试题答案

8.4 五金锁具

■ **学习目标**

（1）了解五金配件的特点。
（2）熟悉五金配件的应用。
（3）掌握五金锁具的选用技巧。

■ **学习要求**

（1）课前完成“课前预习”的内容。
（2）课中积极参加“课中讨论”。
（3）课后按时完成“课后测验”的测试题。

■ **学习方法**

（1）比较学习法。在学习中善于运用对比的学习方法，针对材料特点展开横向对比与纵向对比，强化对关键知识点的梳理。

（2）理论联系实际。利用一切条件注意观察周围已建或在建工程，了解其装饰构造及施工工艺，掌握材料的使用方法。

■ **课前预习**

扫一扫二维码“五金配件”进行学习。

微课 五金配件

8.4.1 五金的特点

五金是指金、银、铜、铁、锡五种金属制成的金属材料，如图 8-52 所示。它们是现代建筑工程及装饰工程中必不可少的连接与固定配件。根据体积大小及使用位置的不同，五金材料通常分为大五金和小五金两大类。

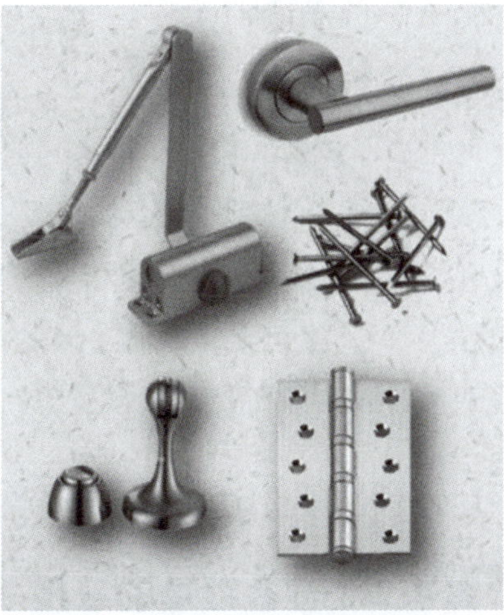

图 8-52 五金

大五金是指钢板、钢筋、扁铁、万能角钢、槽钢、工字钢及各类型的钢铁材料，如图 8-53 所示。大五金一般用于工装上的焊接设备、机械产品、较大的五金工具等。

小五金是指安装在建筑物或家具上的金属器件和某些小工具的统称，如钉子、搭扣、螺栓、铁丝、门锁、合页、插销、弹簧等，如图 8-54 所示。

图 8-53 大五金

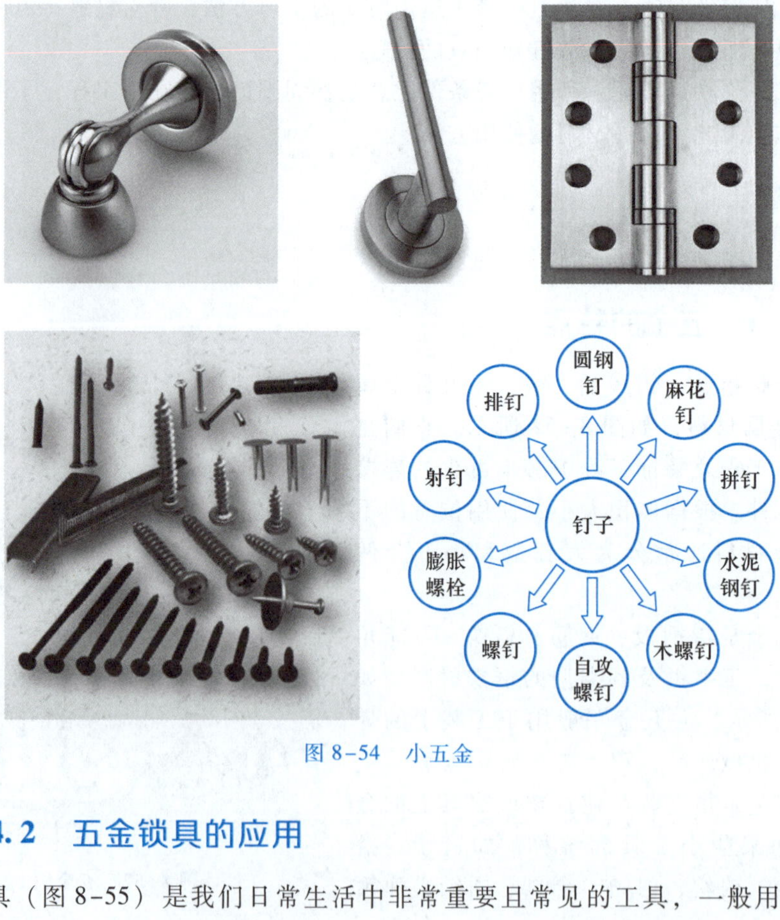

图 8-54 小五金

8.4.2 五金锁具的应用

锁具（图 8-55）是我们日常生活中非常重要且常见的工具，一般用在门窗、保险柜等家具上，用来保护我们的财产安全。市场上门锁的种类繁多，可按照不同的方式进行分类。

1. 按照锁体安装位置的不同分类

（1）复锁：锁体安装在门扇的内侧表面，如传统的大门锁。

（2）插锁：又称插芯门锁，装在门板内，如房间门的执手锁。

2. 按照用途分类

（1）户门锁（入户门锁，图 8-56）：其最重要的功能就是防盗。锁芯一般为磁性原子结构或电脑芯片的锁芯，面板的材质是锌合金或不锈钢，锁舌有防手撬、防插功能，具有多层反锁功能，反锁后，门外是不能开启的。

（2）书房锁（图 8-57）和卧室锁（图 8-58）：防盗功能要求不高，主要要求装饰、耐用、开关门方便、关门声小、具有反锁功能，把手握感好即可。

（3）浴室锁（图 8-59）和厨房锁：造型和房门锁相似，外侧拉手下无钥匙孔，有一字形凹槽，如内侧反锁，可在外侧用平口螺丝刀等工具拨开。由于浴室、厨房环境都较为潮湿，因此锁体材质大多为不锈钢材质。

图 8-55 五金锁具

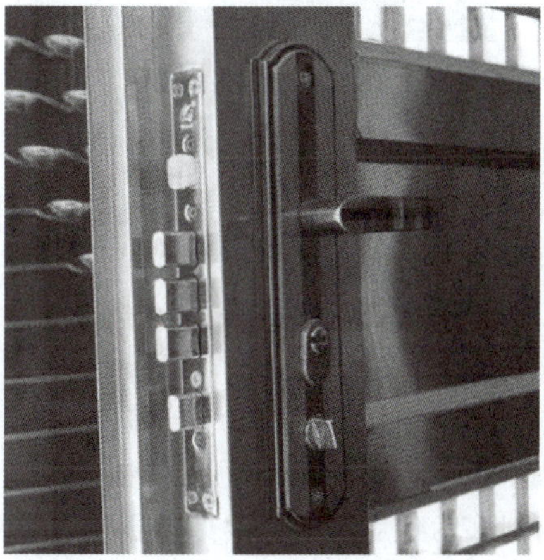

图 8-56 入户门锁

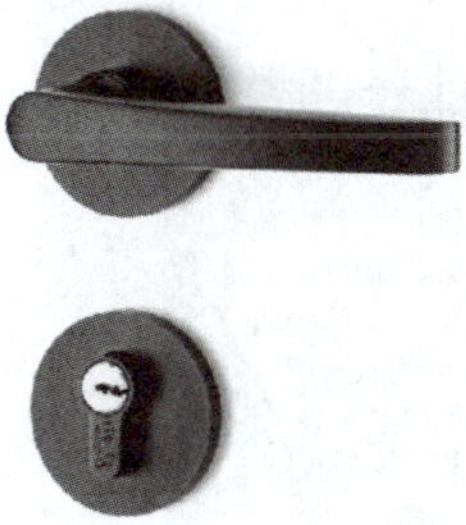

图 8-57 书房锁

图 8-58 卧室锁

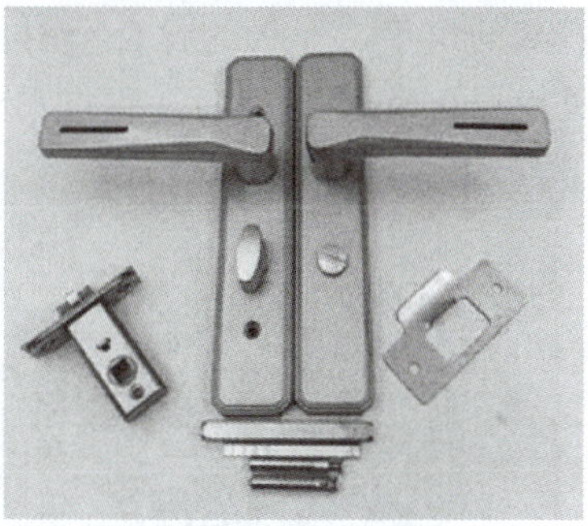

图 8-59 浴室锁

（4）通道锁（图 8-60）：消防门、逃生门专用。其结构简单，开关门声音小，力度小，用身体任何部位推压通道锁即可把逃生门打开，提高逃生速度。可与大楼安防、监控系统连接。

（5）智能门锁（图8-61）：在传统机械锁的基础上改进的，在用户安全性、识别、管理性方面更加智能化、简便化的锁具。

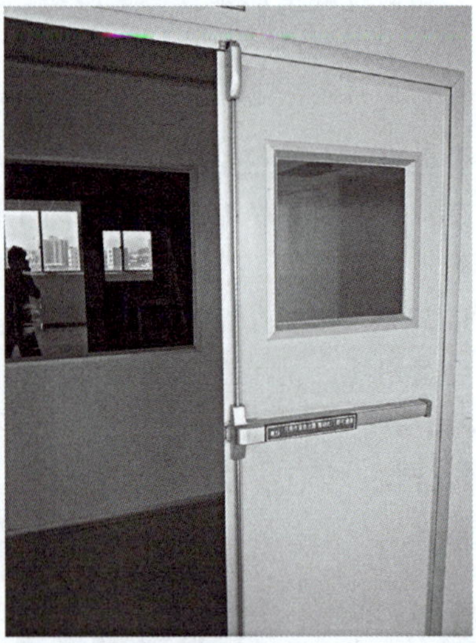

图8-60 通道锁

图8-61 智能门锁

3. 按照材料分类

（1）不锈钢锁（图8-62）：是门锁表面看到的执手、面板为不锈钢材质的门锁。钢材以304不锈钢为佳，经过铸造打磨，通常以不锈钢本色示人。

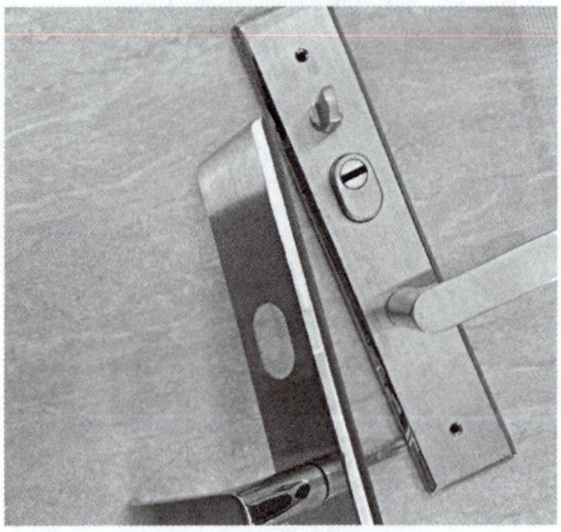

图8-62 不锈钢锁

（2）铜锁（图8-63）：是门锁表面看到的执手、面板为纯铜材质的门锁。纯铜产品原材料多为优质黄铜，常见镀层色有PVD金色、光金、黄古铜等。

（3）锌合金锁（图8-64）：是门锁表面看到的执手、面板为锌合金材质的门锁。常见镀层色有PVD金色、青古铜、黄古铜和镍拉丝银色。

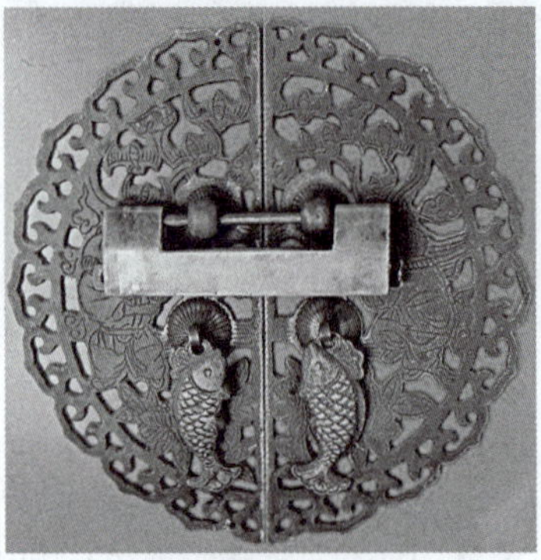

图8-63 铜锁

图8-64 锌合金锁

8.4.3 五金锁具的鉴别

在五金锁具的选用过程中，要注意以下几个方面的鉴别和注意事项。

1. 使用的环境、条件及其要求

应考虑使用环境的优劣状况，如干湿度、门的结构、厚度，左开门还是右开门，内开门还是外开门，以防买错产品。考虑与装饰环境的协调度，根据自己的喜好，购买产品时应考虑与其居室的环境协调一致。考虑家庭成员的状况，考虑家中是否有老人、小孩或残疾人士，选择方便其使用的产品。

2. 考虑经济承受能力，结合家庭经济状况

经济充裕的可购买高档的产品，经济欠理想的可选择档次较低的产品，但应注意，无论选择高档还是低档的产品，均要考虑生产企业的实力是否雄厚，质量是否稳定，建议选择有相当知名度企业的产品，避免造成金钱上的损失以及给日常生活带来不必要的麻烦与困扰。考虑经销商的信誉及服务水平，防止一些经销商从自身利益出发，推荐一些假冒伪劣的商品给消费者。

3. 品牌性价比

选择锁具时，应选择知名度高、质量稳定、售后服务好的企业的产品。先检查所购产品包装的标识、标志是否齐全（包括产品的执行标准、等级、生产企业名称、地址、生产日期），包装物是否牢固，说明书内容与产品是否相符，谨防有夸大而与事实不符现象。观察产品外观质量情况，包括锁头、锁体、锁舌、执手与覆板部件及有关配套件是否齐全，电镀件、喷漆件表面色泽是否鲜艳、均匀，有无生锈、氧化迹象及破损。

4. 锁具的实践性

反复开启，查看锁芯弹簧的灵敏程度。

■ 课中讨论

8.4.4 案例分析

学一学

智能门锁有别于传统机械锁，是具有安全性、便利性、先进技术的复合型锁具。作为一种在用户安全性、识别性、管理性方面更加智能化的高科技产品，智能门锁被广泛应用在银行、政府部门、酒店、居民小区、别墅等建筑的入户门上，如图8-65、图8-66所示。

图8-65 智能门锁在家居中的应用

文本

五金锁具学认说

图 8-66 智能门锁在办公场所的应用

认一认

按照用途分类，说出下列图例中的五金锁具类别。

图例 1：

图例 2：

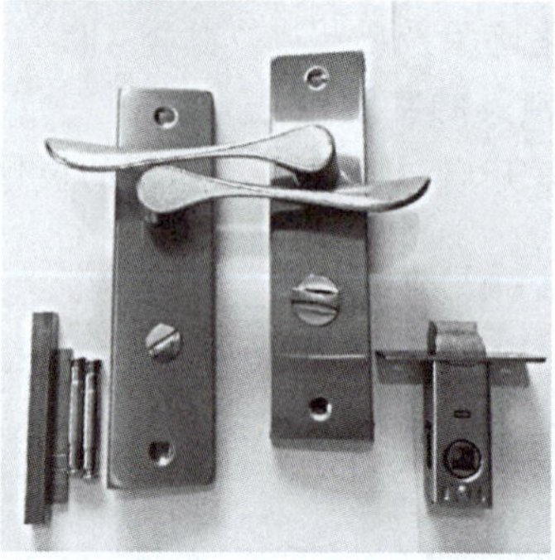

说一说

在五金锁具的选用过程中，要注意哪些事项？

■ 课后测验

8.4.5 测试题

1. 判断题

(1) 根据体积大小及使用位置的不同，五金材料通常分为大五金和小五金两大类。(　　)

（2）大五金是指钢板、钢筋、扁铁、万能角钢、槽钢、工字钢及各类型的钢铁材料。（ ）

2. 多项选择题

（1）按照锁体安装位置的不同，门锁大致可分为（ ）。

A. 复锁 B. 插锁 C. 户门锁 D. 卧室锁

（2）按照锁体材料的不同，门锁可分为（ ）。

A. 不锈钢锁 B. 铜锁 C. 锌合金锁 D. 复锁

答案

测试题答案

模块 9

其他装饰材料

9.1 玻璃棉

■ 学习目标

（1）了解玻璃棉的特点。

（2）熟悉玻璃棉的应用。

■ 学习要求

（1）课前完成“课前预习”的内容。

（2）课中积极参加“课中讨论”。

（3）课后按时完成“课后测验”的测试题。

■ 学习方法

（1）比较学习法。在学习中善于运用对比的学习方法，针对材料特点展开横向对比与纵向对比，强化对关键知识点的梳理。

（2）理论联系实际。利用一切条件注意观察周围已建或在建工程，了解其装饰构造及施工工艺，掌握材料的使用方法。

■ 课前预习

微课 玻璃棉

扫一扫二维码“玻璃棉”进行学习。

玻璃棉属于玻璃纤维中的一个类别，是一种人造无机纤维。玻璃棉是将熔融玻璃纤维化，形成棉状的材料，化学成分属于玻璃类，是一种无机纤维，具有成型好、体积密度小、热导率低、保温绝热、吸声性能好、耐腐蚀、化学性能稳定等特点，如图 9-1 所示。

图 9-1　玻璃棉

9.1.1 玻璃棉的特点

玻璃棉的生产过程如图 9-2 所示。

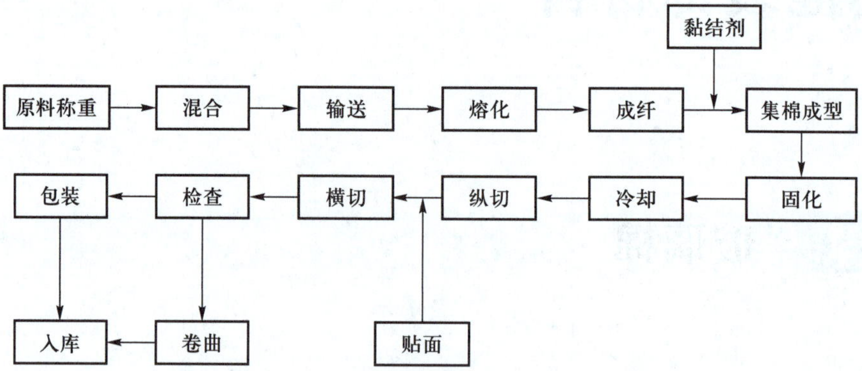

图 9-2 玻璃棉的生产过程

将原料按照配比混合后送入玻璃熔炉，熔化好的玻璃溶液经熔炉末端的漏板流出，进入离心器。在高速旋转的离心机带动下，离心器高速运转将玻璃溶液甩成玻璃细流，在燃烧室产生的高温高速火焰作用下，玻璃细流将进一步被拉伸成纤维，然后施加雾化的黏结剂，在集棉网带的负压风作用下，附着了树脂的纤维沉着在运动的网带上，形成了均匀的棉毡，然后进入恒温固化炉，树脂受热完成固化过程，产品定型。定型后的产品经切割便成了预定的产品，然后进行包装。

玻璃棉具有以下特点：

（1）铝箔玻璃棉吸声、减振。经检测，吸声效果极佳，吸声系数高达 0.85，是吸声降噪减振材料的高性能产品。它富有很高的弹性，因而能最大限度地减少冷冻水和热水管道在使用过程中的振动和共振。

（2）铝箔玻璃棉导热系数小，具有优良的绝热效果。

（3）铝箔玻璃棉吸水率低，密闭式气泡结构及致密的表皮使水汽不易透过。

（4）铝箔玻璃棉阻燃性好，材料中含有大量阻燃减烟原料。燃烧时产生的烟浓度极低，而且遇火不熔化，不会滴下着火的火球，材料具有自熄灭特征。

（5）其他特性：铝箔玻璃棉施工方便、外观整洁美观，既不会刺激皮肤，也不会危害健康，还能防止霉菌生长。

9.1.2 玻璃棉的应用

玻璃棉板经过处理后可以制成吸声吊顶板或吸声墙板，如图 9-3 所示。

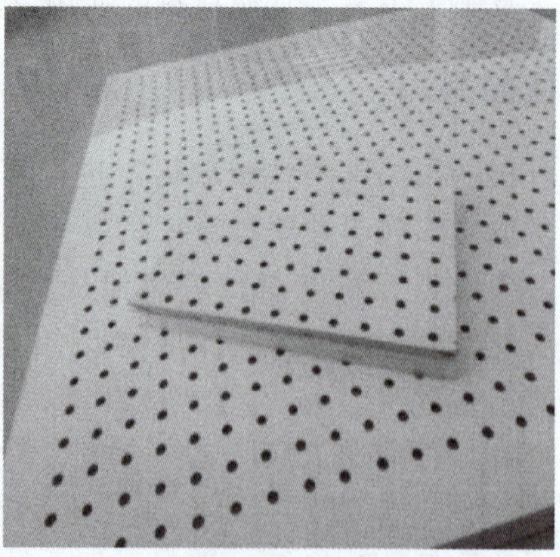

图 9-3 玻璃棉制穿孔吸声板

9.1.3 玻璃棉的分类

玻璃棉按其生产方法可分为以下三种：第一种是将熔融玻璃制成玻璃球、棒或块状物，使其再二次熔化，然后拉丝并经火焰喷吹成棉，即所谓的火焰法玻璃棉；第二种是对粉状玻璃原料进行熔化，然后借助离心力及火焰喷吹的双重作用，使熔融玻璃直接制成玻璃棉，即所谓的离心喷吹法玻璃棉；第三种是将熔融玻璃借助蒸汽或压缩空气对其进行喷吹而成的玻璃棉，即所谓的离心蒸汽立吹法玻璃棉，目前这种生产方法已逐渐被淘汰。

文本

玻璃棉学认说

■ **课中讨论**

9.1.4 案例分析

学一学

玻璃棉应用案例（吸声墙板）如图 9-4 所示。

图 9-4 玻璃棉应用案例（吸声墙板）

认一认

说出下列图例中玻璃棉的使用部位及应用于相应部位的原因。

图例 1：

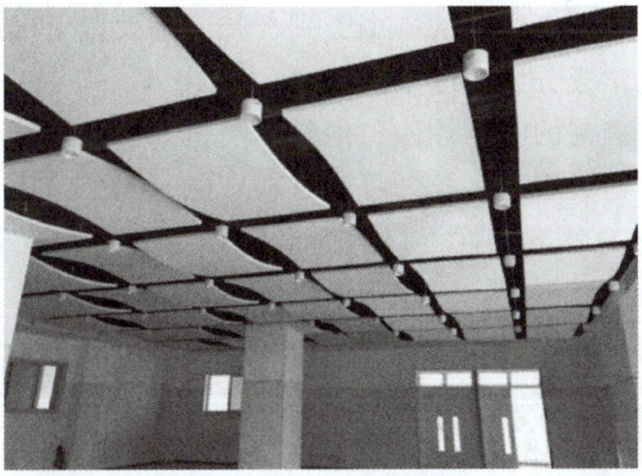

图例 2：

图例 3：

说一说

说一说玻璃棉的作用及其常见规格尺寸。

■ 课后测验

9.1.5 测试题

1. 判断题

（1）玻璃棉属于玻璃纤维中的一个类别，是一种人造无机纤维。（　　）

（2）玻璃棉的化学成分属于纤维素分子。（　　）

（3）玻璃棉具有良好的吸声性能，但是不隔热。（　　）

（4）离心玻璃棉是典型的多孔性吸声材料。（　　）

（5）离心玻璃棉的吸声特性不仅与厚度和容重有关，还与罩面材料、结构构造等有关。（　　）

2. 多项选择题

玻璃棉具有以下（　　）性能。

A. 成型好　　B. 热导率高　　C. 保温绝热　　D. 耐腐蚀

答案

测试题答案

9.2 墙纸

■ 学习目标

（1）了解墙纸的分类。

（2）熟悉墙纸的特点。

■ 学习要求

（1）课前完成“课前预习”的内容。

（2）课中积极参加“课中讨论”。

（3）课后按时完成“课后测验”的测试题。

■ 学习方法

（1）比较学习法。在学习中善于运用对比的学习方法，针对材料特点展开横向对比与纵向对比，强化对关键知识点的梳理。

（2）理论联系实际。利用一切条件注意观察周围已建或在建工程，了解其装饰构造及施工工艺，掌握材料的使用方法。

■ 课前预习

扫一扫二维码“墙纸”进行学习。

微课

墙纸

墙纸又称壁纸，是一种用于裱糊墙面的室内装修材料，广泛用于住宅、办公室、宾馆、酒店的室内装修。其材质不局限于纸，也包含其他材料。

9.2.1 墙纸的分类

墙纸，国外习惯称之为壁纸，英文为 wallcoverings 或 wallpaper，它是一种应用相当广泛的室内装饰材料。因为墙纸具有色彩多样、图案丰富、豪华气派、安全环保、施工方便、价格适宜等多种其他室内装饰材料所无法比拟的特点，故在欧美、东南亚、日本等国家和地区得到相当程度的普及。据调查了解，英国、法国、意大利、美国等国的室内装饰墙纸普及率达到了 90% 以上，在日本的普及率更是实现了 100%。墙纸的表现形式非常丰富，为适应不同的空间、场所，不同的兴趣爱好，不同的价格层次，墙纸也有多种类型以供选择。

1. PVC 类

面层用胶来构成，又称高分子材料。世界上 80% 以上的产品都属于这一类，是墙纸的一大分类。这类墙纸的防水性能非常好，水分不会渗透到墙体里面去，属于隔离型防水。

2. 纯纸类

以纸为基材，经印花后压花而成，自然、舒适、无异味、环保性好，透气性能强。因为是纸质，所以有非常好的上色效果，适合染各种鲜艳颜色甚至工笔画。纸质不好的产品，时间久了可能会略显泛黄。

3. 无纺布

以纯无纺布为基材，表面采用水性油墨印刷后涂上特殊材料，经特殊加工而成，具有吸声、不变形等优点，并且有强大的呼吸性能。因为其非常薄，施工起来非常容易，非常适合喜欢 DIY 的年轻人。

4. 织物类

以丝绸、麻、棉等编织物为原材料，其物理性状非常稳定，湿水后颜色变化也不大。所以这类产品在市场上也非常受欢迎，但相比无纺布类，价格较高。

5. 金属类

主要采用纯正的金、银、丝等高级面料制成表层，手工工艺精湛，贴金工艺考究，价值较高，并且防水防火，易于保养。因为有可能用高纯度的铜、铝来代替金银，所以价格较低的产品很可能会被氧化产生变色。

9.2.2 墙纸的特点

（1）优点：纸底胶面墙纸是目前应用最为广泛的墙纸品种，它具有色彩多样、图案丰富、价格适宜、耐脏、耐擦洗等优点。

（2）缺点：

① 造价比乳胶漆相对贵些。

② 施工水平和质量不容易控制。

③ 档次比较低、材质比较差的墙纸环保性差，对室内环境有污染。

④ 一些墙纸色牢度较差，不易擦洗。

⑤ 印刷工艺低的墙纸，时间长了会有褪色现象，尤其是日光经常照射的地方。

⑥ 不透气材质的墙纸容易翘边，墙体潮气大，时间久了容易发霉脱层。

⑦ 大部分墙纸再更换需要撕掉并重新处理墙面，比较麻烦。

⑧ 收缩度不能控制的纸浆墙纸需要搭边粘贴，会显出一条条搭边竖条，整体视觉感有影响（仅限复合纸墙纸，英文名 duplex wallpaper）。

⑨ 颜色深的纯色墙纸容易显接缝。

文本

墙纸学认说

▪ 课中讨论

9.2.3 案例分析

学一学

（1）墙纸应用案例 1 如图 9-5 所示。

（2）墙纸应用案例 2 如图 9-6 所示。

（3）墙纸应用案例 3 如图 9-7 所示。

认一认

说出墙纸铺贴用到的辅料及其作用。

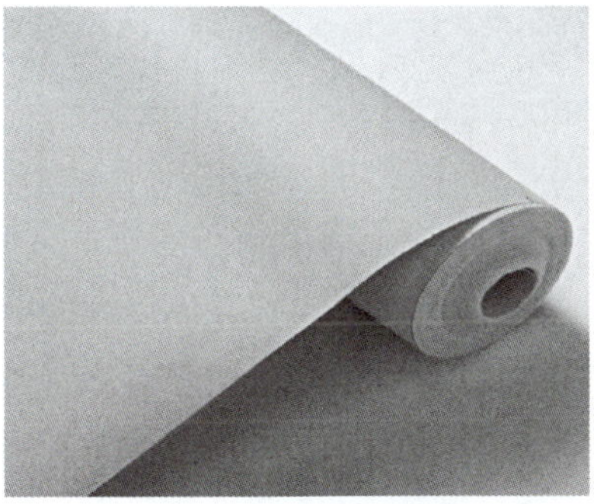

图 9-5 墙纸应用案例 1

图 9-6 墙纸应用案例 2

图 9-7 墙纸应用案例 3

说一说

说一说墙纸的优缺点。

■ 课后测验

9.2.4 测试题

1. 简答题

墙纸按材质分为哪几类?

2. 单项选择题

墙纸中应用最广泛的是（　　）。

A. 防火墙纸　　B. 防水墙纸　　C. 结构性墙纸　　D. 装饰性墙纸

测试题答案

9.3 灯具

■ 学习目标

(1) 了解灯具的特点。

(2) 熟悉灯具的应用。

(3) 掌握灯具质量的鉴别。

■ 学习要求

(1) 课前完成“课前预习”的内容。

(2) 课中积极参加“课中讨论”。

(3) 课后按时完成“课后测验”的测试题。

■ 学习方法

(1) 比较学习法。在学习中善于运用对比的学习方法，针对材料特点展开横向对比与纵向对比，强化对关键知识点的梳理。

(2) 理论联系实际。利用一切条件注意观察周围已建或在建工程，了解其装饰构造及施工工艺，掌握材料的使用方法。

■ 课前预习

微课

灯具

扫一扫二维码“灯具”进行学习。

灯具是指能透光、分配和改变光源光分布的器具，包括除光源外所有用于固定和保护光源所需的全部零、部件，以及与电源连接所必需的线路附件。

9.3.1 灯具的分类

人们在居家生活中，有工作、学习、休息、娱乐等不同的要求，所以对光、色、形、质的要求也各不相同，使用的灯具自然也不相同。现在的灯具随着新技术、新材料的发展而日新月异，千变万化，花色繁多。灯具按其位置可分为以下几类。

1. 顶棚灯具

(1) 吊灯。

① 杆式吊灯：点线组合灯具，吊杆有长短之分，长吊杆突出了杆和灯的点线对比，给人一种挺拔之感；短杆则突出灯具本身的造型和质感。

② 链式吊灯：由链条代替直杆做吊具，这种灯具突出了整个房间的富丽华贵。

③ 伸缩式吊灯：可随意调节，主要用于餐厅或其他特殊部位，如图 9-8 所示。

(2) 顶灯。

① 凸出型吸顶灯：灯具有座板，直接安装在顶棚上。

② 嵌入型吸顶灯：将灯具嵌入到顶棚内。

图 9-8 顶棚灯具

③ 投射型吸顶灯。

④ 隐藏型顶灯：只看到灯光，而看不到灯具的顶灯，一般都是灯槽。

2. 壁灯

有贴壁灯和悬臂灯两种。

3. 台灯

台灯是人们生活中用来照明的一种家用电器，如图 9-9 所示。它一般分为两种：一种是立柱式，另一种是夹子式。

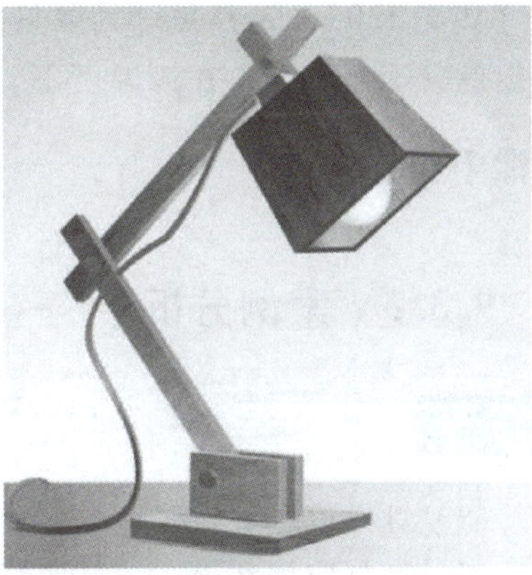

图 9-9 台灯

4. 特种灯具

用于特殊部位或特种用途的灯具，如衣柜灯等。

9.3.2 灯具的鉴别

1. 从外观鉴别

(1) 灯具的标示。

购买灯具时，应首先查看灯具上的标记，如商标、型号、额定电压、额定功率等，判断其是否符合自己的使用要求。标示安全是灯具安全性能中的基本要求，其中额定功率尤为重要，例如一个设计为 40 W 的灯具，由于未标记额定功率，用户很可能装 100 W 的灯泡，这就有可能造成外壳变形，绝缘损坏，甚至造成触电，还有可能引起火灾。

另外标准规定，灯具上使用的导线最小截面积为 0.5 mm^2，有的厂家为降低成本，在产品上用的导线截面积小于 0.5 mm^2，这样就可能使电线烧焦，绝缘层烧坏后发生短路，产生危险。购买时可以看一下灯具上导线外的绝缘层印有的标记。

(2) 防触电保护鉴别。

应注意防触电保护，灯具通电后，人要触摸不到带电部件，不会存在触电危险。如果买的是白炽灯具（如吊灯、壁灯），将灯泡装上去后在不通电的情况下，如用小手指触摸不到带电部件，则防触电性能是基本符合要求的。也就是说，人基本上是触摸不到带电部位的，带电部位都应该是有东西遮挡到的。

如果灯具防触电性能不符合标准，一般是采用了不符合要求的灯座或灯具带电部件未加罩盖等防触电保护措施。

2. 从结构鉴别

导线经过的金属管出入口应无锐边，最好有绝缘保护层，以免割破导线，造成金属件带电，产生触电危险。

台灯、落地灯等可移式灯具在电源线入口应有导线固定架，其作用是防止电源线推回时触及发热元件，导线过热造成绝缘层熔化，裸露的导线与金属壳体接触，外壳带电而导致触电。

3. 从附件鉴别

如果灯具中用的是电子镇流器，应选购装有反常保护电子镇流器的灯具。所谓的反常保护，是指当荧光线路中出现某一非正常状态时给予的保护，使电子镇流器仍能正常工作。镇流器的产品要经过国家的认证，符合标准才可以使用。

如果灯具用的是电感镇流器，应看镇流器上的标志，尽量选用 T_w 值较高的一种（如 T_w130），尤其是灯具散热条件差时，更应注意这一点。T_w 是镇流器线圈的额定最高工作温度，在该温度下，镇流器可连续工作 10 年。

■ **课中讨论**

9.3.3 案例分析

文本

灯具学认识

学一学

（1）灯具应用案例 1（吊灯）如图 9-10 所示。

（2）灯具应用案例 2（落地灯）如图 9-11 所示。

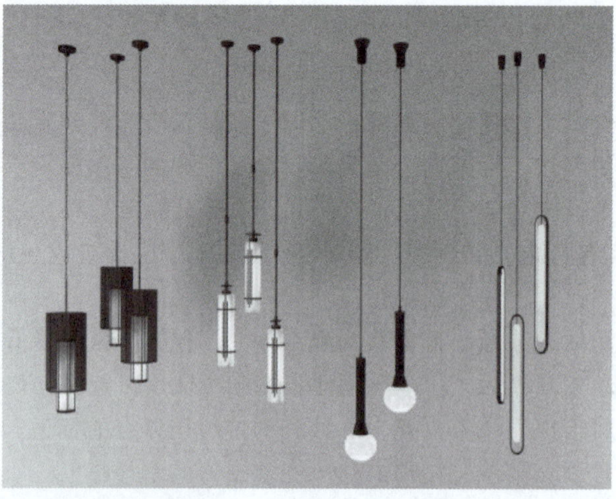

图 9-10 灯具应用案例 1（吊灯）

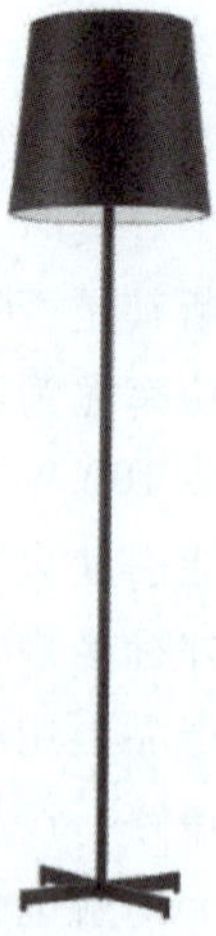

图 9-11 灯具应用案例 2（落地灯）

认一认

说出下列图例中的灯具类型并说明其应用范围。
图例：

说一说

购买灯具时，要检查哪些标示？

■ 课后测验

9.3.4 测试题

1. 单项选择题

(1) 下列哪种吊灯属于点线组合灯具（　　）。
A. 杆式吊灯　B. 链式吊灯　C. 圆式吊灯　D. 花式吊灯

(2) 下列哪种吊灯可随意调节，主要用于餐厅等部位（　　）。
A. 固定式吊灯　B. 伸缩式吊灯　C. 旋转式吊灯　D. 嵌入式吊灯

(3) 灯具上使用的导线最小截面积为（　　）mm^2。
A. 2.0　B. 1.5　C. 1.0　D. 0.5

(4) 链式吊灯主要由（　　）做吊具，主要用于高档客厅灯具的制作。
A. 灯杆　B. 链条　C. 轻钢龙骨　D. 膨胀螺栓

(5) 下列哪种灯具有座板，可直接安装在顶棚上（　　）。
A. 投射型吸顶灯　B. 嵌入型吸顶灯　C. 凸出型吸顶灯　D. 开放型吸顶灯

2. 多项选择题

(1) 吊灯分为哪几种类型（　　）。
A. 杆式吊灯　B. 链式吊灯　C. 伸缩式吊灯　D. 固定式吊灯

(2) 台灯分为哪几种类型（　　）。
A. 固定式　B. 立柱式　C. 旋转式　D. 夹子式

(3) 购买灯具时，应首先查看灯具上的标记，内容包括（　　）。

A. 商标　　B. 型号　　C. 额定电压　　D. 额定功率

(4) 下列哪些属于白炽灯具（　　）。

A. 暗藏灯带　　B. 台灯　　C. 壁灯　　D. 吊灯

(5) 下列哪些属于可移式灯具（　　）。

A. 台灯　　B. 壁灯　　C. 嵌入式吸顶灯　　D. 落地灯

答案

测试题答案

9.4 地毯

■ **学习目标**

（1）了解地毯的分类。
（2）熟悉地毯的功能。
（3）掌握地毯质量的鉴别。

■ **学习要求**

（1）课前完成“课前预习”的内容。
（2）课中积极参加“课中讨论”。
（3）课后按时完成“课后测验”的测试题。

■ **学习方法**

（1）比较学习法。在学习中善于运用对比的学习方法，针对材料特点展开横向对比与纵向对比，强化对关键知识点的梳理。

（2）理论联系实际。利用一切条件注意观察周围已建或在建工程，了解其装饰构造及施工工艺，掌握材料的使用方法。

■ **课前预习**

扫一扫二维码“地毯”进行学习。

微课
地毯

地毯是以棉、麻、毛、丝、草等天然纤维或化学合成纤维类原料，经手工或机械工艺进行编结、栽绒或纺织而成的地面铺设物。它是世界范围内具有悠久历史传统的工艺美术品类之一，覆盖于住宅、宾馆、体育馆、展览厅、车辆、船舶、飞机等的地面，有减少噪声、隔热和装饰效果。

9.4.1 地毯的分类

1. 按地毯材质分类

（1）纯毛地毯。

通常采用纯羊毛制作，它是我国传统的手工艺品之一，历史悠久、驰名中外，用于宾馆、舞台、居室等室内地面。纯毛地毯可分为手工编织和机织两种。手工编织的纯毛地毯是我国传统纯毛地毯中的高档品；机织纯毛地毯是现代发展起来的比较高级的纯毛地毯品种。

（2）混纺地毯。

混纺地毯品种很多，常以纯毛纤维和各种合成纤维混纺。如在羊毛纤维中加入20%的尼龙纤维，地毯的耐磨性可提高5倍；也可与聚丙烯腈纤维等合成纤维混纺。

(3) 合成纤维地毯。

合成纤维地毯又称化纤地毯，这类地毯近年来发展很快，品种也很多，价格较低，适用于一般的室内地面铺设。

(4) 塑料地毯。

塑料地毯是采用聚氯乙烯树脂，添加增塑剂等多种辅助材料，经均匀混炼、塑制而成的一种地毯材料。它具有质地柔软、色彩鲜艳、舒适耐用、自熄不燃、清洗方便等优点。其品种有割绒和圈绒两种，有各种花色和花型。常用于住宅、宾馆、舞台、商场、高层建筑、浴室及其他公共建筑。其规格是：幅宽为 3 m、3.6 m、4 m；长度为 25 m 或按用户要求加工；绒高为 5 mm（圈绒）、7 mm（割绒）。

(5) 橡胶地毯。

橡胶地毯是以天然橡胶为原料，以蒸气加热，在地毯模具下模压而成。除了具有其他地毯的特点外，还具有防霉、防滑、防虫蛀、防潮、耐腐蚀、绝缘、清扫方便等特点。其色彩与图案可根据用户要求定做。规格为方块式，主要有：500 mm×500 mm、1 000 mm×1 000 mm，绒长为 5 ~ 6 mm。可用于浴室、走廊、体育场等潮湿或经常淋雨的地面铺设。

(6) 植物纤维地毯。

采用植物纤维加工而成。常用于高度耐磨地毯的起花结构，但摸起来十分粗糙。也有用植物纤维加工成草垫铺在室内的。最常用的是剑麻地毯，它是以剑麻纤维为原料，经纺纱、编织、涂胶、硫化等工序制成，具有耐酸碱、耐磨、尺寸稳定、无静电等特点。其价格比羊毛地毯低，但弹性较差。分为素色和染色两类，有斜纹、罗纹、鱼骨纹、帆布纹、半巴拿马纹、多米诺纹等各种花纹。幅宽在 4 m 以下，长度在 50 m 以下。可用于楼、堂、馆、所等公共建筑及家庭地面装饰。

2. 按图案类型分类

(1) 京式地毯。

京式地毯是指北京式传统地毯，它有主调图案，图案工整对称，色调典雅，且具有独特的寓意及象征性。

(2) 美术式地毯。

美术式地毯突出美术图案，给人以繁花似锦的感觉。

(3) 仿古式地毯。

仿古式地毯是以古代的花纹图案、风景、花鸟等为题材，给人以古色古香、古朴典雅的感觉。

(4) 彩花式地毯。

彩花式地毯以黑色为底色，配以小花图案，浮现百花争艳的情调，色彩绚丽，名贵大方。

(5) 素凸式地毯。

素凸式地毯的色调较为清淡，图案为单色凸花织做，纹样剪片后清晰美观，犹如浮雕，富有幽静雅致的情趣。

3. 按编制工艺分类

(1) 手工编织地毯。

手工编织地毯专指纯毛地毯，它是采用双经双纬，通过人工打结栽绒，将绒毛层与基底一起织做而成。其做工精细，图案千变万化，是地毯中的上品。但手工地毯因操作方法的局限性，也有一些缺点（如工效较低，产量少等），所以其成本高，价格昂贵。

（2）簇绒地毯。

簇绒法是目前各国生产化纤地毯的主要方式，它是通过带有一排往复式穿针的纺机，把毛纺纱穿入第一层基底（初级背衬纺布），并在其面上将毛纺纱穿插成毛圈而背面拉紧，然后在初级背衬的背面涂刷一层胶黏剂使之固定，这样就生产出了厚实的圈绒地毯。若再用锋利的刀片横向切割毛圈顶部，就成为平绒地毯。簇绒地毯表面纤维密度大，脚感舒适，而且可在毯面上印染各种花纹图案。

（3）无纺地毯。

无纺地毯是指无经纬编织的短毛地毯，它是将绒毛线用特殊的钩针刺在用合成纤维构成的网布底衬上，然后在其背面涂上胶层，使之粘牢，故又称针扎地毯或针刺地毯。这种地毯因其生产工艺简单，故成本低、价格较低，但其弹性和耐久性较差。

9.4.2 地毯的功能

地毯是以棉、麻、毛、丝、草等天然纤维或化学合成纤维类原料，经手工或机械工艺进行编结、栽绒或纺织而成的地面铺设物。它是世界范围内具有悠久历史传统的工艺美术品类之一，覆盖于住宅、宾馆、体育馆、展览厅、车辆、船舶、飞机等的地面，有减少噪声、隔热和装饰效果。

地毯以其紧密透气的结构，可以吸收及隔绝声波，有良好的隔声效果。它是一种软性铺装材料，有别于大理石、瓷砖等硬性地面铺装材料，不易滑倒磕碰，家里有儿童、老人等的建议铺块毯或满铺毯。地毯具有丰富的图案、绚丽的色彩、多样化的造型，能美化装饰环境，体现用户个性。不具有辐射，不散发甲醛等不利于身体健康的气体，达到各种环保要求。

9.4.3 地毯的鉴别

（1）市场上销售的地毯产品必须真实地标注产品名称、产品的注册商标、地毯毯面纤维名称及含量、地毯的绒头厚度、产品的质量等级、产品的生产日期、生产者的名称和地址、产品的特殊性能要求信息等内容。通过对标签标注的查看，可对地毯质量有大体了解。

（2）地毯织品多因其经纬线较粗，空隙较大，最易积聚尘埃。微量的尘埃细屑逸散到室内空气中，污染着清洁的空气。再经过冬季取暖室内升温，这些灰尘细屑便要改变原来的性质，成为一种更加有害于人体的气态物质。在挑选地毯时，要查看地毯的毯面是否平整，毯边是否平直，有无瑕疵、油污斑点、色差。尤其在选购簇绒地毯时，要查看毯背是否有脱衬、渗胶等现象，避免地毯在铺设使用中出现起鼓、不平等现象，而失去舒适、美观的效果。

（3）可用手去触摸地毯，其产品的绒头质量高，毯面的密度就丰满，这样的地毯弹性好、耐踩踏、耐磨损、舒适耐用；检查地毯色牢度，选择地毯时，可用手或试布在毯面上反复摩擦数次，看其手或试布上是否粘有颜色，如粘有颜色，则说明该产品的色牢度不佳；检查地毯背衬剥离强力，可用手将底布轻轻撕一撕，看看黏结力的程度，如黏结力不高，底布与毯体就易分离，这样的地毯就不耐用。

■ **课中讨论**

文本

地毯学认说

9.4.4 案例分析

学一学

（1）地毯应用案例1（纯毛地毯）如图9-12所示。

图9-12 地毯应用案例1（纯毛地毯）

（2）地毯应用案例2（混纺地毯）如图9-13所示。

图9-13 地毯应用案例2（混纺地毯）

认一认

说出下列图例中所使用的地毯类型、特点及适用范围。

图例：

说一说

地毯按功能分为哪几类？

▪ 课后测验

9.4.5 测试题

判断题

(1) 地毯可覆盖于住宅、宾馆、体育馆、展览厅、车辆、船舶、飞机等的地面，有减少噪声、隔热和装饰效果。(　　)

(2) 地毯种类繁多，但大体可归为按材质分类和按图案分类两大类。(　　)

答案

测试题答案

模块 10

建筑装饰材料管理实务

10.1 材料采购管理

■ 学习目标

（1）了解材料采购管理的概念、原则。

（2）熟悉材料采购的影响因素。

（3）掌握材料采购方式及采购管理的内容。

■ 学习要求

（1）课前完成“课前预习”的内容。

（2）课中积极参加“课中讨论”。

（3）课后按时完成“课后测验”的测试题。

■ 学习方法

（1）比较学习法。在学习中善于理论联系实际，针对材料特点展开横向对比与纵向对比，强化对关键知识点的梳理。

（2）理论联系实际。利用一切条件注意观察周围在建工程，了解其装饰构造及施工工艺，掌握材料的使用方法。

■ 课前预习

扫一扫二维码“材料采购批量的管理”进行学习。

微课

材料采购批量的管理

10.1.1 材料采购概述

1. 材料采购的概念

材料采购是指通过各种渠道，把建筑装饰所需用的各种材料购买进来，保证装饰施工的顺利进行。

经济合理地选择采购对象和采购批量，并按质、按量、按时运入企业，对于保证装饰施工，充分发挥装饰材料使用效能，提高装饰工程质量，降低装饰工程成本，提高企业的经济效益，都具有重要的意义。

2. 材料采购应遵循的原则

(1) 遵守法律法规的原则。

材料采购必须遵守国家、地方的有关法律和法规，以物资管理政策和经济管理法令指导采购。同时应遵守合同法、财会制度及工商行政管理部门的有关规定。

(2) 按计划采购的原则。

材料采购计划的依据是装饰施工需用。按照装饰工程施工进度安排采购时间、品种、规格和数量，可以减少资金占用，避免盲目采购而造成积压，发挥资金的最大效益。

(3) 材料质量第一原则。

把好材料采购质量关，不符合质量要求的材料，不得进入施工现场，采购人员必须熟悉所采购的装饰材料质量标准，并做好验收鉴定工作，不符合质量要求的绝不采购。

(4) 坚持“三比一算”的原则。

比质量、比价格、比运距、算成本是对采购环节加强管理的基本要求。在满足工程质量要求条件下，选用价格低、距离近的采购对象，从而降低采购成本。

3. 材料采购决策

(1) 确定采购材料的品种、规格、质量。

(2) 确定计划期的采购总量。

(3) 选择供应渠道及供应单位。

(4) 选择采购的形式和方法。

(5) 决定采购批量。

(6) 决定采购时间和进货时间。

以上各项主要由材料计划部门以装饰工程的需要为基础，根据市场反馈信息，进行比较分析，综合决策，会同采购人员制订采购计划，及时展开采购工作。

4. 影响材料采购的因素

流通环节的不断发展，社会物资资源渠道的不断增多，企业内部项目管理办法的普遍实施等，使装饰材料采购受企业内、外诸多因素的影响。在组织材料采购时，应综合各方面各部门利益，保证企业的整体利益。

(1) 企业外部因素。

① 资源渠道因素。按照物资流通经过的环节，资源渠道一般包括以下三类：一是生产企业，这一渠道供应稳定，价格较其他部门和环节低，并能根据需要进行加工处理，因此是一条较有保证的经济渠道；二是物资流通部门，特别是属于某行业或某种材料生产系统的物资部门，其资源丰富，品种规格齐备，对资源保证能力较强，是国家物资流通的主渠道；三是社会商业部门，这类材料经销部门数量较多，经营方式灵活，对于解决品种短缺问题起到良好的作用。

② 供方因素，即材料供方提供资源能力的影响。在时间上、品种上、质量上及信誉上能否保证需方所求，是考核供应能力的基本依据。采购部门要定期分析供方供应水平并做出定量考核指标，以确定采购对象。

③ 市场供求因素。在一定时期内供求因素是经常变化的，造成变化的原因涉及工商、税务、利率、投资、价格、政策等诸多方面。掌握市场行情，预测市场动态是采购人员的任务，也是在采购竞争中取胜的重要因素。

(2) 企业内部因素。

① 施工因素。建筑工程材料需求呈阶段性。材料供应批量与零星采购交叉进行。由于设计变更、计划改变及施工工期调整等因素，使材料需求不确定因素较多。各种变化都会波及材料需求和使用。采购人员应掌握装饰工程施工规律，预计可能出现的问题，使材料采购适应工程需用。

② 储存能力因素。采购批量受料场、仓库堆放能力的限制，采购批量的大小也影响着采购时间间隔。根据工程平均每日需用量，在考虑采购间隔时间、验收时间和材料加工准备时间的基础上，确定采购批量及采购次数等。

③ 资金的限制。采购批量是以装饰工程需用为主要因素确定的，但资金的限制也将改变或调整批量，增减采购次数。当资金缺口较大时，可按缓急程度分别采购。

除上述影响因素外，采购人员自身素质、材料质量等对材料采购都有一定的影响。

5. 材料采购管理模式

材料采购有以下三种管理模式：一是集中采购管理，二是分散采购管理，三是既集中又分散的管理。不同的企业类型，不同的生产经营规模，甚至承揽的装饰工程不同，其采购管理模式均应根据具体情况而确定。

10.1.2 材料采购方式

1. 材料的招标、询价、直接订购

为工程项目采购材料而选择供货商并与其签订材料购销合同或加工订购合同，常采用以下方式：

(1) 招标方式。

在市场竞争中，为了保证工程质量、缩短施工工期、降低造价，对工程中使用的价值量大的材料采用招标的方式进行采购。当前最常见的具体招标方式有国际竞争性招标、国际有限竞争性招标和国内竞争性招标三种。

① 材料招标的范围。

a. 以政府投资为主的公益性、政策性项目需采购的材料，应委托有资格的招标机构进行招标。

b. 国家规定必须招标的进口材料，应委托国家指定的有资格的招标机构进行招标。

c. 竞争性项目等采购的材料招标，其招标范围另行规定。

属于下列情况之一者，可不进行招标：

a. 采购的材料只能从唯一制造商处获得的。

b. 采购的材料需方可自产的。

c. 采购活动涉及国家安全和秘密的。

d. 法律、法规另有规定的。

② 招标文件的编制。

招标文件是招标活动的重要内容，是投标和评标的主要依据。招标文件由招标单位编制，招标文件编制的质量，直接关系到下一步招标工作的成败。招标文件的内容应做到完整、准确，招标条件应该公平、合理，符合国家有关法律、法规的要求。

我国材料招标文件由招标书、投标须知、招标材料清单和技术要求及图纸、投标书格式、合同条款、其他需要说明的问题等内容组成。

③ 标底文件的编制。

标底文件由招标单位编制，非标准材料招标的标底文件应报招标投标管理机构审查，其他材料招标的标底文件报招标投标管理机构备案。

标底文件应当依据设计单位出具的设计概算和国家、地方发布的有关价格政策编制，标底价应当以编制标底文件时的全国材料市场的平均价格为基础，并包括不可预见费和其他有关政策规定的应计算在内的各种费用。

④ 评标和定标。

评标工作由招标单位组织的评标委员会秘密进行。评标委员会应具有一定的权威性，一般由招标单位邀请有关专家组成。为了保证评标的科学性和公正性，评标委员会成员由 5 人以上的单数人员组成，其中的技术经济专家不得少于总人数的 2/3。

不得邀请与投标单位有直接经济业务关系的人员参加。评标过程中有关评标情况不得向投标人或与招标工作无关的人员透露。凡招标申请公证的，评标过程应在公证部门的监督下进行，招标投标管理机构派人参加评标会议，对评标活动进行监督。

材料招标的评标工作一般不超过 10 日，大型项目材料承包的评标工作最多不超过 30 日。评标过程中，如有必要可请投标单位对其投标内容做澄清解释，澄清时不得对投标内容做实质性修改。澄清解释内容必要时可做局部纪要，经投标单位授权代表签字后，作为投标文件的组成部分。

评标方法如下：

a. 低投标价法。采购性能相同或容易进行比较的材料时，价格可以作为评标时考虑的唯一因素。国内生产的材料，报价应为出厂价，不包括货物售出后所征收的销售税。如果材料是投标人早已从国外进口、目前已在国内的，应报仓库交货价或展室价，此价格包括进口货物时所交付的进口关税，不包括销售税。

b. 综合评标价法。综合评标价法是指以报价为基础，将其他评标时所考虑的因素也折算为一定价格而加到投标价上，计算出各标书的评标价后，再进行标书间的比较，最后选出最低评标价者。对于采购大宗材料时，多采用这种方法。

c. 打分法。打分法是指评标前将各评分因素按其重要性确定评分标准，按此标准对各投标人提供的报价和各种服务进行打分，得分最高者中标。

评标定标以后，招标单位应尽快向中标单位发出中标通知，同时通知其他未中标单位。

⑤ 签订合同。

中标单位从接到中标通知书之日起，一般应在 30 日内，与需方签订材料供货合同。如果中标单位拒签合同，则投标保证金不予退还；招标单位拒签合同，则按中标总价的2%的款额赔偿中标单位的经济损失。合同签订后10日内，由招标单位将一份合同副本报招标投标管理部门备案，以便实施监督。

（2）询价方式。

对于小批量材料或价值较小的标准规格产品，可以用询价的方式进行采购。

材料的实际支付价格往往与材料来源、交货状态、付款方式以及销售和购买方承担的责任、风险有关。总的来说，材料的采购来源可分为两大类：国内采购和国外进口。按照采购材料的特点又可分为标准规格材料和非标准规格材料。根据以上的划分，材料采购价的组成内容和计价方式也有所不同，但基本均由两大部分组成，即材料原价和运杂费。

① 国内采购标准材料的计价。

国产标准材料是指按照主管部门颁布的标准图纸和技术要求，由我国生产厂批量生产的，符合国家质量检验标准的材料。国产标准材料原价一般指的是材料生产厂的交货价，即出厂价。

如交货方式为在卖方所在地交货，则材料计价中不含买方支付的运杂费；相反，如交货方式为运抵买方指定的交货地点，则计价中应含从生产厂到目的地的运杂费，运杂费包括运输费和装卸费等。

② 国内采购非标准材料的计价。

非标准材料是指国家尚无定型标准，各生产厂不可能在工艺过程中采用批量生产方式，只能按每一次订货提供的具体设计图纸制造材料。如按成本计算估价法，非标准材料的原价由以下费用组成：

a. 材料费。计算公式为：

$$材料费=材料净重\times(1+加工损耗系数)\times每吨材料综合价$$

b. 加工费。包括生产工人工资和工资附加费、燃料动力费、车间经费、按加工费计算的企业管理费等。其计算公式为：

$$加工费=材料总质量(t)\times材料每吨加工费$$

c. 辅助材料费。计算公式为：

$$辅助材料费=材料总质量\times辅助材料费指标$$

d. 专用工具费。按a～c项之和乘以合同约定的百分比计算。

e. 废品损失费。按a～d项之和乘以合同约定的百分比计算。

f. 外购配套件费。按材料设计图纸所列的外购配套件的名称、型号、规格、数量、质量，按双方商定的价格加运杂费计算。

g. 包装费。按以上a～e项之和乘以合同约定的百分比计算。如订货单位和承制厂在同一厂区内，则不计包装费；如在同一城市或地区，距离较近，包装可简化，则可适当减少包装费用。

h. 利润。可按a～e项加f项之和的10%计算。

i. 税金。现为增值税，基本税率为17%。其计算公式为：

$$增值税=当期销项税额-进项税额$$

$$当期销项税额=税率\times销售额$$

j. 非标准材料设计费。按国家规定的设计费收费标准另行计算。

综上所述，非标准材料出厂价格可用下面的公式计算：

非标准材料出厂价格=[(材料费+辅助材料费+加工费)×(1+专用工具费率)×(1+废品损失费率)+外购配套件费]×(1+包装费率)×(1+利润率)+增值税+非标准材料设计费

③ 国外进口材料的计价。

a. 进口材料的交货方式。

进口材料的交货方式可分为内陆交货类、目的地交货类和装运港交货类。

b. 进口材料到岸价的构成。

我国进口材料采用最多的是装运港船上交货价（FOB），其到岸价构成可概括为：

进口材料价格=货价+国外运费+运输保险费+银行财务费+外贸手续费+关税+增值税

(a) 进口材料的货价。一般可采用下列公式计算：

货价=外币金额×银行牌价（卖价）

式中的外币金额一般是指进口材料装运港船上交货价（FOB）。

(b) 进口材料的装运费。我国进口材料大部分采用海洋运输方式，小部分采用铁路运输方式，个别采用航空运输方式。

(c) 运输保险费。对外贸易材料运输保险是由保险人（保险公司）与被保险人（出口人或进口人）订立保险契约，在被保险人交付议定的保险费后，保险人根据保险契约的规定对货物在运输过程中发生的承保责任范围内的损失给予经济上的补偿。

(d) 银行财务费。一般指中国银行手续费，可按离岸货价的0.5%计算。

(e) 外贸手续费。计算公式为：

外贸手续费=（离岸货价+国外运费+运输保险费）×1.5%

(f) 关税。关税是由海关对进出国境或关境的货物和物品征收的一种税，属于流转性课税。对进口材料征收的关税实行最低和普通两种税率，普通税率适用于产自与我国未订有关税互惠条款的贸易条约或协定的国家与地区的进口材料；最低税率适用于产自与我国订有关税互惠条款的贸易条约或协定的国家与地区的进口材料。进口材料的完税价格是指材料运抵我国口岸的到岸价格。

(g) 增值税。增值税是我国政府对从事进口贸易的单位和个人，在进口商品报关进口后征收的税种。我国增值税条例规定，进口应税产品均按组成计税价格，依税率直接计算应纳税额，不扣除任何项目的金额或已纳税额，即：

进口产品增值税额=组成计税价格×增值税率

组成计税价格=关税完税价格+关税+消费税

增值税基本税率为17%。

c. 进口材料的运杂费。

进口材料的运杂费是指我国到岸港口、边境车站起至买方的用货地点发生的运费和装卸费，由于我国材料的进口常采用到岸价交货方式，故国内运杂费不计入采购价内。

（3）直接订购。

直接订购方式一般不进行产品的质量和价格比较，是一种非竞争性采购方式。一般适用于以下几种情况：

① 为了使装饰材料标准化，向原经过招标或询价选择的供货商增加购货，以便配套。

② 所需装饰材料具有专卖性质，只能从一家生产商获得。

③ 负责工艺设计的承包单位要求从指定供货商处采购装饰材料，并以此作为保证工程质量的条件。

④ 尽管询价通常是获得最合理价格的较好方法，但在特殊情况下，由于需要某些特定装饰材料早日交货，也可直接签订合同，以免由于时间延误而增加开支。

2. 市场采购

市场采购就是从材料经销部门、物资贸易中心、材料市场等地购买装饰工程所需的各种材料。保证供应、降低成本，必须抓好市场采购的管理工作。

（1）市场采购的特点。

① 材料品种、规格复杂，采购工作量大，配套供应难度大。

② 市场采购材料由于生产分散，经营网点多，质量、价格不统一，采购成本不易控制和比较。

③ 受社会经济状况影响，资源、价格波动较大。

由于市场采购材料的上述特点使工程成本中装饰材料部分的不确定因素较多，工程投标风险大。因此控制采购成本成为企业确保工程成本的重要环节。

（2）市场采购的程序。

① 根据材料供应计划中确定的供应措施，确定材料采购数量及品种规格。根据各施工项目提报的材料申请计划、期初库存量和期末库存量确定出材料供应量后，应将该量按供应措施予以分解。其中分解出的材料采购量即成为确定材料采购数量和品种规格的基本依据。再参考资金情况、运输情况及市场情况确定实际采购数量及品种规格。

② 确定材料采购批量。按照经济批量的确定方法，确定材料采购批量、采购次数及各项费用的预计支出。

③ 确定采购时间和进货时间。按照生产部门下达的作业进度计划，考虑现场运输、储备能力和加工准备周期，确定进货时间。

④ 选择和比较可供材料的企业或经营部门，确定采购对象。当同一种材料，可供资源部门较多且价格、质量、服务差异较大时，要进行比较判断。常用的方法有以下几种：

a. 经验判断法。根据专业采购人员的经验和以前掌握的情况进行分析、比较、综合判断，择优选定采购对象。

b. 采购成本比较法。当几个采购对象对所购材料在数量上、质量上、价格上均能满足，而只在个别因素上有差异，可分别考核计算采购成本，选择低成本的采购对象。

c. 综合评分法。通过规定采购中应考虑的主要指标及其评价方法，得出各供货单位的评价总分，分值高的为选定的供货单位。

d. 采购招标法。由材料采购管理部门提出材料需用的数量和基本性能指标等招标条件。由各供应（销售）部门根据招标条件进行投标，材料采购部门经综合比较后进行评标和决标，与中标人签订购销合同或协议。这种方法竞争性强，有利于获得质量好、价格优的供货单位，促进材料生产企业自身产品质量的提高。但这种方法须有一套行之有效的监督机制和相应的法律制度，以确保公平竞争、平等合作。

⑤ 按照协商的各项内容，明确供需双方的权利义务，签订材料采购合同。

3. 加工订货

材料加工订货是按照施工图纸要求将工程所需的装饰材料委托加工制作，满足装饰工程施工需求。进行加工订货的材料，一般按照其组成材料的品种不同分为金属制品、木制品和混凝土制品。

4. 组织材料的其他方式

（1）与建设单位协作采购。

与建设单位协作进行装饰材料采购必须明确分工，划分采购范围及结算方式，并按照施工图预算由施工部门提出其负责采购部分材料的具体品种、规格及进场时间，以免造成停工待料。对于建设单位对工程所提出的特殊材料，应由建设单位与设计部门、施工部门共同协商确定采购、验收使用及结算事宜，并做好各业务环节的衔接工作。

（2）补偿贸易。

建材生产企业由施工企业提供部分或全部资金，用于补偿贸易企业新建、扩建、改建项目。提供的资金分为有偿投资和无偿投资两种。普遍采取的是有偿投资方式。有偿投资按投资金额分期归还，利息负担通过协商确定。补偿贸易企业生产的建筑装饰材料，可以全部或部分作为补偿产品供应给施工企业。补偿贸易方式可以建立长期稳定、可靠的采购协作基地，有利于开发新材料、新品种，促进建材生产企业提高产品质量和工艺水平。实行补偿贸易，应做好可行性调查，落实资金，签订补偿贸易合同，以保证经济关系的合法和稳定。

（3）联合开发。

建筑企业可以按照不同材料的生产特点和产品特点，与材料生产企业合资经营、联合生产、产销联合和技术协作等，开发更宽的资源渠道，获得较优的材料资源。

合资经营是指建筑企业与材料生产企业共同投资，共同经营管理，共担风险，实行利润分成。这种方式对稳定资源、扩大施工企业经营范围十分有利。

联合生产是由建筑企业提供生产技术，将产品的生产过程分解到材料生产企业，所生产的产品由建筑企业负责全部或部分包销。

产销联合是指建筑企业与材料生产企业之间对生产和销售的协作联合，一般是由建筑企业实行有计划的包购，这样不但可以保证材料生产企业专心生产，而且可以使其成为建筑企业长期稳定的供应基地。

技术协作是指企业间有偿地转让科技成果、工艺技术、技术咨询、培训人员，以资金或建材产品偿付其劳动支出的合作形式。

（4）调剂与协作组织资源。

企业之间本着互惠互利的原则，对短缺材料的品种规格进行调剂和串换，以满足临时、急需和特殊用料。一般通过以下形式进行：

① 全国性的物资调剂会。

② 地区性的物资调剂会。

③ 系统内的物资串换。

④ 各部门设立的积压物资处理门市。

⑤ 委托商业部门代为处理和销售。

⑥ 企业间相互调剂、串换及支援。

10.1.3 材料采购管理的内容

1. 材料采购信息管理

采购信息是企业材料决策的依据，是提供采购业务咨询的基础资料，是进行资源开发、扩大资源渠道的条件。

（1）材料采购信息的种类。

① 资源信息。包括资源的分布，生产企业的生产能力，产品结构，销售动态，产品质量，生产技术发展，甚至原材料基地，生产用燃料和动力的保证能力，生产工艺水平，生产设备等。

② 供应信息。包括材料储备运输情况，供求动态，紧缺及呆滞材料情况。

③ 价格信息。现行国家价格政策，市场交易价格及专业公司牌价，地区建筑主管部门颁布的预算价格，国家公布的外汇交易价格等。

④ 市场信息。生产资料市场及物资贸易中心的建立、发展及其市场占有率，国家有关生产资料市场的政策等。

⑤ 新技术、新产品信息。新技术、新产品的品种，性能指标，应用性能及可靠性等。

⑥ 政策信息。国家和地方颁布的各种方针、政策、规定、国民经济计划安排，材料生产、销售、运输管理办法，银行贷款、资金政策，以及对装饰材料采购发生影响的其他信息。

（2）信息的来源。

材料采购信息，首先应具有及时性，即速度要快、效率要高，失去时效也就失去了使用价值；第二应具有可靠性，有可靠的原始数据，切忌道听途说，以免造成决策失误；第三应具有一定的深度，反映或代表一定的倾向性，提出符合实际需要的建议。在收集信息时，应力求广泛，其主要途径有：

① 各报刊、网络等媒体和专业性商业情报刊载的资料。

② 有关学术、技术交流会提供的资料。

③ 各种供货会、展销会、交流会提供的资料。

④ 广告资料。

⑤ 政府部门发布的计划、通报及情况报告。

⑥ 采购人员提供的资料及自行调查取得的信息资料等。

(3) 信息的整理。

为了有效高速地采集信息、利用信息，企业应建立信息员制度和信息网络，应用电子计算机等管理工具，随时进行检索、查询和定量分析。采购信息整理的常用方法有：

① 运用统计报表的形式进行整理。按照需用的内容，从有关资料、报告中取得有关的数据，分类汇总后，得到想要的信息。例如根据历年装饰材料采购业务工作统计，可整理出企业历年采购金额及其增长率、各主要采购对象合同兑现率等。

② 对某些较重要的、经常变化的信息建立台账，做好动态记录，以反映该信息的发展状况。例如按各供应项目分别设立采购供应台账，随时可以查询采购供应完成程度。

③ 以调查报告的形式就某一类信息进行全面的调查、分析、预测，为企业经营决策提供依据。例如针对是否扩大企业经营品种、是否改变材料采购供应方式等展开调查，根据调查结果整理出“是”或“否”的经营意向，并提出经营方式、方法的建议。

(4) 信息的使用。

搜集、整理信息是为了使用信息，为企业采购业务服务。信息经过整理后，应迅速反馈有关部门，以便进行比较分析和综合研究，制订合理的采购策略和方案。

2. 材料采购及加工业务

建筑企业采购和加工业务是有计划、有组织地进行的。其内容有决策、计划、洽谈、签订合同、验收、调运和付款等工作，其业务过程可分为准备、谈判、成交、执行和结算五个环节。

(1) 材料采购和加工业务的准备。

采购和加工业务，在通常情况下需要有一个较长时间的准备，都必须按照材料采购计划，事先做好细致的调查研究工作，摸清需要采购和加工材料的品种、规格、型号、质量、数量、价格、供应时间和用途等，以便落实资源。准备阶段中，必须做好下列主要工作：

① 按照材料分类，确定各种材料采购和加工的总数量计划。

② 按照需要采购的材料，了解有关供货资源，选定供应单位，提出采购的计划。

③ 选择和确定采购和加工企业，这是做好采购和加工业务的基础。必须选择设备齐全、加工能力强、产品质量好和技术经验丰富的企业。此外，如企业的生产规模、经营信誉等，在选择中均应考虑。在采购和加工大量材料时，还可采用招标和投标的方法，以便择优落实供应单位和承揽加工企业。

④ 按照需要编制市场采购和加工材料计划，报请领导审批。

(2) 材料采购和加工业务的谈判。

材料采购和加工计划经有关单位平衡安排、领导批准后，即可开展业务谈判活动。所谓业务谈判，就是材料采购业务人员与生产、物资或商业等部门进行具体的协商和洽谈。

业务谈判应遵守国家和地方制定的物资政策、物价政策和有关法令，供需双方应本着地位平等、相互谅解、实事求是、搞好协作的精神进行谈判。

① 采购业务谈判的主要内容有：

a. 明确采购材料的名称、品种、规格和型号。

b. 确定采购材料的数量和价格。

c. 确定采购材料的质量标准（国家标准、部颁标准、企业专业标准和双方协商确定的质量标准）和验收方法。

d. 确定采购材料的交货地点、方式、办法、交货日期以及包装要求等。

e. 确定采购材料的运输办法，如需方自理、供方代送或供方送货等。

f. 确定违约责任、纠纷解决方法等其他事项。

② 加工业务谈判的主要内容有：

a. 明确加工品的名称、品种和规格。

b. 确定加工品的数量。

c. 确定供料方式，如由定做单位提供原材料的带料加工或承揽单位自筹材料的包工包料，以及所需原材料的品种、规格、质量、定额、数量和提供日期。

d. 确定加工品的技术性能和质量要求，以及技术鉴定和验收方法。

e. 确定定做单位提供加工样品的，承揽单位应按样品复制；定做单位提供设计图纸资料的，承揽单位应按设计图纸加工；生产技术比较复杂的，应先试制，经鉴定合格后成批生产。

f. 确定加工品的加工费用和自筹材料的材料费用，以及结算办法。

g. 确定原材料的运输办法及其费用负担。

h. 确定加工品的交货地点、方式、办法，以及交货日期及其包装要求。

i. 确定加工品的运输办法。

j. 确定双方应承担的责任。如承揽单位对定做单位提供原材料应负保管的责任，按规定质量、时间和数量完成加工品的责任；不得擅自更换定做单位提供的原材料的责任；不得把加工品任务转让给第三方的责任；定做单位按时、按质、按量提供原材料的责任；按规定期限付款的责任等。

业务谈判一般要经过多次反复协商，在双方取得一致意见时，业务谈判就告完成。

(3) 材料采购加工的成交。

材料采购加工业务，经过与供应单位反复酝酿和协商，取得一致意见时，达成采购、销售协议，称为成交。

成交的形式，目前有签订合同的订货形式、签发提货单的提货形式和现货现购等形式。

① 订货形式。建筑企业与供应单位按双方协商确定的材料品种、质量和数量，将成交所确定的有关事项用合同形式固定下来，以便双方执行。订购的材料，按合同交货期分批交货。

② 提货形式。由供应单位签发提货单，建筑企业凭单到指定的仓库或堆栈，

按规定期限提取。提货单有一次签发和分期签发两种，由供需双方在成交时确定。

③ 现货现购。建筑企业派出采购人员到物资门市部、商店或经营部等单位购买材料，货款付清后，当场取回货物，即所谓“一手付钱、一手取货”银货两讫的购买形式。

④ 加工形式。加工业务在双方达成协议时，签订承揽合同。承揽合同是指承揽方根据定做方提出的品名、项目、质量要求，使用定做方提供的原料，为其加工特定的产品，收取一定加工费的协议。

（4）材料采购和加工业务的执行。

材料采购和加工，经供需双方协商达成协议签订合同后，由供方交货，需方收货。这个交货和收货过程，就是采购和加工的执行阶段。主要有以下方面：

① 交货日期。供需双方应按规定的交货日期及其数量如期履行，供方应按规定日期交货，需方应按规定日期收（提）货。如未按合同规定日期交货或提货，应做未履行合同处理。

② 材料验收。材料验收应由建筑企业派员对所采购的材料和加工品进行数量和质量验收。

数量验收应对供方所交材料进行检点。发现数量短缺，应迅速查明原因，向供方提出。

材料质量分为外观质量和内在质量，分别按照材料质量标准和验收办法进行验收。发现不符合规定质量要求的，不予验收；如属供方代运或送货的，应一面妥为保管，一面在规定期限内向供方提出书面异议。

材料数量和质量经验收通过后，应填写材料入库验收单，报本单位有关部门，表示该批材料已经接收完毕，并验收入库。

③ 材料交货地点。材料交货地点一般在供应企业的仓库、堆场或收料部门事先指定的地点。供需双方应按照成交确定的或合同规定的交货地点进行材料交接。

④ 材料交货方式。材料交货方式是指材料在交货地点的交货方式，有车、船交货方式和场地交货方式。由供方发货的车、船交货方式，应由供应企业负责装车或装船。

⑤ 材料运输。供需双方应按成交确定的或合同规定的运输办法执行。委托供方代运或由供方送货，如发生材料错发到货地点或接货单位，应立即向对方提出，按协议规定负责运到规定的到货地点或接货单位，由此而多支付运杂费用，由供方承担；如需方填错或临时变更到货地点，由此而多支付的费用，应由需方承担。

（5）材料采购和加工的经济结算。

经济结算是建筑企业对采购的材料，用货币偿付给供货单位价款的清算。采购材料的价款称为货款；加工的费用称为加工费，除应付货款和加工费外，还有应付委托供货和加工单位代付的运输费、装卸费、保管费和其他杂费。

经济结算有异地结算和同城结算两大类：

① 异地结算：是指供需双方在两个城市间进行结算。它的结算方式有异地托收承付结算、信汇结算，以及部分地区试行的限额支票结算等方式。

② 同城结算：是指供需双方在同一城市内进行结算。结算方式有同城托收承

付结算、委托银行付款结算、支票结算和现金结算等方式。

a. 托收承付结算。托收承付结算是由收款单位根据合同规定发货后，委托银行向付款单位收取货款，付款单位根据合同核对收货凭证和付款凭证等无误后，在承付期内承付的结算方式。

b. 信汇结算。信汇结算是由收款单位在发货后，将收款凭证和有关发货凭证用挂号函件寄给付款单位，经付款单位审核无误通过银行汇给收款单位。

c. 委托银行付款结算。委托银行付款结算是由付款单位按采购材料货款，委托银行从本单位账户中将款项转入指定的收款单位账户的一种同城结算方式。

d. 支票结算。支票结算是由付款单位签发支票，由收款单位通过银行，凭支票从付款单位账户中支付款项的一种同城结算方式。

e. 现金结算。现金结算是由采购单位持现金向商店购买零星材料的货款结算方式。每笔现金货款结算金额，按照各地银行所规定的现金限额内支付。

如发现数量和单价不符、凭证不齐、手续不全等情况，应退回收款单位更正、补齐凭证、补办手续后，才能付款；如托收承付结算的，可以采取部分或全部拒付货款。

3. 材料采购资金管理

材料采购过程伴随着企业材料流动资金的运动过程。材料流动资金运用情况决定着企业经济效益的优劣。材料采购资金管理是充分发挥现有资金的作用，挖掘资金的最大潜力，获得较好经济效益的重要途径。

编制材料采购计划的同时，必须编制相应的资金计划，以确保材料采购任务的完成。

材料采购资金管理办法，根据企业采购分工不同、资金管理手段不同而有以下几种方法：

（1）品种采购量管理法。

品种采购量管理法适用于分工明确、采购任务量确定的企业或部门。按照每个采购员的业务分工，分别确定一个时期内其采购材料实物数量指标及相应的资金指标，用以考核其完成情况。对于实行项目自行采购的资金管理和专业材料采购的资金管理，使用这种方法可以有效地控制项目采购支出，管好用好专业材料。

（2）采购金额管理法。

采购金额管理法是确定一定时期内的采购总金额，并明确这一时期内各阶段采购所需资金，采购部门根据资金情况安排采购项目及采购量。这种管理方法对于资金紧张的项目或部门可以合理安排采购任务，按照企业资金总体计划分期采购。一般综合性采购部门可以采取这种方法。

（3）费用指标管理法。

费用指标管理法是确定一定时期内材料采购资金中的成本费用指标，如采购成本降低额或降低率，用以考核和控制采购资金使用。鼓励采购人员负责完成采购业务的同时注意采购资金使用，降低采购成本，提高经济效益。

上述几种方法都可以在确定指标的基础上按一定时间期限实行经济责任制，将指标落实到部门、落实到人，充分调动部门和个人的积极性，达到提高资金使用效率的目的。

4. 材料采购批量的管理

材料采购批量是指一次采购材料的数量。其数量的确定是以装饰工程需用为前提，按计划分批进行采购。采购批量直接影响着采购次数、采购费用、保管费用和资金占用、仓库占用。在某种材料总需用量中，每次采购的数量应选择各项费用综合成本最低的批量，即经济批量或最优批量。经济批量的确定受多方面因素影响，按照所考虑主要因素的不同一般有以下几种方法：

(1) 按照商品流通环节最少的原则选择最优批量。

从商品流通环节来看，向生产厂直接采购所经过的流通环节最少，价格最低。不过生产厂的销售往往有最低销售量限制，采购批量一般要符合生产厂的最低销售批量。这样既减少了中间流通环节费用，又降低了采购价格，而且还能得到适用的材料，最终降低了采购成本。

(2) 按照运输方式选择经济批量。

在材料运输中有铁路运输、公路运输、水路运输等不同的运输方式。每种运输中一般分为整车（批）运输和零散（担）运输。在中、长途运输中，铁路运输和水路运输较公路运输价格低，运量大。而在铁路运输和水路运输中，又以整车运输费用较零散运输费用低。因此，一般采购应尽量就近采购或达到整车托运的最低限额，以降低采购费用。

(3) 按照采购费用和保管费用支出最低的原则选择经济批量。

材料采购批量越小，材料保管费用支出越低，但采购次数越多，采购费用越高；反之，采购批量越大，保管费用越高，但采购次数越少，采购费用越低。因此，采购批量与保管费用成正比例关系，与采购费用成反比例关系，如图 10-1 所示。

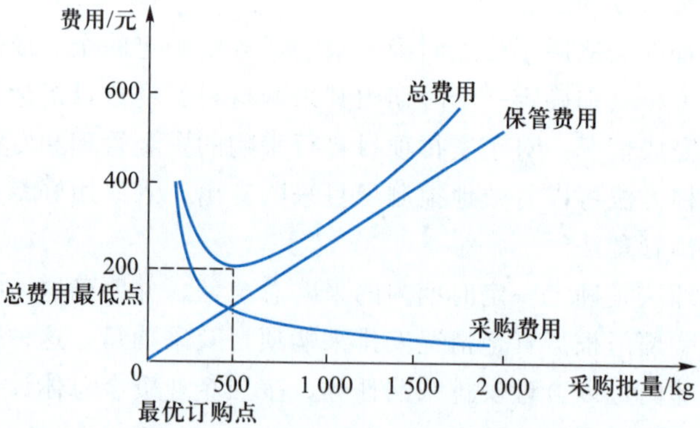

图 10-1 采购批量与费用关系图

某种材料的总需用量中，每次采购数量能使其保管费用和采购费用之和为最低，则该批量称为经济批量。

当企业某种材料全年耗用量确定的情况下，采购批量与保管费用及采购费用之间的关系是：

$$年保管费用=\frac{1}{2}\times采购批量\times单位材料年保管费用$$

$$年采购费用=采购次数\times每次采购费用$$

$$年总费用=年保管费用+年采购费用$$

5. 材料采购合同管理

(1) 材料采购合同的概念。

材料采购合同是指平等主体的自然人、法人、其他组织之间，以工程项目所需材料为标的、以材料买卖为目的，出卖人（简称卖方）转移材料的所有权于买受人（简称买方），买受人支付材料价款的合同。

(2) 材料采购合同的订立及履行。

① 材料采购合同的订立方式。

材料采购合同的订立可采用以下几种方式：

a. 公开招标。即由招标单位通过新闻媒介公开发布招标广告，以邀请不特定的法人或者其他组织投标，按照法定程序在所有符合条件的材料供应商、建材厂家或建材经营公司中择优选择中标单位的一种招标方式。大宗材料采购通常采用公开招标方式进行材料采购。

b. 邀请招标。即招标人以投标邀请书的方式邀请特定的法人或者其他组织投标，只有接到投标邀请书的法人或其他组织才能参加投标的一种招标方式，其他潜在的投标人则被排除在投标竞争之外。一般地，邀请招标必须向 3 个以上的潜在投标人发出邀请。

c. 询价、报价、签订合同。材料买方向若干建材厂商或建材经营公司发出询价函，要求他们在规定的期限内做出报价，在收到厂商的报价后，经过比较，选定报价合理的厂商或公司并与其签订合同。

d. 直接订购。由材料买方直接向材料生产厂商或材料经营公司报价，生产厂商或材料经营公司接受报价、签订合同。

② 材料采购合同的主要条款。

a. 双方当事人的名称、地址，法定代表人的姓名，委托代理订立合同的，应有授权委托书并注明委托代理人的姓名、职务等。

b. 合同标的。它是供应合同的主要条款，主要包括购销材料的名称（注明牌号、商标）、品种、型号、规格、等级、花色、技术标准等，这些内容应符合施工合同的规定。

c. 技术标准和质量要求。质量条款应明确各类材料的技术要求、试验项目、试验方法、试验频率以及国家法律规定的国家强制性标准和行业强制性标准。

d. 材料数量及计量方法。材料数量的确定由当事人协商，应以材料清单为依据，并规定交货数量的正负尾差、合理磅差和在途自然减（增）量及计量方法，计量单位采用国家规定的度量标准。

e. 材料的包装。材料的包装是保护材料在储运过程中免受损坏不可缺少的环节。材料的包装条款包括包装的标准和包装物的供应及回收，包装标准是指材料包装的类型、规格、容量及印刷标记等。

f. 材料交付方式。材料交付可采取送货、自提和代运三种不同方式。由于工程用料数量大、体积大、品种繁杂、时间性较强，当事人应采取合理的交付方式，明确交货地点，以便及时、准确、安全、经济地履行合同。

g. 材料的交货期限。材料的交货期限应在合同中明确约定。

h. 材料的价格。材料的价格应在订立合同时明确。

i. 结算。结算是指买卖双方对材料货款、实际交付的运杂费用和其他费用进行货币清算和了结的一种形式。我国现行结算方式分为现金结算和转账结算两种，转账结算在异地之间进行，可分为托收承付、委托收款、信用证、汇兑或限额结算等方法；转账结算在同城进行，有支票、付款委托书、托收无承付和同城托收承付等方式。

j. 违约责任。在合同中，当事人应对违反合同所负的经济责任作出明确规定。

k. 特殊条款。如果双方当事人对一些特殊条件或要求达成一致意见，也可在合同中明确规定，成为合同的条款。当事人对以上条款达成一致意见形成书面后，经当事人签名盖章即产生法律效力，若当事人要求鉴证或公证的，则经鉴证机关或公证机关盖章后方可生效。

l. 争议的解决方式。

③ 材料采购合同的履行。

a. 按约定的标的履行。卖方交付的货物必须与合同规定的名称、品种、规格、型号相一致，除非买方同意，不允许以其他货物代替履行合同，也不允许以支付违约金或赔偿金的方式代替履行合同。

b. 按合同规定的期限、地点交付货物。交付货物的日期应在合同规定的交付期限内，实际交付的日期早于或迟于合同规定的交付期限，即视为提前或延期交货。提前交付，买方可拒绝接收，逾期交付的，应当承担逾期交付的责任。如果逾期交货，买方不再需要，应在接到卖方交货通知后 15 天内通知卖方，逾期不答复的，视为同意延期交货。

交付的地点应在合同指定的地点。合同双方当事人应当约定交付标的物的地点，如果当事人没有约定交付地点或者约定不明确，事后没有达成补充协议，也无法按照合同有关条款或者交易习惯确定，则适用下列规定：标的物需要运输的，卖方应当将标的物交付给第一承运人以便运交给买方；标的物不需要运输的，买卖双方在订立合同时知道标的物在某一地点的，卖方应当在该地点交付标的物；不知道标的物在某一地点的，应当在卖方合同订立时的营业地交付标的物。

c. 按合同规定的数量和质量交付货物。对于交付货物的数量应当当场检验，清点账目后，由双方当事人签字。对质量的检验，外在质量可当场检验，对内在质量，需做物理或化学试验的，试验的结果为验收的依据。卖方在交货时，应将产品合格证随同产品交买方据以验收。

材料的检验，对买方来说既是一项权利也是一项义务，买方在收到标的物时，应当在约定的检验期间内检验，没有约定检验期间的，应当及时检验。

当事人约定检验期间的，买方应当在检验期间内将标的物的数量或者质量不符合约定的情形通知卖方。买方怠于通知的，视为标的物的数量或者质量符合约定。

当事人没有约定检验期间的，买方应当在发现或者应当发现标的物的数量或者质量不符合约定的合理期间内通知卖方。买方在合理期间内未通知或者自标的物收到之日起2年内未通知卖方的，视为标的物的数量或者质量符合约定，但对标的物有质量保证期的，适用质量保证期，不适用该2年的规定。卖方知道或者应当知道提供的标的物不符合约定的，买方不受前两款规定的通知时间的限制。

d. 买方的义务。买方在验收材料后，应按合同规定履行支付义务，否则承担法律责任。

e. 违约责任：

(a) 卖方的违约责任。卖方不能交货的，应向买方支付违约金；卖方所交货物与合同规定不符的，应根据情况由卖方负责包换、包退，包赔由此造成的买方损失；卖方承担不能按合同规定期限交货的责任或提前交货的责任。

(b) 买方违约责任。买方中途退货，应向卖方偿付违约金；逾期付款，应按中国人民银行关于延期付款的规定或合同的约定向卖方偿付逾期付款违约金。

④ 标的物的风险承担。

所谓风险，是指标的物因不可归责于任何一方当事人的事由而遭受的意外损失。一般情况下，标的物损毁、灭失的风险，在标的物交付之前由卖方承担，交付之后由买方承担。

因买方的原因致使标的物不能按约定的期限交付的，买方应当自违反约定之日起承担其标的物损毁、灭失的风险。卖方出卖交由承运人运输的在途标的物，除当事人另有约定的以外，损毁、灭失风险自合同成立时起由买方承担。卖方按照约定未交付有关标的物的单证和资料的，不影响标的物损毁、灭失风险的转移。

⑤ 不当履行合同的处理。

卖方多交标的物的，买方可以接收或者拒绝接收多交部分，买方接收多交部分的，按照合同的价格支付价款；买方拒绝接收多交部分的，应当及时通知出卖人。

标的物在交付之前产生的孳息，归卖方所有；交付之后产生的孳息，归买方所有。

因标的物的主物不符合约定而解除合同的，解除合同的效力及于从物，因标的物的从物不符合约定被解除的，解除的效力不及于主物。

⑥ 监理工程师对材料采购合同的管理。

a. 对材料采购合同及时进行统一编号管理。

b. 监督材料采购合同的订立。工程师虽然不参加材料采购合同的订立工作，但应监督材料采购合同符合项目施工合同中的描述，指令合同中标的质量等级及技术要求，并对采购合同的履行期限进行控制。

c. 检查材料采购合同的履行。工程师应对进场材料做全面检查和检验，对检查或检验的材料认为有缺陷或不符合合同要求，工程师可拒收这些材料，并指示在规定的时间内将材料运出现场；工程师也可指示用合格适用的材料取代原来的材料。

d. 分析合同的执行。对材料采购合同执行情况的分析，应从投资控制、进度控制或质量控制的角度对执行中可能出现的问题和风险进行全面分析，防止由于材料采购合同的执行原因造成施工合同不能全面履行。

■ 课中讨论

答案

课中讨论答案

10.1.4 案例分析

学一学

材料采购批量的管理案例。

认一认

说出材料采购清单中所包含的内容，如表10-1所示。

表10-1 材料采购清单

工程名称： 时间： 编号：

序号	材料名称	规格	材质	单位	数量	厂家或加工图

<table>
<tr><td colspan="5">备注：日内到货</td></tr>
<tr><td rowspan="5">说明：材料检验报告、质量保证书、合格证请随货同行</td><td colspan="4">公司</td></tr>
<tr><td colspan="4"></td></tr>
<tr><td>下单</td><td></td><td>制单</td><td></td></tr>
<tr><td>批准</td><td></td><td>合同号</td><td></td></tr>
<tr><td></td><td></td><td></td><td>共 页 第 页</td></tr>
</table>

说一说

降低材料采购成本的措施有哪些？

■ 课后测验

10.1.5 测试题

1. 判断题

(1) 采购数量的确定是以工程需要为前提，按计划分批进行采购。(　　)

(2) 采购批量与采购费用成正比例关系。(　　)

(3) 采购批量一般要符合生产厂的最低销售批量。(　　)

2. 单项选择题

（1）材料的总需用量中，每次采购数量能使保管费和采购费之和最低的批量称为（　　）。

A. 经济批量　　B. 采购批量

C. 保管批量　　D. 计划批量

（2）以下说法错误的是（　　）。

A. 年保管费=采购批量×单位材料年保管费用

B. 年采购费=采购次数×每次采购费用

C. 年总费用=年保管费用+年采购费用

D. 年保管费=1/2×采购批量×单位材料年保管费用

（3）以下关于经济批量确定方法的说法错误的是（　　）。

A. 按照商品流通环节最少的原则选择最优批量

B. 按照运输方式选择经济批量

C. 按照采购费用和保管费用支出最低的原则选择经济批量

D. 在需求不确定的情况下，可以运用公式计算经济批量

3. 多项选择题

以下说法错误的是（　　）。

A. 材料采购批量越小，保管费用越高

B. 材料采购次数越多，采购费用越低

C. 材料采购批量越大，保管费用越高

D. 材料采购次数越少，采购费用越高

答案

测试题答案

10.2 材料运输管理

■ 学习目标

（1）了解材料运输管理的意义、作用及任务。

（2）熟悉材料的托运、装卸及领取。

（3）掌握材料的运输方式。

■ 学习要求

（1）课前完成“课前预习”的内容。

（2）课中积极参加“课中讨论”。

（3）课后按时完成“课后测验”的测试题。

■ 学习方法

（1）比较学习法。在学习中善于理论联系实际，针对材料特点展开横向对比与纵向对比，强化对关键知识点的梳理。

（2）理论联系实际。利用一切条件注意观察周围在建工程，了解其装饰构造及施工工艺，掌握材料的使用方法。

■ 课前预习

微课

建筑装饰材料的运输方式

扫一扫二维码“建筑装饰材料的运输方式”进行学习。

10.2.1 材料运输管理的意义和作用

材料运输是借助运力实现材料在空间上的转移。在市场经济条件下，物资的生产和消费，在空间上往往是不一致的，为了解决物资生产与消费在空间上的矛盾，必须借助运输使材料从产地转移到消费地区，满足生产建设的需要。所以，材料运输是物资流通的一个组成部分，是材料供应管理中重要的一环。

材料运输管理是对材料运输过程，运用计划、组织、指挥和调节职能进行管理，使材料运输合理化。其重要作用主要表现在以下三个方面：

（1）加强材料运输管理，是保证材料供应，促使施工顺利进行的先决条件。建筑企业所用材料的品种多、数量大，运输任务相当繁重。必须加强运输管理，使材料迅速、安全、合理地完成空间的转移，尽快实现其使用价值，保证装饰工程施工的顺利进行。

（2）加强材料运输管理，合理地组织运输，可以缩短材料运输里程，减少在途时间，加快运输速度，提高经济效益。

（3）加强材料运输管理，合理选用运输方式，适当使用运输工具，可以节省运力运费，减少运输损耗，提高经济效果。

10.2.2 材料运输管理的任务

材料运输管理的基本任务是：根据客观经济规律和物资运输四原则，对材料运输过程进行计划、组织、指挥、监督和调节，争取以最少的里程、最低的费用、最短的时间、最安全的措施，完成材料在空间的转移，保证工程需要。具体任务如下：

（1）贯彻“及时、准确、安全、经济”的原则组织运输。

① 及时：是指用最少的时间，把材料从产地运到施工、用料地点，及时供应使用。

② 准确：是指材料在整个运输过程中，防止发生各种差错事故，做到不错、不乱、不差、准确无误地完成运输任务。

③ 安全：是指材料在运输过程中保证质量完好，数量无缺，不发生受潮、变质、残损、丢失、燃烧事故，保证人员、材料、车辆等安全。

④ 经济：是指经济合理地选择运输路线和运输工具，充分利用运输设备，降低运输费用。“及时、准确、安全、经济”四原则是互相关联、辩证统一的关系，在组织材料运输时，应全面考虑，不要顾此失彼。只有正确全面地贯彻这四个原则，才能完成材料运输任务。

（2）加强材料运输的计划管理。

做好货源、流向、运输路线、现场道路、堆放场地等的调查和布置工作，会同有关部门编好材料运输计划，认真组织好材料发运、接收和必要的中转业务，搞好装卸配合，使材料运输工作在计划指导下协调进行。

（3）建立和健全以岗位责任制为中心的运输管理制度。

明确运输工作人员的职责范围，加强经济核算，不断提高材料运输管理水平。

10.2.3 运输方式

1. 五种基本运输方式及其特点

目前我国有五种基本运输方式，它们各有特点，采用各种不同的运输工具，能适应不同情况的材料运输。在组织材料运输时，应根据各种运输方式的特点，结合材料的性质、运输距离的远近、供应任务的缓急及交通地理位置来选择使用。

（1）铁路运输（图 10-2）。铁路是国民经济的大动脉，铁路运输是我国主要的运输方式之一。它与水路干线和各种短途运输相衔接，形成一个完整的运输网。

铁路运输的特点有：运输能力大、运行速度快；一般不受气候季节的影响，连续性强；管理高度集中，运行比较安全准确；运输费用比公路运输低；如设置专用线，大宗材料可以直达使用区域。它是远程物资的主要运输方式。但铁路运输的始发和到达作业费用比公路运输高，物资短途运输不经济。另外，铁路运输计划要求严格，托运材料必须按照规章制度办事。

（2）公路运输（图 10-3）。公路运输基本上是地区性运输。地区公路运输网与铁路、水路干线及其他运输方式相配合，构成全国性的运输体系。

图 10-2 铁路运输

图 10-3 公路运输

公路运输的特点有：运输面广，机动灵活、快速、装卸方便。公路运输是铁路运输不可缺少的补充，是现代重要的运输方式之一，担负着极其广泛的中、短途运输任务。由于运费较高，不宜长距离运输。

(3) 水路运输（图 10-4）。水路运输在我国整个运输活动中占有重要的地位。

图 10-4 水路运输

我国河流多，海岸线长，通航潜力大，是最经济的一种运输方式。沿江、沿海的企业用水路运输建筑材料是很有利的。

水路运输的特点有：运载量较大，运费低廉。但受地理条件的制约，直达率较低，往往要中转换装，因而装卸作业费用高，运输损耗也较大；运输的速度较慢，材料在途时间长，还受枯水期、洪水期和结冰期的影响，准时性、均衡性较差。

（4）航空运输（图 10-5）。航空运输速度快，能保证急需。但飞机的装运量小、运价高，不能广泛使用。只适宜远距离运送急需的、贵重的、量小的或时间性较强的材料。

图 10-5 航空运输

（5）管道运输（图 10-6）。管道运输是一种新型的运输方式，有很大的优越性。其特点有：运送速度快、损耗小、费用低、效率高。适用于输送各种液、气、粉、粒状的物资。我国目前主要用于运输石油和天然气。

图 10-6 管道运输

上述五种运输方式各有其优缺点和适用范围。在选择运输方式时，要根据材料的品种、数量、运距、装运条件、供应要求和运费等因素择优选用。

各种运输方式的比较及适宜选用范围如表 10-2 所示。

2. 其他运输形式

在以上几种基本运输方式的基础上，还可以组合成其他运输形式，如联运、散装运输、集装箱运输等。

（1）联运（图 10-7）。一般是由铁路和其他交通运输部门本着社会化协作的原则，在组织运输的过程中，把两种或两种以上不同的运输方式联合起来，实行多环节、多区段相互衔接，实现物资运输的一种运输方式。

联运的优点有：发运时只办一次托运，手续简便，可以缩短物资在途时间，充分发挥运输工具和设备的效能，提高运输效率。

表 10-2 各种运输方式比较

运输方式＼特性	运费	速度	连续性	灵活性	通过能力	适宜选用范围
铁路运输	较低	较快	较好	较差	较大	长途运输
公路运输	较高	较快	较好	较好	较大	中、短途运输
水路运输	低	较慢	最差	最差	大	沿江、沿海建材的中、长途运输
航空运输	最高	最快	较差	较好	小	贵重、急需、量小材料的长途运输
管道运输	最低	较快	最好	较差	大	目前还不能运输建筑材料

图 10-7 联运

联运的形式有水陆联运、水水联运、陆陆联运和铁、公、水路联运等。一般货源地较远，又不能用单一的方式进行运输的，就要采用联运的形式。

(2) 散装运输（图 10-8）。散装运输是指产品不用包装，使用专用设备组织运输的形式。目前主要是水泥采用这种运输形式。

图 10-8 散装运输

散装运输的特点有：改善劳动条件，提高劳动生产率，节约包装材料，减少运耗，保证材料质量。

(3) 集装箱运输（图10-9）。集装箱运输是使用一种特殊容器——集装箱，进行物资运输的一种形式。集装箱运输将零散物资集成一组，采用机械化装卸作业，是一种新型、高效率的运输形式。

图10-9　集装箱运输

集装箱运输的特点有：安全、迅速、简便、节约、高效，是国家重点发展的一种运输形式。建筑材料中的水泥、玻璃、石棉制品、陶瓷制品等都可以采用这种形式。

10.2.4　经济合理地组织运输

经济合理地组织材料运输，是指材料运输要按照客观的经济规律，用最少的劳动消耗，最短的时间和里程，把材料从产地运到生产消费地点，满足工程需要，实现最大的经济效益。

货源地点、运输路线、运输方式、运输工具等都是影响运输效果的主要因素，要组织合理运输，应从这几方面着手。在装饰材料采购过程中，应该就地就近取材，组织运距最短的货源，为合理运输创造条件。

合理组织运输的途径主要有以下四个方面。

1. 选择合理的运输路线

根据交通运输条件与合理流向的要求，选择里程最短的运输路线，最大限度地缩短运输的平均里程，消除各种不合理运输，如对流运输、迂回运输、重复运输、倒流运输等和违反国家规定的物资流向的运输方式。组织建筑装饰材料运输时，要采用分析、对比的方法，结合运输方式、运输工具和费用开支进行选择。

2. 采取直达运输和“四就直拨”

直达运输就是把材料从交货地点直接运到用料单位或用料地点，减少中转环节的运输方法。“四就直拨”是指四种直拨的运输形式，在大中城市、地区性的短途运输中采取“就厂直拨、就站（车站或码头）直拨、就库直拨、就船过载”的办法，把材料直接拨给用料单位或用料工地，可以减少中转环节，节约运转费用。

3. 选择合理的运输方式

根据材料的特点、数量、性质、需用的缓急、里程的远近和运价高低，选择合理的运输方式，以充分发挥其效用。例如大宗材料运距在100 km以上的远程运输，应选用铁路运输。沿江、沿海大宗材料的中、长距离运输宜采用水路运输。一般中距离材料运输以汽车为宜，条件合适也可以使用火车。短途运输、现场转运，使用民间群运的运输工具比较合算。

4. 合理使用运输工具

合理使用运输工具，就是充分利用运输工具的载重量和容积，发挥运输工具的效能，做到满载、快速、安全，以提高经济效益。其方法主要有下列几种：

（1）提高装载技术，保证车船满载。无论采取哪一种运输工具，都要考虑其载重能力，保证装够吨位，防止空吨运输。铁路运输，有棚车、敞车、平车等，要使车种适合货种、车吨配合货吨。

（2）做好货运的组织、准备工作。做到快装、快跑、快卸，加速车船周转。事先要配备适当的装卸力量、机具，安排好材料堆放位置和夜间作业的照明设施。实行经济责任制，将装卸运输作业责任到人，以快装、快卸督促满载快跑，缩短车船停留时间，提高运输效率。

（3）改进材料包装，加强安全教育，保证运输安全。一方面要根据材料运输安全的要求，进行必要的包装和采取安全防护措施；另一方面对装卸运输工作加强管理，防止野蛮装卸，加强对责任事故的处理。

（4）加强企业自有运输力量管理。除要做到以上三点外，还要按月下达任务指标，做好运行记录，实行油料定额供应和单车核算，实行奖励办法，以充分发挥其运输效能。

10.2.5 普通运输和特种运输

材料具有各种不同的性质和特征，在材料运输中，必须按照材料的性质和特征，安排装运适合的车船，采取相应的安全措施，才能将材料及时、准确和安全地运送到目的地。

材料运输按照运输条件可分为普通运输和特种运输。

（1）普通运输：是指不需要特殊的车辆和船舶装运，如石材等装饰材料运输，可使用铁路的敞车、水路的普通船队或汽车的一般载重货车装运。

（2）特种运输：是指需用特殊结构的车船，或采取特殊运送措施的运输。特种运输有超限材料运输、危险品材料运输等。

① 超限材料运输。

材料的长度、宽度或高度的任何一个部分超过运输管理部门规定的标准尺度的材料，称为长大材料。凡一件材料的重量超过运输管理部门规定的标准重量的货物，称为笨重材料。

铁路运输的材料，凡一件（捆、箱、包）材料装车后，在平直线上停留时，材料的高度和宽度超过机车车辆界限的，称为超限材料；一件材料的长度超过所装平车长度，需要使用游车或跨装运输时，称为超长材料；一件材料的重量大于应装平车负重面长度的最大载重量时，称为笨重材料。

水路运输的材料，件重或长度超过规定标准的，应按笨重或长大材料托运。

凡是超限、超长和笨重材料的运输，应按公安交通运输管理部门颁发的超限、超长和笨重材料运输规则办理。

汽车在市区运送特殊超高、超长、超重的材料，必须经公安、市政、车辆管理部门审查发给准运证，在规定的线路和时间行驶，并在材料末端悬挂标志（夜间挂红灯、白天挂红旗）才能行驶。特殊超高的材料，要派专门车辆在前面引路，以排除障碍。

② 危险品货物运输。

凡具有易燃、易爆、腐蚀、毒害和放射等特性，在运输过程中有可能引起人身伤亡、人民财产遭受毁损的材料，称为危险品种材料。

装运危险品材料的运输工具，应按照危险品材料运输要求进行安排，在运输危险品材料时，必须按公安交通运输管理部门颁发的危险品材料规则办理。主要做好以下几项工作：

a. 托运人在填写材料运单时，要填写材料的正式名称，不可书写土名、俗名。

b. 要有良好的包装和容器（如铁桶、罐瓶），不能有渗漏，装运时应事先做好检查。

c. 在材料包装物或挂牌上，必须按国家标准规定，标印“危险品货物包装标志”。

d. 装卸危险品时，要轻搬轻放，防止摩擦、碰撞、撞击和翻滚，码垛不能过高。

e. 要做好防火工作，禁止吸烟，禁止使用蜡烛、汽灯等。

f. 油布、油纸要保持通风良好。

g. 配装和堆放时，不能将性质抵触的危险品材料混装和混堆。

h. 汽车运输应在车前悬挂标志。

10.2.6 材料的托运、装卸和领取

货物运输必须经过托运和承运、装货和卸货、到达和交付（领取）等工作过程。

1. 材料的托运和承运

铁路整车和水路整批托运材料，应由托运单位在规定日期内向有关运输部门提出月度货物托运计划，铁路运输的货物应填送“月份要车计划表”，水路运输的货物应填送“月度水路货物托运计划表”，托运计划经有关运输主管部门平衡批准后，按批准的月度托运计划向承运单位托运材料。

发货人托运货物，应向车站（起运港）按批提出“货物运单”。货物运单是发货人与承运单位之间为共同完成货物运输任务而填制的，具有运输契约性质的一种运送票据。货物运单应认真具体逐项填写。

托运的货物应按毛重确定货物的重量，运输单位运输货物按件数和重量承运。货物重量是承运和托运单位运输货物、交接货物和计算运杂费用的依据。

发货人应在承运单位指定的日期内将运输的材料搬入运输部门指定的货场或仓库，以便承运单位装运。

发货人托运的材料，应根据材料的性质、重量、运输距离以及装载条件，使用便于装卸和保证材料安全的运输包装。材料包装直接影响材料运输质量，必须选用牢固的包装。有特殊运输和装卸要求的材料，应在材料包装上标印或粘贴“运输包装指示标志”。

托运另担材料时，应在每件货物上标明“货物标记”，在每件材料的两端各拴挂一个，不适宜用纸签的货物应用油漆书写，或采用木板、金属板、塑料板等制成的标记。材料的运费是依据材料等级、里程和重量，按规定的材料运价计算。另外还有装卸费、送车费等费用。材料的运杂费应在承运的当天一次付清，如承托运双方订有协议的，按协议规定办理。

发运车站（起运港）将发货人托运的货物，经确认一切符合运送要求和核收运杂费后，加盖车站（港口）承运日期戳，表示材料已经承运。承运是运输部门负责运送材料的开始，对发货人托运的材料承担运送的义务和责任。

为了预防材料在运输过程中发生意外事故损失，托运单位应向保险公司投保材料运输保险。一般可委托承运单位代办或与保险公司签订材料运输保险合同。

2. 到达后的交接

材料运到后，由到站（到达港）根据材料运单上发货人所填记的收货人名称、地址和电话，发出到货通知，通知收货人到指定地点领取材料。到货通知一般有电话通知、书信通知和特定通知等方法。

设有铁路专用线的建筑企业，可与到站协商签订整车送货协议，规定送货方法。设有水路自有码头和仓栈的建筑企业可与运输单位协商，采取整船材料到达预报的联系方法。收料人员在接收运输的材料时，应按材料运单规定的材料名称、规格和数量，与实际装载情况进行核对，经确认无误由收货人在有关运输凭证上签名盖章，表示运输的材料已经收到。

材料在到站（到达港）货场或仓库领取的，收货人应在运输部门规定期限内提货，过期提货应向到站（到达港）缴付过期提货部分材料的暂存费。

3. 材料的装货和卸货

材料的装货和卸货必须贯彻“及时、准确、安全和经济”的材料运输原则。这是因为做好材料装卸是完成材料采购、运输和供应任务的保证，是提高企业经济效益和社会效益的重要环节。对材料装卸应做好以下工作：

（1）平时应掌握运输、资源、用料和装卸有关的各项动态，做到心中有数，做好充分准备。

（2）随时收听天气预报，注意天气变化。

（3）准备好麻袋、纸袋，以便换装破袋和收集散落材料；做好堵塞铁路货车漏洞用的物品等准备工作。

（4）随时准备好货场、货位和仓位，以便装卸材料。

（5）做好车、船动态的预报工作，并做好记录。

（6）材料装货前，要检查车、船的完整性，要求没有破漏、车门车窗齐全，做好车、船内的清扫等工作；装货后，检查车、船装载是否装足材料数量。

（7）材料卸货前，要检查车、船装载情况；卸货后，检查车、船内材料是否全部卸清。

发生延期装货和延期卸货时应查明原因，属于人力不可抗拒的自然原因（包括停电）和运输部门责任的，应在办理材料运输交接时，在运输凭证上注明发生的原因；属于发货人或收货人责任的，应按实际装卸延期时间按照规定支付延期装货或延期卸货费用。

为避免发生延装或延卸，一般可采取以下措施：收、发料人员严格执行岗位责任制，应在现场督促装卸工人做好材料装卸工作；收、发料单位应与装卸单位相互配合，搞好协作，安排好足够装卸力量，做到快装快卸，如有条件，可签订装卸协议，明确责任，保证车、船随到随装，随到随卸；装卸机械要定期保养和维修，建立制度，保持机械设备完好；码头、货位、场地应经常保持畅通，防止堵塞；调派车、船时，应在装卸地点的最大装卸能力范围内安排，不能过于集中，否则超过其最大装卸能力就会造成车、船的延装和延卸。

4. 运输中货损、货差的处理

货物在运输过程中发生货物数量的损失称为货差，发生货物的质量、状态的改变称为货损，货损和货差都是运输部门的货运事故。货运事故大致有火灾、货物被盗、货物丢失、货物损坏（货物破裂、变形、湿损、污损、变质）、票货分离和误装卸、错运、误交付、件数不符等。

发生货运事故时，应于车、船到达的当天会同运输部门处理，并向运输部门索取有关记录。记录有“货运记录”和“普通记录”两种：

（1）货运记录：是具有法律意义，作为分析事故责任和托运人要求承运人赔偿货物的一种基本文件。货运记录应有运输部门负责处理事故的专职人员签名或盖章，加盖车站（港口）公章或专用章。

（2）普通记录：是一般的证明文件，不作为向运输部门赔偿的依据。普通记录应有运输部门有关人员签名或盖章，加盖车站（港口）戳。

托运部门在提出索赔时，应向运输部门提出货运记录、货物运单、赔偿要求书以及其他证件。在运输部门交给货运记录的次日起最多不超过 180 天，逾期提出索赔，运输部门可不予受理。

■ 课中讨论

答案

课中讨论答案

10.2.7 案例分析

学一学

材料的运输卸货案例。

认一认

说出下列图例表示的含义。

图例1：

图例2：

说一说

危险品运输的相关规定有哪些？

■ **课后测验**

10.2.8 测试题

1. 判断题

（1）管道目前还不能运输建筑材料。（　　）

（2）联运的形式有水陆联运、水水联运、陆陆联运和铁、公、水路联运等。（　　）

（3）民间群运适宜长途运输。（　　）

2. 单项选择题

（1）材料货源地较远，又不能用单一的方式进行运输的，要采用（　　）形式。

A. 民间群运　　B. 联运　　C. 散装运输　　D. 集装箱运输

（2）以下关于集装箱运输的说法正确的是（　　）。

A. 玻璃不能采用集装箱运输　　B. 石棉不能采用集装箱运输

C. 水泥能采用集装箱运输　　D. 陶瓷不能采用集装箱运输

（3）以下关于散装运输特点的说法错误的是（　　）。

A. 改善劳动条件　　B. 提高劳动生产率

C. 节约包装材料　　D. 增加运耗

3. 多项选择题

以下关于铁路运输特点的说法正确的是（　　）。

A. 运输能力大　　B. 运输费用比公路运输高

C. 运行比较安全准确　　D. 运行不受气候季节的影响

答案

测试题答案

10.3 材料仓库管理

■ 学习目标

(1) 了解材料仓库管理的概念及任务。
(2) 熟悉材料盘点、账务管理。
(3) 掌握材料验收入库、出库、保管保养。

■ 学习要求

(1) 课前完成“课前预习”的内容。
(2) 课中积极参加“课中讨论”。
(3) 课后按时完成“课后测验”的测试题。

■ 学习方法

(1) 比较学习法。在学习中善于理论联系实际，针对材料特点展开横向对比与纵向对比，强化对关键知识点的梳理。

(2) 理论联系实际。利用一切条件注意观察周围在建工程，了解其装饰构造及施工工艺，掌握材料的使用方法。

■ 课前预习

扫一扫二维码“材料仓库管理”进行学习。

视频

材料仓库管理

10.3.1 仓库管理概念及任务

仓库管理是指对仓库所管全部材料的收、储、管、发业务和核算活动的总称。其基本任务是：按照“及时、准确、经济、安全”的原则，组织材料的收发、保管和保养，做到进出快、保管好、损耗少、费用省、保安全，为施工生产服务，促进经济效益的提高。具体任务如下：

(1) 及时、准确、迅速地验收材料。做到入库材料质量合格、数量准确、单据齐全、资料完整、包装符合要求。如发现问题，应在验收入库前解决。

(2) 妥善保管，科学维护。做到库存材料“四对口”，即账、卡、物、资金对口；堆码合理，库容整洁，做到不丢失、不变质、不损坏。

(3) 加强储备定额管理。严格控制储存量，超过最高储备定额或低于最低储备定额的，都要及时反映，以便采取相应措施，使材料保持在合理储备状态。

(4) 发料管理。坚持发料制度，执行审批手续，做到合理发放；实行送料制，提高工作效率，改善服务质量，努力为施工生产服务。

(5) 确保仓库安全。做好防火、防盗、防倒塌及预防某些材料爆炸、自燃、毒害等事故发生。预防季节性的洪水、台风、冰雹等自然灾害。做到安全用电，安全作业，保证人身、财产安全。

（6）建立和健全科学的仓库管理制度。如岗位责任制、经济责任制、工作守则，要严格执行和考核。使收、发、存业务账表、单据资料齐全，数据准确；严格标准计量，推行全面质量管理，并对各业务环节中出现的问题做出正确的处理，使仓库管理工作制度化、规范化。

10.3.2 材料验收入库

材料验收入库是储存活动的开始，是划清企业内部与外部材料购销经济责任的分界线。要防止进料中的差错和事故，并对运输、采购等工作进行监督，这是材料进入企业的“关口”。由于材料供应渠道复杂，质量差、数量缺、包装不符合要求等情况时有发生，经多次中转，装卸运输过程中也有变质、损坏、丢失等问题，只有通过严格的验收检查，才能在入库验收之前解决所发生的问题，从而划清责任，也为仓库保管中的数量、质量完好打下基础。

1. 材料验收工作的基本要求

材料验收工作的基本要求是准确、及时、严肃。

（1）准确。对于入库材料的品种、规格、型号、质量、数量、包装及价格，成套产品的配套性，认真验收，做到准确无误；执行合同条款的规定，如实反映验收情况，切忌主观臆断和偏见。

（2）及时。要求材料验收及时，不能拖拉，尽快在规定时间内验收完毕，如有问题及时提出验收记录，以便财务部门办理部分或全部拒付货款；或在 10 天内向供方提出书面异议，过期供方可不受理而视为无问题。一批到货要待全部验收完毕并办清入库手续后才能发放，不能边验边发，但紧急用料另做处理。

（3）严肃。材料验收人员要有高度的责任感、严肃认真的态度、无私的精神，严格遵守验收制度和手续，对验收工作负全部责任，反对不正之风和不负责任的态度。

总之，材料验收工作要把好“三关”，做到“三不收”。“三关”是质量关、数量关、单据关；“三不收”是凭证手续不全不收、规格数量不符不收、质量不合格不收。

2. 材料验收工作程序

（1）验收准备。搜集有关合同、协议及质量标准等资料；准备相应的、准确的检测计量工具；计划堆放位置、堆码方法及苫垫材料；安排搬运人员及搬运工具；危险品要制订相应的安全防护措施等。

（2）核对资料。材料验收时要认真核对资料。包括供方发货票、订货合同、产品质量证明书、说明书、化验单、装箱单、磅码单、发货明细表、承运单位的运单及货运记录等。运输记录是在运输中发生货物短少、损坏、变质等货运事故时，由运输部门及负责提运人员填制，并负经济责任。材料验收时要求资料齐全，否则不予验收。

（3）检验实物。核对资料后进行实物验收。实物验收中包括质量检验和数量检查。

① 质量检验：包括外观质量、内在质量及包装的检验。外观质量以库房检验为主；内在质量即物理性能、化学成分，有合格证或质量证明书的，只要所列质量符合质量标准规定指标，仓库则视为合格；没有质量证明书的，取样检验，合格后再办验收手续。

② 数量检查：计重材料一律按净重计算；计件材料按件全部清点；按体积计量的检尺计方，按理论换算的检尺换算计量；标准重量或件数的标准包装，除合同规定的抽验方法和比例外，一般是根据抽查情况确定抽查取样数量。抽查无问题就少抽，有问题就多抽，问题大就全抽。成套产品必须配套验收、配套保管。主件、配件、随机工具等必须逐一填列清单，随验收单上报业务和财务部门，发放时要抄送领料单位。

凡计重材料验收时，应分层或分件标明重量，自下而上累计，力求入库时一次过磅就位，为盘点、发放创造条件，以减少重复劳动和磅差。

(4) 办理入库手续。材料验收质量、数量后，按实收数及时填写材料入库验收单，办理入库手续。入库验收单是采购人员与仓库保管人员划清经济责任界限的凭证，也是随发票报销及记账的依据。在填写材料入库验收单时，必须按《材料目录》中的统一名称、统一材料编号及统一计量单位填写，同时将原发票上的名称及供货单位，在验收单备注栏内注明，以便查核，防止同品种材料多账页和分散堆放，并应及时登账、立卡。

3. 验收中发现问题的处理

表格

各类单据

在材料验收中如检查出数量不足、规格型号不符、质量不合格等问题，仓库应实事求是地办理材料验收记录，及时报送业务主管部门处理。材料验收记录是退货、调换、索赔或追究违约责任的主要证明，应严肃、认真、如实地编制。采购方若无理拒付，则按逾期付款处理，承担供方或运输部门应偿付的一切费用。

材料由于数量、规格、质量等问题不符合要求而不能验收的部分或全部，除向供方提出书面异议外，对未验收的实物应妥善保存，不得动用。提前交货的产品、多交的产品和品种、规格质量不符合规定的产品，应立即退货，若供方请求代管，应办委托代管手续。在代保管期间实际支付的保管费、保养费以及非因需方保管不善而发生的损失等，应由供方承担。但因需方保管不善而造成的代保管品的损失，由代保管方承担。

除上述情况外，对下列问题应分别妥善处理：

(1) 凡是证件不全的到库材料，应做待验收，临时保管，及时与有关部门联系催办，待证件齐全后再验收。但危险品或贵重材料则按规定保管方法进行代保管或先暂验收，待证件齐全后补办手续。

(2) 供方提供的质量证明书或技术标准与订货合同规定不符，应及时反映业务主管部门处理；按规定应附质量证明而到货无质量证明者，在托收承付期内有权拒付货款，并将产品妥善保存，立即向供方索要，供方应即时补送，超过合同交货期补交的，即做逾期交货处理。

(3) 凡部分产品规格、质量不符合要求，可先将合格部分验收，不合格的单独存放，妥善保存，并部分拒付货款，做出材料验收记录，交业务部门处理。

(4) 产品错发到货地点，供方应负责转运到合同所定地点，还应承担逾期交货的违约金和需方因此多支付的一切实际费用；需方在收到错发货物时，应妥善保存，通知对方处理；由于需方错填到货地点所造成的损失，由需方承担。

(5) 数量不符，大于合同规定的数量，其超过部分可以拒收并拒付超过部分的货款，拒收的部分实物应妥善保存，在10日内通知供方处理；少于合同规定数量，需方凭有关合法证明拒付少交部分货款，并在10日内通知供方。供方接到通知后，应在10日内答复处理，否则即视为默认需方意见。逾期交货部分，供方应在发货前与需方协商，需方需要的，供方应照数补交，并负逾期交货的责任；需方不再需要的，应当在接到通知15日内通知供方，办理解除合同手续，逾期不答复的，视为同意发货。

(6) 材料运输损耗，在规定损耗率以内的，仓库按数验收入库；不足数另填报运输损耗单冲销，达到账账相符。超过规定损耗率者，应填写运输损耗报告单，经业务主管批准后才能办理验收入库手续，未批准前材料不得动用。

(7) 运输中发生损坏、变质、短少等情况，应在接运中办理运输部门的“普通记录”或“货运记录”（商务记录）。材料验收中的差数与运输记录所列数字相符者，则按实际数量验收，其差数除填短缺数字外还应在备注栏注明。若是“货运记录”提出的，应找运输部门索赔。“普通记录”只起证明作用，不作为赔偿依据。如差数超过运输记录范围或无记录，应填运输损耗报告单，经领导批示后才能根据批示办理验收手续。

4. 提出书面异议

在验收材料中发现的质量、数量、规格等问题，需方须向供方提出书面异议时，按以下规定办理：

(1) 产品的外观和品种、规格型号不符合合同规定。属供方送货或代运的，需方应在货到后10天内提出书面异议；需方自提的，应在提货时或者双方商定的期限内提出异议。

(2) 产品内在质量不符合合同规定。无论是供方送货、代运还是需方自提，需方都应在合同规定的条件和期限内检验或试验，提出书面异议；某些产品，国家规定有检验或试验期限的，按国家规定办理。

(3) 对某些必须在安装运转后才能发现内在质量缺陷的产品，除另有规定或当事人另行商定提出异议的期限外，一般从运转之日起6个月以内提出异议。

(4) 如果需方未按规定期限提出书面异议，视为所交产品符合合同规定；需方因使用、保管、保养不善等造成产品质量下降的，不得提出异议。

(5) 供方在接到需方书面异议后，应在10日内（另有规定除外）负责处理，否则即视为默认需方提出的异议和处理意见。

(6) 当事人双方对产品质量的检验或试验发生争议，由标准化部门的质量监督检验机构执行仲裁检验。

(7) 书面异议内容。应说明合同号、运单号、车（船）号，发货和到货日期；产品名称、规格、型号、标志、批号、合格证（或质量证明书）号、数量、包装、检验方法、检验情况和检验证明；提出不符合同规定的产品的处理意见，以及当事人双方商定的必须说明的事项。

10.3.3 材料出库

1. 材料发放的要求

材料出库应本着“先进先出”的原则，要及时、准确、面向生产、为生产服务，保证生产正常进行。

及时是指及时审核发料单据上的各项内容是否符合要求，及时核对库存材料能否满足；及时备料、安排送料、发放；及时下账改卡，并复查发料后的库存量与下账改卡后的结存数是否相符；剩余材料（包括边角废料、包装物）及时回收利用。

准确是指准确地按发料单据的品种、规格、质量、数量进行备料、复查和点交；准确计量，以免发生差错；准确地下账、改卡，使账物相符；准确掌握适当的送料时间，既要防止与施工争场地，避免二次转运，又要防止材料供应不及时而使施工中断。

节约是指有规定保存期限、过期失效或变质的材料，应在规定期限内发放；对回收利用的材料，要在保证质量的前提下，先旧后新；坚持能用次料不发好料，能用小料不发大料，凡规定交旧换新的，坚持交旧发新。

2. 材料出库程序

（1）发放准备。材料出库前，应做好计量工具、装卸倒运设备、人力以及随货发出的有关证件的准备，提高材料出库效率。

（2）核对凭证。材料出库凭证是发放材料的依据，要认真审核材料发放地点、单位、品种、规格、数量，并核对签发人的签章及单据有效印章，无误后方可进行发放。非正式出库凭证一律不得发放。

（3）备料。凭证经审核无误后，按凭证所列品种、规格、质量、数量准备材料。

（4）复核。为防止发生发放差错，备料后必须复查。首先复查准备材料与出库凭证所列项目是否一致，然后复查发放后的材料实存数与账务结存数是否相符。

（5）点交。无论是内部领料还是外部提料，发放人与领取人都应当面清点交接。如果应发材料一次领（提）不完的，应做出明显标记，防止差错，分清责任。

（6）清理。材料发放出库后，应及时清理拆散的垛、捆、箱、盒，部分材料应恢复原包装要求，整理垛位，登卡记账。

10.3.4 材料保管保养

装饰材料保管和维护保养，应根据库存材料的性能和特点，结合仓储条件进行，合理储存和保管保养工作是仓库管理的经常性业务，基本要求是保质、保量、保安全。

1. 合理保管

仓库储存材料应在统一规划、分区分类、合理存放、划线定位、统一分类编号、定位保管的基础上，做好以下工作：

（1）合理堆码。

材料堆码要遵循“合理、牢固、定量、整齐、节约和方便”的原则。

① 合理：对不同的品种、规格、质量、等级、出厂批次的材料都应分开，按先后顺序堆码，以便先进先出。占用面积、垛形、间隔均要合理。

② 牢固：垛位必须有最大的稳定性，不偏不倒、不压坏变形、苫盖物不怕风雨。

③ 定量：每层、每堆力求成整数，过磅材料分层、分捆计重，做出标记，自下而上累计数量。

④ 整齐：纵横成行，标志朝外，长短不齐、大小不同的材料、配件，靠通道一头齐。

⑤ 节约：一次堆好，减少重复搬运、堆码，堆码紧凑，节约占用面积。爱护苫垫材料及包装，节省费用。

⑥ 方便：堆放位置要方便装卸搬运、收发保管、清仓盘点、消防安全。

（2）四号定位和五五化。

① 四号定位：是在统一规划、合理布局的基础上，定位管理的一种方法。四号定位就是定仓库号、货架号、架层号、货位号（简称库号、架号、层号、位号）；料场则是区号、点号、排号和位号。固定货位、定位存放“对号入座”。对各种材料的摆放位置做全面、系统、具体的安排，使整个仓库堆放位置有条不紊，为科学管理打下基础。

四号定位的编号方法如下：材料定位存放，将存放位置的四号联起来编号。例如普通合页规格为50 mm，放在2号库房、11号货架、2层、6号位，材料定位编号为1-10-1-06，由于这种编号一般仓库不超过个位数、货架不超过5层，为简化书写，所以只写一位数。如果写成01-10-01-06也可以。

② 五五化：是材料保管的堆码方法。这是根据人们的计数习惯，喜欢以五为基数，如五、十、二十、……、五十、一百、一千等进行计数。将这种计数习惯用于材料堆码，使堆码与计数相结合，便于材料收发、盘点计数快速准确，这就是“五五摆放”。如果全部材料都按五五摆放，则仓库就达到了五五化。

五五化是在四号定位的基础上，即在固定货位，“对号入座”的货位上具体摆放的方法。按照材料的不同形状、体积、重量，大的五五成方，高的五五成行，矮的五五成堆，小的五五成包（捆），带眼的五五成串（如库存不多，也须按定位堆放整齐）堆成各式各样的垛形。要求达到横看成行，竖看成线，左右对齐，方方定量，过目成数，整齐美观。

③ 四号定位与五五化的关系：四号定位与五五化是全局与局部的关系。两者互为补充，互相依存，缺一不可。如果只做四号定位，不做五五化，对仓库全局来说，有条理、有规律，定位合理，而在具体货位上既不能过目成数，也不整齐美观。反之，如果只做五五化，不做四号定位，则在局部货位上能过目成数，达到整齐美观；但从库房全局来看，还是堆放紊乱，没有规律。所以两者必须配合使用。

2. 精心保养

精心保养就是做好储存材料的维护保养工作。由于材料本身的物理性能、化学成分是不断发生变化的，这种变化在不同程度上影响着材料的质量。其变化原因主要是自然因素的影响，如温度、湿度、日光、空气、雨、雪、露、霜、尘土、虫害等，为了防止或减少损失，应根据材料本身不同的性质，事前采取相应措施，创造合适的条件来保管和保养。反之，如果忽视这些自然因素，就会发生变质，如霉腐、熔化、干裂、挥发、变色、渗漏、老化、虫蛀、鼠伤，甚至会发生爆炸、燃烧、中毒等恶性事故。不仅失去了储存的意义，反而造成损失。

材料维护保养工作必须坚持“预防为主，防治结合”的原则。具体要求如下：

（1）安排适当的保管场所。根据材料的不同性能，采取不同的保管条件，如仓库、棚库、露天货场及特种仓库，尽可能适应储存材料性能的要求。

（2）做好堆码、苫垫及防潮防损。有的材料堆码要稀疏，以利于通风；有的要防潮，有的要防晒，有的要立放，有的要平置等；对于防潮、防有害气体等要求高的，还须密封保存；并在搬码过程中轻拿轻放，特别是仪器、仪表、易碎器材，应防止剧烈振动或撞击，杜绝损坏等事故发生。

（3）严格控制温度、湿度。对于温度、湿度要求高的材料（如焊接材料），要做好温度、湿度的调节控制工作。高温季节要防暑降温，梅雨季节要防潮防霉，寒冷季节要防冻保温。还要做好防洪水、台风等灾害性侵害的工作。

（4）要经常检查，随时掌握和发现保管材料的变质情况，并积极采取有效的补救措施。对于已经变质或将要变质的材料，如霉腐、受潮、黏结、锈蚀、挥发、渗漏等，应采取干燥、晾晒、除锈涂油、换桶等有效措施，以挽回或减少损失。

（5）严格控制材料储存期限。一般说来，材料储存时间越长，对质量影响越大。特别是规定有储存期限过期失效的材料，要特别注意分批堆码，先进先出，避免或减少损失。

（6）做好仓库卫生及库区环境卫生。经常清洁，做到无垃圾、杂草，消灭虫害、鼠害。加强安全工作，做好消防管理，加强电源管理，做好保卫工作，确保仓库安全。

10.3.5 材料盘点

仓库和料场保存的材料，品种、规格繁多，收发频繁，计量与计算的差错，保管中的损耗、损坏、变质、丢失等种种因素，都可能导致库存材料发生数量与账、卡不符，质量下降等问题，只有通过盘点，才能准确地掌握实际库存量，摸清质量状况，发现材料保管中存在的各种问题，了解材料储备定额执行情况，以及呆滞、积压、利用、代用等挖潜措施执行情况。

对盘点的要求是：库存材料达到“三清”，即数量清、质量清、账表清；做到“三有”，即盈亏有原因、事故差错有报告、调整账表有依据；保证“四对口”，即账、卡、物、资金对口（资金未下库者为账、卡、物“三对口”）。

1. 盘点内容

（1）清点材料数量。根据账、卡、物逐项查对，核实库存数。

（2）检查材料质量。在清点数量的同时，检查材料有无变质、损坏、受潮等现象。

(3) 检查堆垛是否合理、稳固，下垫、上盖是否符合要求，有无漏雨、积水等情况。

(4) 检查计量工具是否正确。

(5) 检查“四号定位”“五五化”是否符合要求，库容是否整齐、清洁。

(6) 检查库房安全、保卫、消防是否符合要求；执行各项规章制度是否认真。

要求边检查、边记录，如有问题逐项落实，限期解决，到时复查解决情况。

2. 盘点方法

(1) 定期盘点：是指季末或年末对库房和料场保存的材料进行全面、彻底盘点。达到有物有账，账物相符，账账相符。把数量、规格、质量及主要用途搞清楚。由于清查规模较大，必须做好组织准备工作：

① 划区分块，统一安排盘点范围，防止重查或漏查。

② 校正盘点用计量工具，统一设计印制盘点表，确定盘点截止日期、报表日期。

③ 安排各现场、车间办理已领未用材料的“假退料”手续；并清理半成品、在产品和产成品。

④ 尚未验收的材料，具备验收条件的抓紧验收入库。

⑤ 代管材料应有特殊标志，不包括在自有库存中，应另列报表，便于查对。

盘点步骤如下：按盘点规定的截止日期及划区分块范围、盘点范围，逐一认真盘点，数据要真实可靠；以实际库存量与账面结存量逐项核对，编报盘点表；结出盘盈或盘亏差异。

盘点中出现的盈亏等问题，按照“盘点中问题的处理原则”进行处理。

(2) 永续盘点：对库房每日有变动的材料，当日复查一次，即当天对库房收入或发出的材料，核对账、卡、物是否对口；每月查库存材料的一半；年末全面盘点。这种连续进行抽查盘点的方法，能及时发现问题，即使出现差错，当天也容易回忆，便于清查，可以及时采取措施。这是保证“四对口”的有效方法，但必须做到当天收发、当天记账和登卡。

3. 盘点中问题的处理原则

(1) 库存材料损坏、丢失，精密仪器撞击振动影响精度的，必须及时送交检验单位校正。由于保管不善而变质、变形的属于保管中的事故，应填写材料保管事故报告单。按损失金额大小，分别由业务主管或企业领导审批后，根据批示处理。

(2) 库房被盗。指判明有被盗痕迹的，所损失的材料和相应金额，填材料事故报告单。

无论损失大小，均应持慎重态度，报告保卫部门认真查明，经批示后才能做账务处理。

(3) 盘盈或盘亏。材料盘盈或盘亏的处理，盈亏在规定范围以内的，不另填材料盈亏报告表，而在报表盈亏中反映，经业务主管审批后据此调整账面；盈亏量超过规定范围的，除在报表盈亏栏反映外，还必须在报表备注栏写明超过规定损耗的数量，同时填材料超储耗报告单，经领导审批后做账务处理。

(4) 规格混串或单价划错。由于单据上的规格写错或发料的错误，造成在同一品种中某一规格盈、另一规格亏，这说明规格混串，查实后，填材料调整单，经业务主管审批后调整。

(5) 材料报废。因材料变质，经过认真鉴定，确实不能使用，填写材料报废鉴定表，经企业主管批准，可以报废。报废是材料价值全部损失，应持慎重态度，只要还有使用价值就要利用，以减少损失。

(6) 库存材料在一年以上没有使用，或存量大、用量小、储存时间长，应列为积压材料，造具积压材料清册，报请处理。

(7) 外单位寄存的材料，即代保管的材料，必须与自有材料分开堆放，并有明显标志，分别建账立卡，不能与本单位材料混淆。

10.3.6 材料账务管理

1. 记账依据

仓库账务管理的基本要求是系统、严密、及时、准确。材料保管账由仓库保管员按材料出入库凭证及耗料、盘点等凭证记账。一般包括以下几种：

(1) 材料入库凭证。如验收入库单、加工单等。

(2) 材料出库凭证。如调拨单、借用单、限额领料单、新旧转账单等。

(3) 盘点、报废、调整凭证。如盘点盈亏调整单、数量规格调整单、报损报废单等。

2. 记账程序

记账的程序是从审核、整理凭证开始，然后按规定登记账册、结算金额以及编制报表的全部账务处理过程。正确的记账程序能方便记账，提高记账效率，及时、准确、全面、系统地做好核算工作。

(1) 审核凭证：是指审核凭证的合法性、有效性。凭证必须是合法凭证，有编号，有材料收发动态的指标；能完整地反映材料经济业务从发生到结束的全过程情况。白条子（临时性借条）不能作为记账的合法凭证。合法凭证要按规定填写，日期、名称、规格、数量、单位、单价、印章都要齐全，抬头要写清楚，否则为无效凭证，不能据以记账。

(2) 整理凭证：记账前先将单据凭证分类（按规定的材料类别）、分档（按各本账册的材料名称排列程序分档）、排列（按本单位经济业务实际发生日期的先后排列），然后依次序逐项登记。

(3) 账册登记：根据账页上的各项指标自左至右逐项登记。已记账的凭证，应加标记，防止重复。记账后，对账卡上的结存数要进行验算。即上期结存+本项收入-本项发出-本项结存。

3. 记账要求

(1) 按统一规定填写材料编号、名称、规格、单位、单价以及账卡编号。

(2) 按本单位经济业务发生日期记账。

(3) 记好摘要，保持所记经济业务的完整性。

(4) 用蓝色或黑色墨水记账，用钢笔正楷书写。红色墨水限于划线及退料冲账时使用。

(5) 保持账页整洁、完整。记账有错误时，不得任意撕毁、涂改、刮擦、挖补或使用褪色药水更改，可在错误文字上画一条红线，上部另写正确文字，在红线处加盖记账员私章，以示负责。对活页的材料账页应做统一编号，记账人员应保证领用材料账页的数量完整无缺。

(6) 材料账册必须依据编定页数连续登记，不得隔页和跳行。当月的最后一笔记录下面应画一条红线，红线下面记“本月合计”，然后再画一条红线。换页时，在“摘要”栏内注明“转次页”和“承上页”的字样，并做数字上的承上启下处理。

(7) 材料账册必须按照当日工作当日清的要求及时登账。账册须定期经专门人员（财会部门设稽核人员）进行稽核，经核对无误时，应在账页的“结存合计栏”上加盖稽核员章。

(8) 材料单据凭证及账册是重要的经济档案和历史资料，必须按规定期限和要求妥为保管，不能丢失或任意销毁。

■ 课中讨论

答案

课中讨论答案

10.3.7 案例分析

学一学

水泥的保管案例。

认一认

说出材料堆放面积定额表中水泥每平方米面积定额堆放数量，如表 10-3 所示。

表 10-3 材料堆放面积定额表（参考）

材料名称	单位	每平方米储存量	堆放高度/m	储存方法	备注
钢筋	t	1~3	0.7~1	棚库	
角钢	t	1.4~2	0.4~0.8	棚库	
工字钢	t	1~1.5	0.5	露天	
大径铁管	t	0.4~0.8	0.7~1	露天	
小径铁管	t	0.7~1	0.7~1	棚库	
铸铁管	t	0.2~1.1	0.7~1	露天	
盘条	t	1.4~2	1	棚库	
原木	m^3	1.5~2.2	2	露天	
成材	m^3	1.5~2.2	2	露天	
层板	张	200~300	1.4~2	棚库	
门扇	扇	10~15	1.4~1.8	棚库	
窗扇	扇	60~70	1.4~1.8	棚库	

续表

材料名称	单位	每平方米储存量	堆放高度/m	储存方法	备注
门框	樘	12	1.5	棚库	
窗框	樘	12	1.5	棚库	
模板	m^3	1~1.2	1.5	露天	
刨花板	张	40~50	1~1.5	棚库	
水泥	t	1~2.8	1.4~1.6	仓库	
水泥瓦	张	130~200	1	露天	
石棉瓦	张	大25、小17	0.5	棚库	
砖	块	700	1.5	露天	
砂、砾石	m^3	1.4~2	1.5~2	露天	人工堆放
砂、砾石	m^3	2~4	4~6	露天	机械堆放
毛石	m^3	1	1	露天	
石灰	t	1.6	1.5	露天	
玻璃	箱	5~10	0.7~1.5	仓库	
油毡	卷	14~30	1~2	仓库	
沥青	t	1.2	1.2	露天	
金属结构	t	0.2	—	露天	
小五金	t	1.1~1.5	1.8	仓库	
暖气片	片	100	0.7	棚库	
油漆	桶/t	167	1.5	仓库	
小型构件	m^3	0.4~0.6	0.4~0.7	露天	
电线	t	0.9	2.2	仓库	
电缆	t	0.4	1.4	棚库	

说一说

材料仓库位置应如何选择？

■ 课后测验

10.3.8 测试题

1. 判断题

(1) ABC 分类法中，A 类是指消耗材料中的重点材料。(　　)

(2) 材料仓库按库房形式分为封闭式、半封闭式和露天仓库。(　　)

(3) 材料仓库按管理权限分为中心仓库、总库和分库。(　　)

(4) 材料堆码要遵循“合理、牢固、定量、整齐、节约和方便”的原则。(　　)

(5) 库存材料要达到“三清”，即数量清、质量清、账表清。(　　)

2. 单项选择题

(1) 材料储备的种类不包含（　　）。

A. 经常储备　　B. 保险储备

C. 季节储备　　D. 随时储备

(2) 材料储备的方法为（　　）。

A. 消耗统计法　　B. ABC 分类法

C. 金额法　　D. 百分比法

答案

测试题答案

10.4 材料现场管理

学习目标

（1）了解现场材料管理的概念、原则。

（2）熟悉现场材料管理的阶段划分及各阶段的工作要点。

（3）掌握现场材料管理的内容。

学习要求

（1）课前完成“课前预习”的内容。

（2）课中积极参加“课中讨论”。

（3）课后按时完成“课后测验”的测试题。

学习方法

（1）比较学习法。在学习中善于理论联系实际，针对材料特点展开横向对比与纵向对比，强化对关键知识点的梳理。

（2）理论联系实际。利用一切条件注意观察周围在建工程，了解其装饰构造及施工工艺，掌握材料的使用方法。

课前预习

扫一扫二维码“材料现场管理”进行学习。

视频

材料现场管理

10.4.1 施工现场材料管理概述

1. 现场材料管理的概念

现场材料管理是在现场施工过程中，根据工程类型、场地环境、材料保管和消耗特点，采取科学的管理办法，对全过程进行计划、组织、协调和控制，力求保证施工需要和材料的合理使用，最大限度地降低材料消耗。

现场材料管理的好坏，是衡量建筑企业经营管理水平和实现文明施工的重要标志，也是保证工程进度、工程质量，提高劳动效率，降低工程成本的重要环节，并对企业的社会声誉和投标承揽任务都有极大影响。加强现场材料管理，是提高材料管理水平、克服施工现场混乱和浪费现象、提高经济效益的重要途径之一。

2. 现场材料管理的原则

（1）全面规划。

在开工前做出现场材料管理规划，规划材料存放场地、道路，做好材料预算，制定现场材料管理目标。全面规划是使现场材料管理全过程有序进行的前提和保证。

（2）计划进场。

按施工进度计划，组织材料分期分批有秩序地入场。一方面保证施工需要，另一方面要防止形成大批剩余材料。计划进场是现场材料管理的重要环节和基础。

（3）严格验收。

按照各种材料的品种、规格、质量、数量要求，严格对进场材料进行检查，办理收料。验收是保证进场材料品种、规格对路以及质量完好、数量准确的第一道关口，是保证装饰工程质量、降低成本的重要保证。

（4）合理存放。

按照现场平面布置要求，做到合理存放，在方便施工、保证道路畅通、安全可靠的原则下，尽量减少二次搬运。合理存放是妥善保管的前提，是施工顺利进行的保证，是降低成本的有效措施。

（5）妥善保管。

按照各项材料的自然属性，依据物资保管技术要求和现场客观条件，采取各种有效措施进行维护、保养，保证各项材料不降低使用价值。妥善保管是物尽其用，实现成本降低的保证条件。

（6）控制领发。

按照操作者所承担的任务，对装饰材料进行严格的数量控制。控制领发是控制工程消耗的重要关口，是实现节约的重要手段。

（7）监督使用。

按照施工规范要求和用料要求，对已转移到操作者手中的材料，在使用过程中进行检查，督促班组合理使用，节约材料。监督使用是实现节约、防止超耗的主要手段。

（8）准确核算。

用实物量形式，通过对消耗活动进行记录、计算、控制、分析、考核和比较，反映消耗水平。准确核算既是对本期管理结果的反映，又为下期提供改进的依据。

3. 现场材料管理的阶段划分及各阶段的工作要点

（1）施工前的准备工作。

① 了解工程合同的有关规定、工程概况、供料方式、施工地点及运输条件、施工方法及施工进度、主要材料和机具的用量，临时建筑及用料情况等。全面掌握整个工程的用料情况及大致供料时间。

② 根据生产部门编制的材料预算和施工进度计划，及时编制材料供应计划。组织人员落实材料名称、规格、数量、质量与进场日期。掌握主要构件的需用量和加工件所需图纸、技术要求等情况。组织和委托门窗、铁件、混凝土构件的加工、材料的申请等工作。

③ 深入调查当地地方材料的货源、价格、运输工具及运载能力等情况。

④ 积极参加施工组织设计中关于材料堆放位置的设计。按照施工进度需要，分批组织材料进场和堆放，堆料位置应以施工组织设计中材料平面布置图为依据。

⑤ 根据防火、防水、防雨、防潮管理的要求，搭设必要的临时仓库。需防潮和其他特殊要求的材料，要按照有关规定妥善保管。确定材料堆储方案时，应注意以下问题：

a. 材料堆场要以使用地点为中心，在可能的条件下，越靠近使用地点越好，避免发生二次搬运。

b. 材料堆场及仓库、道路的选择不能影响施工用地，以避免料场、仓库中途搬家。

c. 材料堆场的容量，必须能够存放供应间隔期内的最大需用量。

d. 材料堆场的场地要平整，设排水沟，不积水；构件堆放场地要夯实。

e. 现场临时仓库要符合防火、防雨、防潮和保管的要求，雨期施工要有排水措施。

f. 现场运输道路要坚实，循环畅通，有回转余地。

g. 现场的石灰池，要避开施工道路和材料堆场，最好设在现场的边沿。

(2) 施工过程中的组织与管理。

施工过程中现场材料管理工作的主要内容如下：

① 建立健全现场管理的责任制。划区分片，包干负责，定期组织检查和考核。

② 加强现场平面布置管理。根据不同的施工阶段材料消耗的变化，合理调整堆料位置，减少二次搬运，方便施工。

③ 掌握施工进度，做好平衡。及时掌握用料信息，正确地组织材料进场，保证施工的需要。

④ 所用材料和构件要严格按照平面布置图堆放整齐。要成行、成线、成堆，经常保持堆料场地清洁整齐。

⑤ 认真执行材料、构件的验收、发放、退料和回收制度。建立健全原始记录和各种材料统计台账，按月组织材料盘点，抓好业务核算。

⑥ 认真执行限额领料制度，监督和控制队组节约使用材料，加强检查，定期考核，努力降低材料的消耗。

⑦ 抓好节约措施的落实。

(3) 工程竣工收尾和施工现场转移的管理。

工程完成总工作量的70%以后，即进入收尾阶段，必须做好施工转移的准备工作。做好工程收尾，有利于施工力量迅速向新的工程转移。一般应注意以下几个问题：

① 当一个工程的装修接近收尾时，一般情况下，材料已耗用了70%以上。要检查现场存料，估计未完工程用料，在平衡的基础上，调整原用料计划，控制进料，以防发生剩料积压，为工完场清创造条件。

② 对不再使用的临时设施可以提前拆除，并充分考虑旧料的重复利用，节约建设费用。

③ 对施工现场确实不能利用的废料，要随时进行处理。

④ 对于设计变更造成的多余材料要随时组织退库，以利于竣工拔点，及时向新工地转移。

⑤ 做好材料收发存的结算工作，办清材料核销手续，进行材料结算和材料预算的对比。

4. 加强材料消耗管理，降低材料消耗

材料消耗过程的管理，就是对材料在施工生产消耗过程中进行组织、指挥、监督、调节和核算，消除不合理的消耗，达到物尽其用，降低材料成本，提高企业经济效益。

目前，施工现场材料管理仍很薄弱，浪费惊人，主要表现在以下方面：

（1）对材料工作的认识上，普遍存在着“重供应轻管理”观念。只管完成任务而单纯抓进度、质量，不重视材料的合理使用和经济实效，耗超按实报，现场材料管理人员配备力量较弱，使现场材料管理停留在一个粗放式管理的水平上。

（2）在施工现场管理与材料业务管理上，普遍存在着现场材料堆放混乱、管理不严，余料不能充分利用；设计多变，采购进场的原有材料不合用，形成积压变质浪费；材料计量设备不齐、不准，造成用料上的不合理；材料质量不稳定。

（3）基层材料人员队伍建设上，普遍存在着队伍不稳定、文化水平偏低、懂装饰技术和管理的人员偏少的状况，造成现场材料管理水平较低。例如：施工抢进度，不按规范施工，片面增加材料用量，浪费材料；技术操作水平差，工程质量差，造成返工，浪费材料；盲目采购，由于责任心不强或业务不熟悉，采购了质次或不适用的物资；为了图方便，大批购进，造成积压浪费。

为改善现场材料管理水平，强化现场材料管理的科学性，达到节约材料的目的，主要应从以下几个方面着手：

（1）加强施工管理和采取技术措施节约材料。

例如，节约木材的措施如下：

① 优材不劣用。有些建筑企业用优质木材代替劣质木材使用，极不经济。

② 长料不短用。木材长料锯成短料很容易，短料要接长使用却很困难。要特别注意科学、合理地使用木料。除深入进行宣传教育外，还要制订必要的限制措施和奖惩办法。

③ 以旧料代新料。板条墙、板条吊平顶天棚的短撑档木，大都在 40 cm 左右，可以不用新料，以旧短料代替。施工过程中，往往为图方便省事，用长料锯成，甚为可惜。

④ 综合利用。量材套锯，提高出材率。下脚料可加工成木质纤维，制造纤维板等。

（2）提高企业管理水平、加强材料管理、降低材料消耗。

① 加强基础管理是降低材料消耗的基本条件。“两算对比”即施工预算和施工图预算的对比，是控制材料消耗的基础工作。通过“两算对比”可以做到先算后干，对材料消耗心中有数；可以编制切合实际的施工方案和采取技术措施。因此必须做好材料分析工作，为准确提出材料需用创造条件，为提高供应水平打好基础。

② 合理供料、一次就位、减少二次搬运和堆积损失。材料要供好、管好、用好，才能降低消耗，提高经济效益。决不能认为材料供到现场就算了事，而是要做到哪里用料，就送到哪里，一次到位。有些企业能够做到以小时计算供货时间，以班组生产使用点为卸料地点。这样就无须二次搬运，减少了二次搬运费和劳动力消耗，省掉了二次堆积的损耗，材料到场就用，提高了材料的周转速度，又可降低材料资金的占用。

③ 回收利用、修旧利废。建筑装饰施工过程中可回收利用的料具较多，要注意发扬勤俭节约的精神。

(3) 实行材料节约奖励制度和提高节约材料的积极性。

实行材料节约奖励制度，是材料消耗管理中运用经济方法管理经济的重要措施。材料节约奖属于单项奖，奖金在材料节约价值中支付，应在认真执行定包、计量准确、手续完备、资料齐全、节约有物的基础上，按照多节约多奖励的原则进行奖励。

实行材料节约奖励的办法一般有两种：一种是规定节约奖励标准，按照节约额的比例提取节约奖金，奖励操作工人及有关人员；另一种是在节约奖励标准中还规定了超耗罚款标准，控制材料超耗。

(4) 实行现场材料承包责任制，提高经济效益。

现场实行材料承包责任制，主要是材料消耗过程中的材料承包责任制。它是使责、权、利紧密结合，以提高经济效益、降低单位工程材料成本为目的的一种经济管理手段。

① 实行材料承包制的条件。

a. 材料要能计量、能考核、算得清账。

b. 以施工定额为核算依据。

c. 执行材料预算单价，预算单价缺项的，可制定综合单价。

d. 严格执行限额领料制度，料具管理的内部资料要求做到齐全、配套、准确、标准化、档案化。

e. 执行材料承包的单位工程，质量必须达到优良品方能提取奖金。

f. 材料节约，按节约额提取奖金，可根据材料价值的高、低，节约的难、易程度分别确定。

② 实行现场材料承包的形式。

a. 单位工程材料承包。对工期短、便于单一考核的单位工程，从开工到竣工的全部工程用料，实行一次性包死。各种承包既要反映材料实物量，也要反映材料金额，实行双控指标。向项目负责人发包，考核对象是项目承包者。这种承包可以反映单位工程的整体效益，堵塞材料消耗过程的漏洞，避免材料串、换、代造成的差额。

b. 按工程部位承包。对工期长、参建人员多或操作单一、损耗量大的单位工程装修施工阶段，分部位实行承包。由主要工种的承包作业队承包，实行定额考核，包干使用，节约有奖，超耗有罚的制度。这种承包的特点是专业性强、不易串料、奖罚兑现快。

c. 特殊材料单项承包。对消耗量大、价格昂贵、资源紧缺、容易损耗的特殊材料实行实物量承包。这些材料一般用于建筑产品造价高、功能要求特殊、使用材料贵重等处，甚至是从国外进口的材料。承包对象为专业队组。这种承包可以在大面积施工、多工种参建的条件下，使某项专用材料消耗控制在定额之内，避免人多、手杂、乱抄、乱拿的现象，实现特殊材料消耗过程的有效管理。

10.4.2 现场材料管理的内容

1. 现场材料的验收和保管

（1）收料前的准备。

现场材料人员接到材料进场的预报后，要做好以下五项准备工作：

① 检查现场施工便道有无障碍，车辆进出、转弯、调头是否方便，还应适当考虑回车道，以保证材料能顺利进场。

② 按照施工组织设计的场地平面布置图的要求，选择好堆料场地，要求平整、没有积水。

③ 必须进现场临时仓库的材料，按照“轻物上架，重物近门，取用方便”的原则，准备好库位，防潮、防霉材料要事先铺好垫板，易燃易爆材料一定要准备好危险品仓库。

④ 夜间进料，要准备好照明设备，在道路两侧及堆料场地有足够的亮度，以保证安全。

⑤ 准备好装卸设备、计量设备、遮盖设备等。

（2）材料验收的步骤。

现场材料的验收主要是检验材料品种、规格、数量和质量。验收步骤如下：

① 查看送料单是否有误送。

② 核对实物的品种、规格、数量和质量，是否与凭证一致。

③ 检查原始凭证是否齐全正确。

④ 做好原始记录，逐项详细填写收料日记，其中验收情况登记栏必须将验收过程中发生的问题填写清楚。

（3）几项主要材料的验收保管方法。

① 水泥。

a. 质量验收。水泥以出厂质量保证书为凭，进场时验查单据上水泥品种、强度等级与水泥袋上印的标志是否一致，不一致的应分开码放，待进一步查清；检查水泥出厂日期是否超过规定时间，超过的要另行处理；遇有两个单位同时到货的，应详细验收，分别码放，防止品种不同而混杂使用。水泥进入现场后应按规范要求进行复检。

b. 数量验收。包装水泥在车上或卸入仓库后点袋计数，同时对包装水泥实行抽检，以防每袋重量不足。破袋的要灌袋计数并过秤，防止重量不足而影响混凝土和砂浆强度，产生质量事故。罐车运送的散装水泥，可按出厂秤码单计量净重，但要注意卸车时要卸净，检查的方法是看罐车上的压力表是否为零以及拆下的泵管是否有水泥。压力表为零、管口无水泥即表明卸净，对怀疑重量不足的车辆，可采取单独存放，进行检查。

c. 合理码放。水泥应入库保管。仓库地坪要高出室外地面 20～30 cm，四周墙面要有防潮措施，码垛时一般码放 10 袋，最高不得超过 15 袋。不同品种、强度等级和日期的，要分开码放，挂牌标明。

特殊情况下，水泥需在露天临时存放时，必须有足够的遮垫措施，做到防水、防雨、防潮。散装水泥要有固定的容器，既能用自卸汽车进料，又能人工出料。

d. 保管。水泥的储存时间不能太长，出厂后超过 3 个月的水泥，应进行复验，并按复验结果使用。

水泥应避免与石灰、石膏及其他易于飞扬的粒状材料同存，以防混杂，影响质量。包装如有损坏，应及时更换以免散失。

水泥库房经要常保持清洁，落地灰及时清理、收集、灌装，并应另行收存使用。根据使用情况安排好进料和发料的衔接，严格遵守先进先发的原则，防止发生长时间不动的死角。

② 木材。

a. 质量验收。木材的质量验收包括材种验收和等级验收。木材的品种很多，首先要辨认材种及规格是否符合。对照木材质量标准，查验其腐朽、弯曲、钝棱、裂纹及斜纹等缺陷是否与标准规定的等级相符。

b. 数量验收。木材的数量以材积表示，要按规定的方法进行检尺，按材积表查定材积。

c. 保管。木材应按材种规格等级不同码放，要便于抽取和保持通风，板、方材的垛顶部要遮盖，以防日晒雨淋。经过烘干处理的木材，应放进仓库。

木材各表面水分蒸发不一致，常常容易干裂，应避免日光直接照射。采用狭而薄的衬条或用隐头堆积，或在端头设置遮阳板等。木材存料场地要高，通风要好，清除腐木、杂草和污物。必要时用 5% 的漂白粉溶液喷洒。

③ 门窗。

门窗有钢质、木质、塑料质和铝合金质的，都是在工厂加工运到现场安装。门窗验收要详细核对加工计划，认真检查规格、型号，进场后要分品种、规格码放整齐。木门窗口及存放时间短的钢门、钢窗可露天存放，用垫木垫起，雨期时要上遮，防止雨淋日晒变形。木门、窗扇及存放时间长的钢门、钢窗要存入库内或棚内，用垫木垫起。门窗验收码放后，要挂牌标明规格、型号、数量，按单位工程建立门窗及附件台账，防止错领错用。

装饰材料价值高，易损、易坏、易丢。墙纸、瓷砖、马赛克、油漆、五金、灯具等应入库专人保管，防止丢失。量大笨重的装饰材料必须落实保管措施，以防损坏。

2. 现场材料发放和耗用管理方法

(1) 现场材料发放。

① 发料依据。

现场发料的依据是下达给施工班组的作业计划（任务书），根据任务书上签发的工程项目的材料用量，办理材料的领发手续。

a. 材料的发放必须以限额领料单作为发料依据。在实际施工过程中，因设计变更、施工不当等造成工程量增加或减少，使用的材料也发生变更，造成限额领料单不能及时下达。此时，应由班组长填制工程暂借用料单，由项目经理审批，并在 3 日内补齐限额领料单，交到材料部门作为正式发料凭证，否则停止发料。

b. 工程暂设用料。主要材料一律以限额领料单作为发料依据。临时零星用料，由班组长填制、项目经理审批的工程暂设用料申请单，办理领发手续。

c. 对于调出给项目外的其他部门或施工项目的装饰材料，凭施工项目材料主管人签发或上级主管部门签发、项目材料主管人员批准的调拨单发料。

② 材料发放程序。

a. 将定额员签发的限额领料单下达到班组。班组长对班组成员交代装饰任务的同时，做好用料交底。

b. 班组料具员持限额领料单向材料员领料。材料员经核实工程量、材料品种、规格、数量等无误后，交给领料员和仓库保管员。

c. 班组凭限额领料单领用材料，仓库依此发放材料。发料时应以限额领料单为依据，限量发放，可直接记载在限额领料单上，也可开领料小票，双方签字认证。若一次开出的领料量较大需多次发放时，应在发放记录上逐日记载实领数量，由领料人签认。

d. 当领用数量达到或超过限额数量时，应立即向主管班组长和材料部门主管人员说明情况，分析原因，采取措施。若限额领料单不能及时下达，应由班组长填制并由项目经理审批的工程暂借用料单，办理因超耗及其他原因造成多用材料的领发手续。

③ 材料发放方法。

材料一般都是在指定的场地和大棚内存放，由专职人员管理和发放。发放时依据限额领料单及工程进度，并办理领发手续。

④ 材料发放中应注意的问题。

针对现场材料管理的薄弱环节，应做好以下方面的工作：

a. 必须提高材料人员的业务素质和管理水平，熟悉工程概况、施工进度计划、材料性能及工艺要求等，便于配合装饰施工。

b. 在材料发放过程中，认真执行定额用料制度，核实工程量、材料的品种、规格及定额用量，以免影响施工生产。

c. 严格执行材料管理制度，装修材料按计划配套发放，以免造成浪费。

d. 对价值较高及易损、易坏材料应做好发放记录。

e. 实行承包责任制，防止丢失损坏，避免重复领发料现象的发生。

（2）材料的耗用。

现场材料的耗用简称为耗料，是指在材料消耗过程中，对构成工程实体的材料消耗所进行的核算活动。

① 材料耗用依据。

现场耗料的依据是根据施工班组所持的限额领料单（任务书）到材料部门领料时所办理的领料手续的凭证。常见的有两种：一是领料单（小票）；二是材料调拨单。

领料单的使用范围如下：施工班组领料时，领发料双方办理领发（出库）手续，填制领料单，按领料单上的项目逐项填写，注明单位工程、施工班组、材料名称、规格、数量及领用日期，双方签字认证。

材料调拨单的使用范围有两种：一种是项目之间材料调拨，属于内调，是各工地的材料部门为本工程用料所办理的调拨手续。在调拨过程中，填制调拨单，注明调出工地、调入工地、材料名称、规格、请发数量、实发数量及调拨日期，并且有双方主管人的签字，双方经办人签字认证，这样可以保证各自装饰工程成本的真实性。另一种是外单位调拨及购买材料使用的调拨，在办理调拨手续过程中要有上级主管部门和项目主管领导的批示，方可进行调拨。填制调拨单时注明调出单位、调入单位、材料名称、规格、请发数、实发数以及实际价格、计划价格和单价、金额、调拨日期等，经主管人签字后，双方经办人签字认证。

以上两种凭证是耗料的原始依据，必须如实填写，准确清楚，不弄虚作假，不得任意涂改，保证耗料的准确性。在施工过程中，施工班组由于某种原因或特殊情况，发生多领料或剩余材料，都要及时如实办理退料手续和补办手续，正确地反映出工程耗料的真实情况。

② 材料耗用中应注意的问题。

现场耗料是保证装饰工程施工的重要环节。切实做好现场耗料工作，是做好装饰工程管理的根本保证。为此应做好以下工作：

a. 要加强材料管理制度，建立健全各种台账，严格执行限额领料和料具管理规定。

b. 分清耗料对象，按照耗料对象分别记入成本。

c. 严格保管原始凭证，不得任意涂改耗料凭证，以保证耗料数据和材料成本的真实可靠。

d. 建立相应的考核制度，对材料耗用要逐项登记，避免乱摊、乱耗，保证耗料使用的准确性。

e. 加强材料使用过程中的管理，认真进行材料核算，按规定办理领发料手续。

■ **课中讨论**

答案

课中讨论答案

10.4.3 案例分析

学一学

预拌（商品）混凝土的验收案例。

认一认

说出预拌（商品）混凝土的原材料及性能项目，如表 10-4 所示。

说一说

说一说材料进厂验收中发生问题的处理方法。

表 10-4 预拌（商品）混凝土出厂合格证

合格证编号：

委托单位				合同编号			混凝土标记			
工程名称				供货日期			配合及编号			
浇筑部位				供货量/m^3			执行标准			
原材料及配合表										
材料名称	水泥	细骨料	石子	水	掺和料		外加剂			
					粉煤灰		减水剂			
厂名厂地										
品种规格										
出厂编号										
用量/（kg/m^3）										
混凝土性能及评定										
性能项目	坍塌度		强度等级		抗渗性		抗冻度	其他性能		
性能指标										
检验结果										
质量评定										
备注	1. 本出厂质量证明应在有关项目完成后一周内交给卖货单位									
	2. 本出厂质量证明书由预拌混凝土供应单位提供一式四份原件，预拌（商品）混凝土生产企业和买受单位、建设单位、监理单位各执一份									

■ 课后测验

10.4.4 测试题

1. 判断题

(1) 当一个工程的装修接近收尾时，一般情况下，材料已耗用了70%以上。(　　)

(2) 必须进现场临时仓库的材料，按照“轻物上架，重物近门，取用方便”的原则，准备好库位。(　　)

(3) 水泥进入现场后应按规范要求进行复检。(　　)

(4) 材料一般都是在指定的场地和大棚内存放，由专职人员管理和发放。(　　)

(5) 材料发放时依据限额领料单及工程进度，并办理领发手续。(　　)

2. 单项选择题

(1) 实行材料节约奖励的办法，一般有（　　）基本形式。

A. 一种　　B. 两种

C. 三种　　D. 四种

(2) 水泥的储存时间不能太长，出厂后超过（　　）个月的水泥，应进行复验，并按复验结果使用。

A. 2　　B. 3

C. 4　　D. 5

答案

测试题答案

参 考 文 献

[1] 葛新亚. 建筑装饰材料 [M]. 武汉: 武汉理工大学出版社, 2015.
[2] 朱小斌, 林之昊. 设计师的材料清单 [M]. 上海: 同济大学出版社, 2017.
[3] 祝彬. 装修建材速查图典 [M]. 北京: 化学工业出版社, 2014.
[4] 朱吉顶. 建筑装饰材料 [M]. 北京: 机械工业出版社, 2019.
[5] 孙晓红. 建筑装饰材料与施工工艺 [M]. 北京: 机械工业出版社, 2013.
[6] 陈雪杰. 室内装修施工全能一本通 [M]. 北京: 人民邮电出版社, 2018.
[7] 王翠凤. 室内装饰材料设计与施工 [M]. 北京: 中国电力出版社, 2022.
[8] 理想·宅. 室内设计材料手册 [M]. 北京: 化学工业出版社, 2020.
[9] 崔东方. 建筑装饰材料与构造 [M]. 北京: 机械工业出版社, 2015.
[10] 汤留泉. 图解室内设计装饰材料与施工工艺 [M]. 北京: 机械工业出版社, 2019.
[11] 付知, 许倩. 图解装饰材料实用速查手册 [M]. 北京: 化学工业出版社, 2020.
[12] 李家驹. 如何选购实木地板 [J]. 中国林业产业, 2009 (Z1): 134.
[13] 王秀萍, 孙行波, 常勇. 乳胶漆在装修中的应用 [J]. 品牌与标准化, 2009 (2): 49.
[14] 陈君. 壁纸艺术在室内设计中的运用 [J]. 中国造纸, 2022, 41 (10): 1.
[15] 徐彦泓, 董晨晨. 生态板材扮靓绿色家居 [N]. 中国建材报, 2014-06-25 (2).
[16] 建筑玻璃的特性及应用 [J]. 建材发展导向, 2018, 16 (4): 96.
[17] 大理石瓷砖——革命性的装饰材料 [J]. 中国建筑装饰装修, 2013 (1): 203.
[18] 黄艳. 如何选择安全石材 [N]. 健康时报, 2006-07-10 (5).
[19] 夏禹, 王玲. 铝扣板吊顶在厨卫中的运用 [J]. 现代装饰 (理论). 2014 (9): 29.
[20] 贾燕, 谢恩. PVC 塑胶地板的特性、应用及发展趋势 [J]. 塑料科技, 2020, 48 (4): 125-128.